항공보안 수준관리론

AVSEC QUALITY CONTROL

장경대·소대섭

도서출판 진영사

항공보안 수준관리론

장경태 · 소대섭

2021년 1월 26일 초판 인쇄
2021년 1월 28일 초판 발행

발행인 박 진 영
발행처 도서출판 진영사
인천광역시 부평구 갈산동 185번지 풍진빌딩 303호
전화 : 032)505-4207
팩스 : 032)505-4206
E-mail : 0183734207@hanmail.net
등록 : 122-91-77317

ISBN 978-89-6541-269-4 93350
값 16,000원

목 차

Contents

목 차

부 록

제1장
항공보안 수준관리체계

제1절 관련법규

제2절 글로벌 항공보안 수준관리체계

제1장 항공보안 수준관리체계

제1절 관련법규

1. 관련규정

1) 항공보안법 관련근거

항공보안법에서는 항공보안 수준관리(Aviation Security Quality Control)에 대해서 명확하게 규정하고 있지는 않고, 다만 항공보안법 제33조(항공보안감독)와 같은 법 시행규칙 제19조(감독관 운영 등) 제4항에서 "이 규칙에서 정한 사항 외에 감독관의 지정 · 운영 및 점검활동 등의 필요한 사항은 국토교통부장관이 정한다."라는 규정을 근거에 따라 국토교통부 예규[1])로 "국가항공보안 수준관리지침(National Civil Aviation Quality Control Program)"을 제정하여 시행하고 있다.

국가항공보안 수준관리지침 목적은 "이 지침은 「항공보안법」 제33조 및 같은 법 시행규칙 제19조 제4항에 따라 항공보안 점검활동 등 수준관리에 관하여 필요한 사항을 규정함을 목적으로 한다."라고 규정하고 있으며 주요내용은 제1장 총칙, 제2장 임무, 제3장 감독활동[2]), 제4장 보안사고 조사, 제5장 모의 훈련, 제6장 보안검색요원 등의 채용, 교육훈련 및 인가, 제7장 자체 수준관리 지침, 제8장 보안점검 등에 대한 결과 분석 및 이행실태 확인, 제9장 항공보안 자율보고 등으로 구성되어 있다.

---

1) "예규"라 함은 행정 사무의 통일을 기하기 위하여 상급 관청이 하급 관청에 대하여 감독권의 발동으로서 발하는 행정 규칙의 한 형식. 반복적으로 행하는 행정 사무의 기준을 제시하는 것으로 특별 권력 기관 및 행정 조직 내부에 대해서만 효력이 있음
2) 감독활동에는 일반사항, 현장보안확인(Field Security Check), 현장조사(Survey), 보안점검(Inspection), 불시평가(Test) 등을 포함하고 있음

2) 항공보안법규 체계와 국가항공보안 수준관리지침

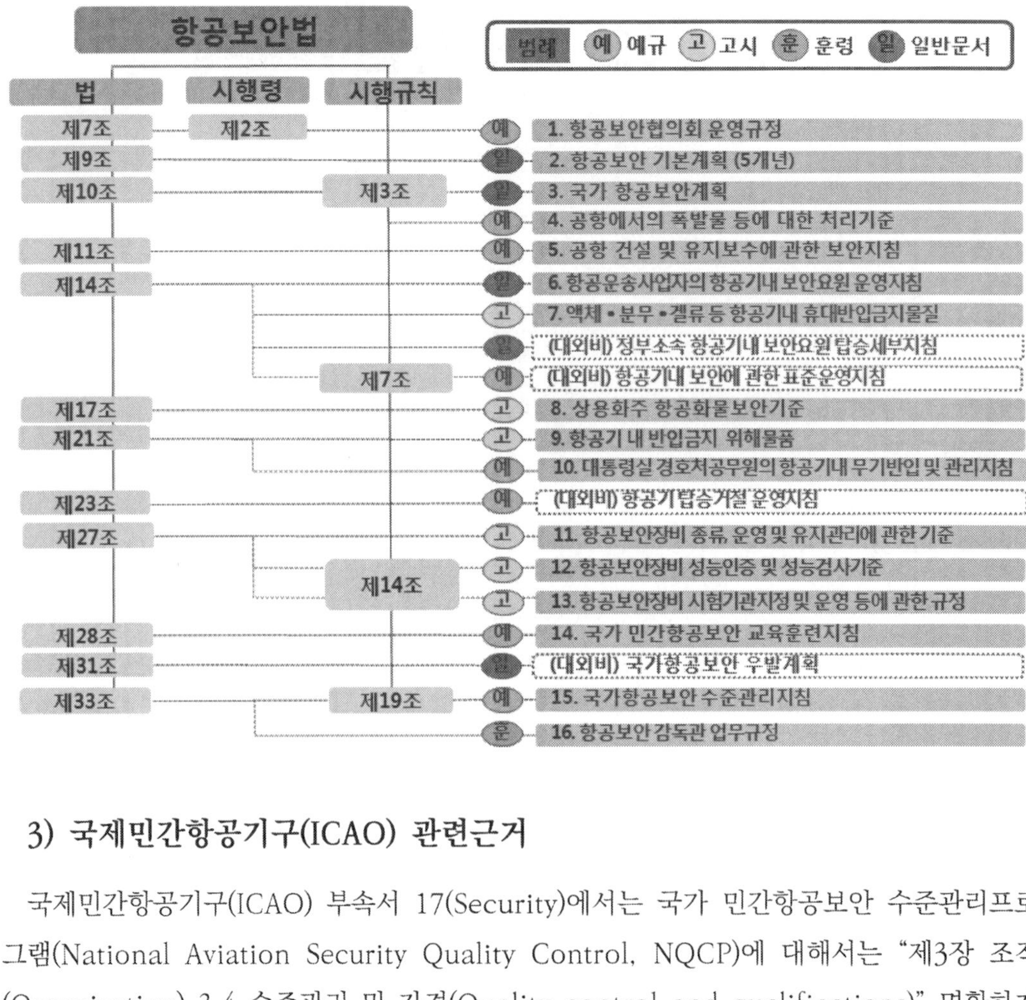

3) 국제민간항공기구(ICAO) 관련근거

국제민간항공기구(ICAO) 부속서 17(Security)에서는 국가 민간항공보안 수준관리프로그램(National Aviation Security Quality Control, NQCP)에 대해서는 "제3장 조직(Organization) 3.4 수준관리 및 자격(Quality control and qualifications)" 명확하게 규정하고 있다.

ICAO에서 각 체약국은 관련 책임기관이 국가 항공보안프로그램 효율성 확보를 위하여 국가항공보안 수준관리 프로그램을 개발, 이행 및 유지토록 하여야 하며, 각 체약국은 보안조치가 국가 항공보안 프로그램(National Civil Aviation Security Programme, NCASP)[3]에 적합하게 적용되고 있는지 정기적으로 확인해야 하고 확인의 빈도와 우선순위

3) "국가 항공보안 프로그램"은 우리나라에서는 "국가항공보안계획"으로 사용하고 있으며, 국가항공보안계획의 목적은 「항공보안법」 제10조 및 「같은 법 시행규칙」 제3조의2에 따라 민간항공에 대한 불법방해행위로부터

는 관계 당국의 위험 평가에 근거하여 수행하도록 하고 있다.

또한, 보안현장조사(Surveys), 보안평가(Audits), 보안점검(Inspection), 불시평가(Test) 등을 정기적으로 실시하며, 보안조치가 국가 항공보안 프로그램에 부합되는지 확인하고 결점을 신속하고 효과적으로 개선토록 하여야 한다.

국가 항공보안 프로그램에서 규정한 보안조치를 수행하는 각 주체를 대상으로, 각 주체와는 별도로 국가 항공보안 수준관리 프로그램상의 조치를 적용해야 하고 다음의 사항을 준수해야 한다.

가. 항공보안 조사 · 평가 · 점검 등을 수행하는 요원(점검관)을 대상으로 필요한 사항을 국가항공보안프로그램 범주 안에서 교육훈련을 해야 함

나. 점검관에게 해당 임무 수행과 관련된 적절한 권한을 부여해야 하며, 이러한 권한을 바탕으로 감사관 등은 임무 수행과 관련된 정보를 획득하고 감사결과에 따른 수정조치를 해당 조직에 요구할 수 있음

다. 승객 · 승무원 · 지상조업요원 등으로부터 입수한 보안정보를 활용한 비밀보고제도(Confidential Reporting System)를 운영하여 국가항공보안 수준관리프로그램을 보완해야 함

라. 국가항공보안 수준관리프로그램의 결과를 기록하고 분석하는 절차를 마련해야 하며, 이를 통해 국가항공보안프로그램의 효율적인 개발과 이행을 보장하고, 지적사항의 유형을 파악하고 교정조치가 이뤄졌는지를 확인할 수 있어야 함.

4) 국가항공보안계획 관련근거

국가항공보안계획 제12장 항공보안 감독활동에 따라 국토교통부장관은 항공보안의 지속적인 개선 및 향상을 위하여 「국가항공보안 수준관리지침」을 수립 · 시행하여야 하며, 「국가항공보안 수준관리지침」에는 목적, 임무, 점검활동 · 방법, 문제점 해결 방법 및 가용자원 등에 관한 사항을 포함하여야 한다. 라고 명시되어 있다. 또한 「국가항공보안 수준관리지침」에 따라 공항운영자, 항공운송사업자 등은 "자체 수준관리 지침"을 수립하여야 한다.

국토교통부장관 또는 지방항공청장은 항공보안감독관으로 하여금 「국가항공보안 수준관리지침」에 따라 공항운영자 등에 대하여 보안현장조사 · 보안점검 · 보안평가 및 불시평가

승객 · 승무원 · 항공기 및 공항시설 등을 보호하기 위한 대책을 수립함으로써 민간항공의 안전성 · 정시성 및 효율성을 확보하는 등 항공보안을 유지하는 데 있음

등 점검활동을 수행하도록 하여야 한다.

항공보안감독관은 「국가항공보안 수준관리지침」에 따라 주기적으로 현장조사 · 보안점검 · 보안평가 · 불시평가 등 점검활동을 실시하여야 한다. 다만, 관계기관 위협정보 접수 또는 자체 위험평가 결과에 따라 그 우선순위를 변경하거나 추가로 실시할 수 있다.

보안현장조사 · 보안평가 · 보안점검 · 불시평가 등 점검활동의 대상 · 주기 · 항목 등에 관한 세부적인 사항은 「국가항공보안 수준관리지침」에 의한다.

가. 보안현장조사(Survey)

국토교통부장관은 민간항공에 대한 항공기 납치 · 파괴행위 · 테러공격 등의 불법방해행위를 방지하고 그 취약성을 분석하여 보호대책을 수립하기 위하여 공항별로 공항운영자 등에 대한 항공보안 업무운영실태 등을 조사하는 보안현장조사를 실시하여야 한다.

나. 보안평가(Audit)

국토교통부장관은 공항운영자 등이 수립한 자체 보안계획의 이행여부 · 이행능력 등을 확인하기 위하여 보안평가를 실시하여야 한다.

다. 보안점검(Inspection)

국토교통부장관은 민간항공보안에 대한 보안대책 및 통제절차 등이 국가 정책에 따라 적절히 수행되고 있는지를 확인하기 위하여 공항운영자 등에 대하여 보안점검을 실시하여야 한다.

라. 불시평가(Test)

국토교통부장관은 공항운영자 등의 보안업무 수준이 적절하게 유지되고 있는지를 확인하기 위하여 보안대책 및 통제절차 수행 능력 등에 대한 불시평가를 실시하여야 한다.

마. 모의훈련(Exercise)

공항운영자는 관계기관 · 항공운송사업자 등과 협의하여 모의훈련 계획을 수립하여 국토교통부장관에게 보고한 후 실시하여야 하며, 관계기관 · 항공운송사업자 등은 공항운영자가 실시하는 모의훈련에 적극 협조하여야 한다. 공항운영자는 모의훈련을 통해 확인된 문제점의 개선 여부를 점검하기 위하여 모의훈련을 실시하지 않는 연도에는 도상훈련을 실시하여야 한다.

항공보안수준관리를 위해 공항운영자는 공항별로 관계기관 · 항공운송 사업자 등과 합동으로 2년에 1회 이상 정기적으로 다음 사항 중 어느 하나 이상의 경우에 대비한 모의훈련을 실시하여야 하며, 발견된 문제점은 공항운영자 등의 자체 우발계획이나 자체 비상대응 매뉴얼 등에 반영하여야 한다.

(1) 공항에서의 항공기 납치

(2) 항공기 공중납치

(3) 공항시설 및 항공기에 대한 폭발물 위협 및 테러

(4) 공항시설에 대한 무장공격

(5) 공항시설 내 폭발물 테러

바. 항공보안 자율신고(Confidential reporting system)

항공보안을 해치거나 해칠 우려가 있는 사항이 발생하였거나 발생한 것을 안 사람 또는 발생될 것이 예상된다고 판단되는 사람은 국토교통부장관에게 그 사실을 신고할 수 있다. 항공보안 자율신고 대상 · 절차 등에 관한 구체적인 사항은 국토교통부장관이 정하며 국토교통부장관은 항공보안 자율신고를 한 사람의 의사에 반하여 신고자의 신분을 공개하여서는 아니 된다.

5) 국가항공보안 수준관리지침 제정

가. 개요

국가항공보안 수준관리지침은 2004. 6.15일에 국토교통부 예규로 제정되어 시행되고 있으며, 수준관리지침의 주요 내용은 다음과 같다.

(1) 총칙

(2) 임무

(3) 항공보안 감독활동(Monitoring Activities)

- 현장보안확인(Field Security Check), 보안현장조사(Survey), 보안평가(Audit), 보안점검(Inspection), 불시평가(Test)

(4) 보안사고 조사

(5) 모의훈련(Exercise)

(6) 보안검색요원 등의 채용, 교육훈련 및 인가

(7) 자체 수준관리 지침

(8) 보안점검 등에 대한 결과 분석 및 이행실태 확인

(9) 항공보안 자율신고

나. 항공보안 수준관리 체계

항공보안 수준관리체계는 분야별로 항공보안종사자 자격 및 교육훈련, 항공보안 수준향상 및 모의훈련, 항공보안감독활동 및 보안조사, 항공보안 제재조치 등으로 구분할 수 있으며, 다음 그림과 같다.

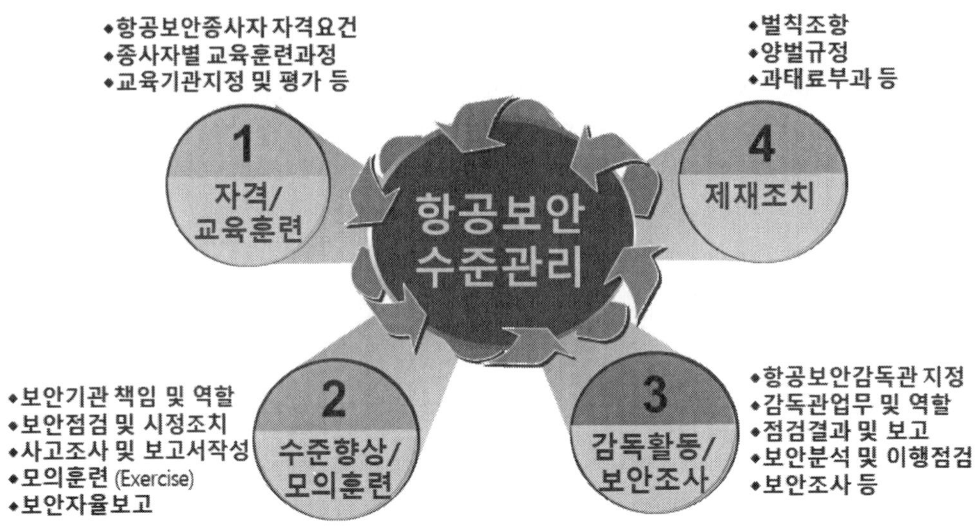

2. 국가항공보안 수준관리지침

1) 목적 및 방침

가. 국가항공보안 수준관리지침은 항공보안법 제33조 및 시행규칙 제19조제4항에 따라 항공보안 점검활동 등의 수준관리에 관하여 필요한 사항을 규정함을 목적으로 한다.

나. 국가항공보안 수준관리 지침의 수행 방침은 다음 각 호와 같다.

(1) 보안지침 및 절차의 효과적인 시행 확인

(2) 국가항공보안 관련 지침의 준수여부 확인
(3) 법령 · 규정 등의 지속적인 제 · 개정을 통한 효율성 확보
(4) 국가항공보안계획의 적정성과 효율성 점검
(5) 국가민간항공보안 교육훈련지침에 따른 적절한 교육 이수여부 확인
(6) 적절한 불법방해행위 조사
(7) 불법방해행위 발생 즉시 보안대책 및 통제에 대한 검토 및 재평가 실시

2) 수준관리 적용대상

국가항공보안 수준관리 지침의 적용대상은 다음 각 호와 같다.
가. 공항운영자(용역업체를 포함한다)
나. 대한민국에 취항하는 모든 국내외 항공운송사업자(용역업체 포함)
다. 공항상주업체 · 항공화물 및 도심공항터미널운영자 · 항공기취급업체 등
라. 항공교통관제기관
마. 그 밖에 국토교통부장관이 정하는 사업자

3) 국내 · 외 항공보안 규정 및 협약

가. 국내법규 및 규정

(1) 항공보안법
(2) 항공사업법, 항공안전법, 공항시설법
(3) 국가 보안시설 및 보호장비 관리지침
(4) 국가항공보안계획
(5) 국가항공보안 우발계획
(6) 공항건설 및 유지 · 보수에 관한 지침
(7) 국가민간항공보안 교육훈련지침
(8) 항공보안감독관 업무규정
(9) 항공보안장비 종류, 운영 및 유지관리 등에 관한 기준
(10) 항공기내 보안에 관한 표준운영지침
(11) 상용화주 항공화물 보안기준
(12) 액체 · 분무 · 겔류 보안통제지침

나. 국제민간항공기구(ICAO) 부속서 및 관련 규정

(1) 국제민간항공 협약 부속서 17

(2) 국제민간항공기구 발행 "불법방해행위로부터 민간항공 보호를 위한 ICAO 보안지침서"

(3) 국제민간항공기구 발행 긴급조치

4) 관련기관 업무

가. 국가정보원

(1) 불법행위 대응 능력 배양을 위한 항공보안 점검, 불시평가 관련 기법의 연구 발전

(2) 점검 및 불시평가 관련 기술 · 교육훈련 등 지원

(3) 기타 항공보안 점검 · 불시평가 관련 기법의 연구발전

(4) 점검 및 불시평가 실시

(5) 공항 상주기관 합동점검반 편성 · 운영

나. 국토교통부

(1) 국가 항공보안 수준관리 지침 수립 및 관리

(2) 국가 항공보안 수준관리 대책 시행 관리, 감독

(3) 국가 항공보안 수준관리를 위한 인적, 물적 자원 및 재정 확보

(4) 현장조사, 보안평가, 보안점검 및 불시평가의 실시

(5) 항공보안감독관 운영

(6) 항공보안수준관리관련 국제민간항공기구와의 연락 및 협력업무

(7) 공항운영자, 항공사 등의 자체 점검 실시 여부에 대한 감독

다. 공항운영자, 항공사, 항공화물 및 도심공항터미널운영자, 항공기취급업체 등

(1) 국가항공보안 수준관리 지침에 따른 자체 수준관리 계획의 수립 · 이행

(2) 자체 점검 및 불시평가 요원 임명

(3) 자체 점검 및 불시평가 요원에 대한 교육실시

(4) 기타 공항 점검 및 불시평가 관련 업무

5) 감독활동(Monitoring Activities)

가. 점검활동 수행

(1) 국토교통부장관은 항공보안감독관으로 하여금 공항운영자 및 항공사 등에 대하여 연간 감독계획에 따라 보안현장조사, 보안평가, 보안점검 및 불시평가 등의 점검활동을 수행하게 하여야 한다.

(2) 국토교통부장관은 항공보안법 제33조제2항에 따라 제1항에 따른 보안점검 등을 관계기관과 합동으로 실시할 수 있다.

(3) 국토교통부장관이 특별히 필요하다고 인정하는 경우에는 제1항에 따른 점검 이외에 관계기관과 합동 또는 단독으로 특별점검을 실시할 수 있다.

(4) 공항운영자, 항공사, 항공화물 및 도심공항터미널운영자 등은 보안검색 수행실태 등을 확인하기 위하여 보안검색위탁업체, 기내식 제조업체 등에 대하여 자체 보안점검 및 불시평가 등을 실시한다.

(5) 보안점검 등을 실시하는 경우에는 점검 7일 전에 점검계획을 점검대상자에게 통지하여야 한다. 다만, 불시평가의 경우에는 사전에 통지하지 아니하고 실시할 수 있다.

(6) 국토교통부장관은 점검활동을 수행하는 경우 국가항공보안 우발계획에 따른 위험평가 및 위협분석 또는 항공보안 위해요소 진단 결과를 반영하여 점검 횟수 및 우선순위를 조정할 수 있다.

나. 점검계획 보고

항공보안감독관은 점검활동을 수행하려는 경우 다음 각 호의 사항을 포함한 점검계획을 소속 기관장에게 보고 후 실시하여야 한다.

(1) 점검 목적

(2) 점검 대상

(3) 점검 기간

(4) 점검관

(5) 주요 점검 항목

(6) 그 밖에 점검활동 수행에 필요한 물품

다. 점검 수행자

현장조사, 보안평가, 보안점검 및 불시평가를 수행할 수 있는 사람은 다음 각 호와 같다. 다만, 불시평가의 경우에는 (1)호의 사람 또는 (1)호의 항공보안감독관이 요청하는 사람만이 실시할 수 있다.

(1) 항공보안법 제33조제1항에 따라 지정된 항공보안감독관

(2) 항공보안감독관과 같이 합동으로 참여하는 관계기관 공무원, 공항 및 항공사 보안책임자 또는 감독자

(3) 그 밖에 국토교통부장관이 지정하는 사람

6) 항공보안감독관

가. 권한 및 교육

(1) 보안현장조사, 보안평가, 보안점검 및 불시평가를 수행하는 항공보안감독관의 권한은 다음 각 호와 같다.

① 보안절차를 점검할 목적으로 국가에 등록되었거나 운용중인 항공기를 점검하거나 구치할 수 있는 권한

② 공항에 대한 전부 또는 부분 점검할 수 있는 권한

③ 보안대책 및 절차 효율성에 대한 점검 및 불시평가를 할 수 있는 권한

④ 공항운영자, 항공사 또는 공항 상주업체 등에게 점검업무 수행에 필요한 자료를 요구할 수 있는 권한

⑤ 점검업무 수행을 위하여 항공기 및 공항시설에 출입하여 검사할 수 있는 권한

⑥ 임무수행을 위해 필요한 무전기, 카메라, 음성 및 영상기록장치, 사전 승인된 무기, 모의 폭발물 등과 같은 장비를 공항 보호구역 또는 항공기 위탁 수하물칸으로 반입 및 운반할 수 있는 권한

⑦ 보안기준이나 보안절차 점검을 위하여 관련자에 대한 질문을 할 수 있는 권한

(2) 보안현장조사, 보안평가, 보안점검 및 불시평가를 실시하는 책임자는 제9조에 따른 점검활동 수행자들에게 점검 목적, 주안점 및 점검 대상의 보안현황 등에 대하여 사전 브리핑을 실시한다.

(3) 불시평가를 실시하는 책임자는 불시평가 실시 전에 불시평가 수행자에게 다음 각 호의 사항에 대한 특별 사전교육을 실시하여야 한다.

① 불시평가 계획

② 공항 구조 및 보안통제 특성

③ 불시평가 물품 사용방법 및 회수절차

④ 불시평가 시 준수사항

⑤ 불시평가 성공 또는 실패 시 대처법

나. 협조사항

(1) 공항 보안책임자, 항공사 보안책임자 또는 관련 조직의 책임자는 점검활동 수행자가 보안점검 등을 위하여 필요한 자료를 요청하는 경우 이에 협조하여야 한다.

(2) 점검활동 수행자가 제1항에 따른 보안평가 등을 종료한 때에는 점검지연으로 인한 시간부족 등 불가피한 경우를 제외하고는 주요 점검결과 및 점검 중 특이사항 등에 대하여 사후 브리핑을 실시하여야 한다.

(3) 불시평가 실시 책임자는 불시평가를 실시하기 전 실제상황으로 오인하여 공항 또는 항공기 운항의 혼란을 초래하는 것을 방지하기 위해 공항 또는 항공사 책임자에게만 그 내용을 사전에 통보한 후 실시할 수 있다.

(4) 불시평가를 사전에 통보받은 공항 또는 항공사 보안책임자는 이 내용을 관련 책임자만이 알 수 있도록 관리하며 불시평가를 받는 보안검색요원 또는 보안요원에게 해당 사실을 누설하여서는 아니 된다.

7) 점검결과 조치

가. 점검결과 조치사항

(1) 국토교통부장관은 점검활동 중 확인된 보안상 취약점 또는 규정 위반사항 등에 대해서는 점검대상자에게 확인서를 작성하도록 하고, 긴급한 경우에는 현장에서 시정조치를 명하여야 한다.

(2) 점검활동 결과 나타난 문제점에 대한 시정조치 등의 우선순위는 다음 각 호와 같다.

① 시정조치 : 발견된 문제점이 항공보안에 심각한 결과를 초래할 우려가 있거나, 항공보안에 심각하지는 않지만 법 또는 규정에 위반되는 경우

② 개선권고 : 항공보안 법령 및 규정 등을 위반 또는 규정하고 있지 않으나, 개선조치할 경우 항공보안에 유익한 결과를 가져오는 방법을 제시하고자 할 경우

③ 현장시정 : 항공보안에 직접적인 영향을 미치지 아니하는 경미한 보안 저해요소로 단기간 내에 시정이 가능한 경우

(3) 공항운영자 및 항공사 등은 점검결과를 통보받은 날부터 7일 이내에 시정조치 사항 등에 대하여 이의 신청을 할 수 있으며, 국토교통부장관은 이의 신청이 접수된 날로부터 15일 이내에 검토 결과를 회신하여야 한다.

8) 보고서 작성

가. 점검활동 수행자는 제8조에 따라 보안현장조사, 보안평가, 보안점검 및 불시평가 등을 실시한 경우 점검결과 보고서를 작성하여야 하며 최소 3년 이상 보존하여야 한다. 다만, 시정 조치가 완료되지 않은 사항이 있는 보고서 또는 점검표는 조치가 완료될 때까지 보존하여야 한다.

나. 점검활동 책임자 및 수행자는 점검활동 과정에서 얻은 정보와 점검활동의 결과를 항공보안업무 관련 이외의 사람에게 공개하거나 제공하여서는 아니 된다. 다만, 다음 각 호에 해당하는 경우에는 그러하지 아니하다.

(1) 다른 법률에 따라 공개 또는 제공을 요청받은 경우

(2) 소속 기관의 장에게 보고하기 위한 경우

(3) 수검자에게 통보하는 경우

다. 국토교통부장관은 항공보안법 시행령 제20조에 따라 지방항공청장에게 위임한 업무와 지방항공청장이 실시한 자체 감독활동에 대하여 연 1회 이상 점검을 실시하여야 한다.

라. 점검을 하는 경우에는 점검 7일 전까지 점검일자, 점검내용 및 점검관 등에 대한 점검계획을 지방항공청장에게 통보하여야 한다.

마. 점검관은 점검 종료 7일 이내에 점검결과를 작성하여 국토교통부장관에게 보고하고, 그 결과를 지방항공청장에게 통보하여야 한다.

바. 점검결과를 통보받은 지방항공청장은 지적사항이 있는 경우 통보 받은 날부터 20일 이내에 지적사항에 대한 개선조치 계획 또는 조치결과를 국토교통부장관에게 제출하여야 한다.

사. 국토교통부장관은 제4항에 따른 개선조치 계획 또는 조치결과에 대한 이행실태 확인이 필요한 경우 확인점검을 실시할 수 있다.

제2절 글로벌 항공보안 수준관리체계

1. ICAO 부속서 17에서 정한 항공보안 자격요건 및 수준관리

1) 자격요건

모든 체약국은 항공보안 통제업무에 종사하는 요원에 대하여 신원조회 실시하여야 하며 선정절차에 맞게 선정되도록 하여야 하며 보안통제 업무를 수행하는 사람들이 각자의 의무 이행을 위해 국가항공보안프로그램에 의거하여 적절히 훈련되고, 교육기록은 최신자료로 유지관리 되어야 한다.

항공보안검색업무를 수행하는 자가 업무 수행 표준을 지속적이고 신뢰할 만한 수준으로 이행을 보장하기 위하여 국가항공보안 프로그램 요건에 의거하여 인가증이 발급되도록 하여야 한다.

2) 수준관리

모든 체약국은 관련 책임기관이 국가 항공보안프로그램 효율성 확보를 위하여 국가항공보안 수준관리프로그램을 개발, 이행 및 유지토록 하여야 하며 보안조치가 국가항공보안프로그램에 적합하게 적용되고 있는지 정기적으로 확인해야 한다. 항공보안 수준관리를 위해 보안현장조사(Surveys), 보안평가(Audits), 보안점검(Inspection), 불시평가(Test) 등을 정기적으로 실시하고 보안조치가 국가 항공보안 프로그램에 부합되는지 확인하고 문제점이 발견되면 신속하고 효과적으로 개선토록 하여야 한다.

불법방해행위와 관련된 체약국은 관련 책임이 보안통제 및 절차에 대하여 재평가하여 이러한 사건의 재발방지를 위하여 적절한 시기에 필요한 조치를 취하도록 하여야 하며 대응조치는 ICAO에 통보되어야 한다.

2. ICAO 보안지침서에서 정한 항공보안수준관리

1) 항공보안 수준관리방안

민간항공보안시스템의 기본 요소는 수준관리 조치의 효과적인 시행하는 것이며, 수준관리방안은 국가민간항공보안시스템을 평가하고 필요시 취약점을 해결하는데 사용되는 감독, 장비 및 활동으로 정의된다. 항공보안 수준관리조치를 시행하기 위해서 각 국가는 국가 민간항공보안 수준관리프로그램(National Civil Aviation Security Quality Control Programme, NQCP)를 개발하고 실행 및 유지를 담당하는 관계당국을 지정해야 하며, 주된 역할은 다음과 같다.

가. 국가 규정과 국가항공보안프로그램(National Civil Aviation Security Programme, NCASP)에 응하여 공항, 항공사 그리고 기타 보안기능을 수행하는 기관들이 행하는 항공보안조치를 감독

나. 국가항공보안프로그램(NCASP)와 규제의 유효성 확인

다. 취약점 인지 및 적절한 시정 조치를 취함

라. 항공보안규정, NCASP 혹은 시행방법에 있어 변경이 필요한 모든 측면의 보안조치 인지

국가민간항공 수준관리프로그램(NQCP)은 항공보안조치 실시에 관련된 모든 기관들과 함께 협력하여 개발 및 유지되어야 하며, 이 프로그램은 수준 관리 활동의 대상이 될 수도 있는 공항 및 항공사와 같은 기관에 설명이 되어야 한다. 국가마다 공항과 항공사의 유형에 큰 차이가 있기 때문에 수준 관리 조치는 각 국가의 특수한 항공 환경에 따라 조정되어야 한다.

2) 법적원칙

국가민간항공 수준관리프로그램(NQCP)을 효과적으로 관리하기 위해서 관계당국은 실행 가능한 법에 의해 필요시에 지속적인 감시 및 감독활동을 하고 취약점을 확인하며 권고사항을 발행하고 준수사항을 지키도록 권한을 부여받아야 한다.

3) 자격취득 및 비밀유지

국가항공보안 수준관리 조치는 보안감독자가 감독하게 될 구역 내에서 교육받은 자에 의해 수행되어야 하며 높은 수준의 전문지식은 더 효과적이고 능률적인 방식으로 업무 수행을 할 수 있게 할 것이며 국가의 항공보안감독 시스템의 신뢰도를 향상시킬 것이다.

직원들은 보안감독활동을 수행하는 동안 취득된 정보에 대하여 엄격하게 기밀을 유지할 수 있도록 하여야 하며 감독활동을 수행하기 위해 필요한 법적 권한을 부여받아야 한다.

4) 주체성

국가항공보안 수준관리 조치를 위한 주체성은 감독절차의 본질적인 특성이며, 감독을 받는 기관들의 협력을 유도하고 결과가 수용되며 시정조치가 효과적으로 시행됨을 보장하기 위하여 타당하고 신뢰할 수 있으며 공정해야 한다.

국가민간항공 수준관리프로그램(NQCP)은 국가항공보안프로그램(NCASP) 실행에 책임이 있는 기관 및 개인으로부터 독립적으로 조직되어야 하며, 수준관리업무를 수행하는 직원들은 감독을 받는 기관으로부터 독립되어 있어야 하고 어떤 외부의 영향으로부터 자유로워야 한다.

5) 범위와 수단

국가민간항공 수준관리프로그램(NQCP)은 국가의 필요조건에 따르는 전체적인 수준을 결정짓고 다른 영역의 보안요구를 평가하기 위해서 다양한 활동영역을 다뤄야 한다. 수준관리 활동은 국가보안시스템 조직과 항공사 및 공항운영자의 보안조치를 포함하는 NCASP의 모든 측면을 다뤄야 한다. 자국 내 공항에서 운영하는 외국적 항공사를 포함한 항공보안의 책임이 있는 업체들은 국가규정과 국가항공보안프로그램을 따르는 것을 보장하기 위해서 감독활동의 대상이 되어야 한다.

6) 수준관리의 표준화

다양한 형태의 감독활동 기관과 방법들은 신뢰를 구축하고 표준화되고 일관적인 접근법을 따라야 하며, 감독활동의 계획, 준비 및 수행, 내용 및 보고의 과거에 권고된 시정조치 등을 표준화를 해야 하며 모든 감독업무를 수행하는 직원은 같은 방법으로 업무를 수행해야 한다.

체계적이고 표준화된 방법으로 취합된 자료들은 후속활동을 위하여 수집, 분석하고 즉시 배포하여야 하며, 항공사와 다른 관련기관들의 준수정도에 근거한 정보들은 우선순위에 따라 확인하는데 사용되어야 한다. 항공보안관련 정보의 기밀성을 고려하여 보고 사항과 조사 결과물은 국가의 규정에 따라서 보안 분류가 되어야 한다.

7) 시정조치

점검결과 문제점이 확인되면 가능한 빠른 시간내에 개선되도록 하여야 하며, 특별한 문제점은 즉각적인 해결이 불가할 수도 있으므로 이럴 경우에는 관계당국에 의해 활동계획 및 실행기간이 정해져야 한다. 국가민간항공 수준관리프로그램은 문제점을 해결할 수 있는 방안과 재발을 방지하기 위해 수행해야 할 절차를 명시해야 한다.

8) 내부적 수준관리 조치

공항운영자과 항공사는 국가항공보안프로그램 요구사항을 충족하기 위해 서면화 된 자체 보안프로그램을 수립 및 시행하고 유지해야 한다. 국가는 공항과 항공사, 대리점, 기타 보안조치 시행과 관련된 기관 및 업체들은 실정에 맞는 자체 수준관리프로그램을 채택하도록 권고하고 요구해야 한다. 내부적으로 수준관리 조치를 실행하는 운영자들은 이미 시행된 시정조치의 계획에 대한 세부사항과 관련된 조사결과를 당국에 제공하도록 요구된다.

9) 정보수집

국가는 외부로부터 취합된 항공보안에 대한 정보 분석 절차를 수립해야 하고, 전체적인 수준관리 시스템을 강화하고 항공보안 조치의 시행에 있어보다 자세한 정보를 얻을 수 있다. 이러한 정보는 승객, 승무원, 항공사, 공항에 근무하는 직원들의 자유의사에 따른 보고서를 포함해야 한다.

모든 정보는 관계당국의 관련기관 내에 지정된 사람에 의해 비밀리에 수집되고 보완되어야 하며, 취합된 정보는 절차에 따라 지정된 관련 있는 사람들에게 제공되어야 한다.

3. ICAO 항공보안 수준관리 프로그램(견본)

1) 원칙

국가민간항공 수준관리프로그램(NQCP)은 항공보안을 지속적으로 강화 및 증진시키는 환경과 문화를 수립하고 도모하는 구조, 임무, 과정 그리고 절차로 구성되어 있으며 이 프로그램은 최소 다음 요소들을 포함해야 한다.

가. 프로그램의 실행에 관련된 모든 정부기관들의 조직체계와 임무에 대한 설명
나. 프로그램의 범위에 대한 설명
다. 인사와 물적 자원에 대한 조항
라. 모든 직원의 지위에 대한 직무 내용 설명과 자격요건
마. 효과적인 감독을 위해 필요한 계획과 후속활동 뿐만 아니라 감독활동의 유형에 대한 설명
바. 결함의 해결책 및 강제조치에 관한 세부사항
사. 활동의 보고 및 의사소통에 관한 세부사항
아. NCASP의 향상 과정에 대한 설명

국가민간항공 수준관리프로그램에 포함된 문서는 일반적 원칙과 세부적 절차, 일반적 원칙과 항공보안 감독절차를 설명하는 추가적인 내용을 기술하여야 한다.

2) 조직, 임무 및 재원

가. 수준관리기관의 역할

국가민간항공 수준관리 활동의 독립성을 보장하기 위해서 관계당국은 국가의 크기와 요구에 따라서 NQCP의 시행을 책임질 사람과 부서를 수준관리기관으로 선정해야 하며 수준관리기관의 역할은 다음과 같다.

(1) 감독활동의 연간 스케줄 개발 및 업데이트
(2) 감독활동을 실시하는 적임자들의 근무자 명단 보관
(3) 감독활동을 하는 직원들의 적정한 교육을 보장
(4) 보고 스케줄 결정
(5) 각 감독활동에 직원 배정

(6) 감독활동 책임자에게 모든 필요서류 제공

(7) 보고서 및 부속서 등을 포함한 감독활동 관련된 모든 문서 보유

(8) 보고형식의 표준화와 적절성을 보장

(9) 모든 시정 조치 계획의 수령 보장

(10) 필요시 표준화된 방법론의 변경 도입

나. 공항운영자 등의 책임

국가 항공보안수준관리 프로그램을 개발하고 시행 및 유지하는데 보안 프로그램을 갖추고 있거나 보안조치를 실행하고 있는 공항, 항공사 등은 다음 항목에 대한 책임이 있다.

(1) 운영관리자로부터 독립하여 보안수준관리에 책임이 있는 사람 임명

(2) NCASP 요구사항에 맞게 현존하는 보안조치를 잘 준수하고 있다는 것을 입증하기 위해서 수준관리활동 개발 및 시행, 유지

(3) 확인된 결함에 대한 분석 및 보고절차 수립

(4) 확인된 결함에 대한 시정조치 계획 수립 및 시행

(5) 수준관리활동에 대한 연간보고서 개발

다. 인적 및 물적 자원 등에 관한 명시사항

수행된 수준관리의 형태와 범위에 따라 내부적 수준관리 절차를 시행해 온 기관들은 관계당국에게 절차의 결과와 필요한 시정조치 계획을 제공해야 하며 NQCP는 수준관리 시행을 위해 필요한 인적 및 물적 자원과 자본에 대해 다음과 같이 명시해야 한다.

(1) 각 국은 프로그램을 관리하고 집행하기 위한 충분한 자원과 현재의 민간항공운영과 일관되는 감독활동의 시행을 포함하여, 프로그램의 개발, 시행 및 개선하는데 필요한 충분한 인적 자원을 제공하는 것을 보장해야 한다.

(2) 관계당국은 프로그램의 예산과 금액을 결정하고, 적어도 이 프로그램에 관련된 각 기관에 비율을 할당해야 한다.

(3) 물적 자원은 수준관리기관과 감독활동을 실행하는 사람들이 사용할 수 있어야 한다. 예를 들면, 노트북과 같은 장비나, 기밀정보의 보호를 위한 충분한 저장소를 포함하는 사무용 가구, 보안장비를 위한 표준화된 시험 부품 그리고 국제, 국가 및 지역적 법률과 규정을 포함하는 문서나 발행물, 감사원의 안내서 및 템플릿과 같은 관련 지침 자료가 있다.

3) 보안감독업무 수행자

가. 보안감독활동은 관계당국의 구성원이나 NQCP에 따라 관계당국을 대신하여 감독활동을 수행하도록 관계당국이 승인한 제3자에 의해 수행하여야 하며, 만약 관계당국이 감독활동을 수행하는데 있어서 자원이 부족하다면, 항공사나 공항의 구성원 혹은 다른 업체이나 정부기관과 같은 국가수준관리시스템 내의 다른 관련 기관에서 수행해야 하며 업체의 구성원이 같은 업체 내의 감독활동을 수행해서는 안 된다. 예를 들어, 한 항공사 직원이 다른 항공사에 대한 감독과 관련이 있어서는 안 되며 공항이나 다른 업체에 대한 감독업무를 수행해야 한다.

나. NQCP에 따라 보안감독활동은 수립된 표준에 따라 정해진 교육을 받고 선발된 사람에 의해서만 수행되어야 하며 임무수행을 위해 필요한 권한이 부여되어야 한다.

다. 표준의 검토와 직원의 선발은 적정 관계당국의 감독 하에 NQCP의 관리를 위해 선정된 수준관리기관에 의해 실행되어야 한다.

4) 직원선발 및 주요역량

보안감독활동을 수행하는 직원은 선발 기준을 충족하고 정해진 교육을 이수하여야 하며 보안수준 관리절차와 관련된 시험에 합격하여야 하고, 보안감독을 수행하기 위해 필요한 자격요건을 다음 표준에 알맞게 수립해야 한다.

가. 적합한 교육 수준 혹은 동등한 정도의 직무 경험

나. NCASP와 국가법에 대한 깊은 지식뿐만 아니라, 부속서 17에 포함된 국제법과 지역적 규정에 대한 풍부한 지식

다. 항공운송 및 운영에 대한 충분한 지식

라. 항공보안조치의 시행과 관련한 절차와 관행에 대한 실전 지식

마. 법적으로 허용되는 선에서 범죄이력을 포함한 신원 조회, 기밀 정보에 접근하기 위한 승인

바. 적합한 시력, 청력과 같은 건강한 신체적 자질

사. 충분한 글쓰기와 말하기능력

아. 진실성, 사교성, 융통성과 같은 충분한 인간관계 능력

5) 교육훈련

가. 국가에 의해 수립된 표준에 따라 선발된 직원은 관계당국 및 승인된 제3자에 의해 교육을 받아야 하며, 감독활동을 수행하기 위한 권한을 받기 전에 인증을 획득해야 한다. 교관들은 국제적, 지역적 혹은 국가적 수준의 보안 수준 관리 분야에서 적합한 항공보안 훈련 경험이나 동등한 직무경험을 가지고 있어야 하며 수준관리 교육과정의 목표는 아래와 같다.

(1) NCASP 시행을 평가하는 방법에 대한 기본적 이해를 도모

(2) NQCP의 목표를 달성하기 위한 업무 실습 표준화

(3) 교육 후 임무를 수행할 수 있도록 하는 정보와 문서 제공

(4) 교육생에게 원칙에 대한 지식, 정보 수집과 관련된 절차 및 기술, 감독을 하는데 필요한 탁월한 능력 및 문서를 검토하거나 자세한 관련 보고서를 준비하는 능력과 같은 수준 관리 기술들을 제공

나. 국가들은 감독관 또는 관리자의 교육을 위해 ICAO에서 개발된 항공보안교육패키지(ASTPs)를 이용해야 하며 수준관리 교육은 관계당국에 의해 감독관으로 임명된 경험이 풍부한 감독관 감독하에 있는 현장실습으로 구성되어야 한다. 이러한 교육은 교육을 받는 자가 자신의 업무 수행능력을 보여줄 수 있는 하나 이상의 추가적인 감독활동을 포함하여야 하며 지원자의 수행업무는 감독자에 의해 지속적으로 검토되어야 한다.

6) 인증

가. 국가는 교육생이 교육이 끝나는 시점에 필기시험 및 구술시험을 실시해야 하고 평가위원 구성 및 통과기준 등을 마련해야 한다, 인증시험은 항공보안, 수준관리 방법 및 기술, 보고서 작성 연습 그리고 모의 회의나 인터뷰에 근거한 구술 훈련에 대한 질문들을 포함하고 있어야 한다.

나. 평가위원이 교육생을 평가하는 경우에 감독활동을 하는데 책임이 있는 정부기관이나 관계당국 직원을 최소 두 명 이상으로 구성되어 있어야 하며 평가위원은 관계당국의 대표나 파견 대리인이 평가위원장을 맡을 수 있다.

7) 임무

국가항공보안 수준관리기관은 감독팀을 구성하는데 책임이 있으며, 팀 리더는 수준관리기관과 협력하여 팀의 활동을 준비하고 관리하는데 책임이 있으며 감독활동의 임무는 다음과 같다.

가. 감독활동의 준비에 관여를 해야 한다

나. 문서와 절차, 규정을 검토하고 보안조치의 실행을 주시하며 모든 관련 사람들과 인터뷰와 미팅을 실시하고 가능하면 시험을 실시해야 한다.

다. 표준화된 형식에 맞춰서 보고서를 준비하고 감독기간 동안 사용하거나 작성한 노트 혹은 사진과 같은 모든 문서를 팀 리더나 수준관리기관에 제출한다.

라. 보안감독 활동에 관련된 사람들은 그들이 감시 및 조사한 결과에 대해서 엄격하게 기밀을 유지해야 하며 행동 수칙에는 지켜야할 규칙들과 감독활동 기간과 이후에 수행해야 할 임무에 대해 명시하고 감독활동을 시작하기 전에 각 참여자가 서명을 하여야 한다.

8) 정부당국

정부당국에 감독활동을 수행하고 강제력을 행사할 수 있도록 법적 권한을 부여함으로써 항공보안 법률을 준수하고 NCASP의 효율성을 주시하며 확인된 결함에 대해서는 시정조치를 통해 바로 잡을 수 있도록 해야 한다. 감독활동을 담당하고 있는 직원은 다음의 업무를 수행하기 위해 정식으로 권한이 주어져야 한다.

가. 국가 내 그 어떤 공항의 모든 구역을 조사할 수 있어야 한다.

나. 공항 혹은 보안제한구역에서 사업체가 이용하는 토지 및 공항 외곽지역을 조사할 수 있어야 한다.

다. 보안절차평가를 목적으로 국가에서 운영하거나 국가에 등록된 모든 항공기를 수색할 수 있어야 한다.

라. 보안수준평가나 보안절차시행을 위해서 그 어떤 사람이라도 인터뷰할 수 있어야 한다.

마. 그 어떤 결함에 대해서 즉각 수정을 요구하고, 법 집행 조치를 취할 수 있어야 한다.

바. 보안관련 문서나 기록에 대한 접근권을 갖고 있어야 한다.

9) 보안 감독활동 원칙

모든 보안 감독활동은 NCASP을 준용하고 있다는 것을 입증해야 한다.

가. 평가대상이 되는 기관의 전체 조직

나. 공항의 시스템, 항공사 보안관리 프로그램, 기타 관련 기관

다. 내부 수준관리프로그램 시행 및 관련 조치

라. 직원 교육

마. 출입통제, 항공기보안, 승객, 기내수하물, 특정 범주의 승객, 위탁수하물 검색과 보호, 항공사 기내식, 저장품과 공급품, 항공기 청소, 항공기 우편물과 자료, 화물 및 우편, 일반항공, 비행기 설계와 사회 기반시설에 관련한 조치

바. 상향된 위협과 고 위험 비행에 대한 구체적인 보안조치

사. 불법방해행위에 대한 대응

아. 보안통제를 하는 사람의 수행능력

자. 보안장비

10) 보안 감독활동 종류

항공보안시스템의 감독활동에는 보안현장조사, 보안평가, 보안점검, 불시평가 등이 있다.

가. 보안현장조사(Survey)

보안현장조사는 보안필요사항에 대한 평가이며 불법방해행위 시 악용될 수 있는 취약점을 재조명하고 시정조치에 대한 권고사항을 얻기 위한 조사이다. 보안현장조사는 특정 항공사나 공항에 영향을 끼칠 수 있는 다양한 위험요소를 해결하기 위해 강화된 보안수준이 필요할 때 언제든지 실시되어야 한다. NCASP에 따른 보안조치와 절차의 시행에도 불구하고 취약점이 발견된다면 위협에 비례하는 보호조치의 보완이 필요하다.

보안현장조사의 범위는 특정 항공사나 공항에 초점을 맞춘 평가에서 보안조치의 전체적인 평가까지 이를 수 있으며 현장조사 기간은 몇 시간에서 몇 주까지 소요될 수 있으며 공개적이거나 비밀로 진행되는 불시평가를 포함해야 한다.

나. 보안평가(Audit)

보안평가는 NCASP 요건의 모든 측면에 대한 심층적인 조사를 뜻하며 평가는 가능한 철저히 실시되어야 하고 보안조직이 적합한지, 필요한 조치와 절차가 효과적으로 갖추어져 있는지 등을 확인하기 위해서 일반적으로 수일에서 한 달까지 장기간 동안 수행된다. 보안평가는 평가를 수행하기 전에 통보가 되어야 하며 공개적이거나 비밀로 시행되는 불시평가를 포함해서는 안 된다.

(1) 훈련기록과 같은 문서의 검토를 통해 지속적으로 실시되어 한다.

(2) 각각 다른 시간대와 위치에서 감시 및 인터뷰를 시행하기 위하여 일관적 기준이 있어야 한다.

다. 보안점검(Inspection)

보안점검은 공항과 항공사 그리고 항공보안에 관련된 다른 기관들에 의한 관련 NCASP 조항의 시행에 대한 조사이며 보안점검 범위는 보안평가 보다 좁으며, 항공사 또는 보안조치를 실행하는데 관련된 다른 기관이나 공항의 부분 및 특정한 활동에 중점을 두고 있다. 보안점검은 사전에 통보가 되지 않을 수도 있으며, 공개적이거나 비밀로 시행되는 불시평가를 포함할 수도 있으며 보안평가와 보안점검의 목적은 다음과 같다.

(1) NCASP의 요건이 시행됨을 확인

(2) 보안의 기준과 항공보안조치의 유효성 확인

(3) 보안기준이나 절차에 있어서 문제점을 인지하고 개선

(4) 개선될 수 있는 모든 부분을 인지하여 효과적인 방안제시

라. 불시평가(Test)

불시평가는 항공보안조치를 시험하는 불법행위를 범하는 시도에 대한 시뮬레이션이며 불시평가는 공개적으로 혹은 비밀로 시행될 수 있다. 불시평가는 구체적인 장소와 시간에 보안조치나 통제가 효과적임을 입증해야 하며 보안제한구역으로의 출입통제와 항공기의 보호, 보안검색 실행 등에 초점을 맞추어야 한다.

11) 보안 감독활동 방법 및 계획

가. 보안현장조사, 보안평가, 보안점검, 불시평가는 NCASP와 개정안의 통계적인 분석

및 검토를 가능하게 하는 조사 결과와 권고사항의 비교와 정리 그리고 일관성을 위해 표준화된 접근법을 따라야 한다. 감독자들이 조직화되고 동일한 방식으로 임무를 수행할 수 있도록 그 방법과 지침서가 개발되어야 하며 모든 감독활동은 다음 사항을 포함해야 한다.

(1) 문서의 준비와 검토
(2) 불시평가를 제외하고, 관련 대표자와의 상황 설명 및 인터뷰
(3) 감독활동 그 자체(예: 감시, 문서검토, 인터뷰 등)
(4) 임무수행보고
(5) 보장된 권고사항을 포함한 보고서 완성

나. 정기적으로 보안감독활동을 수행하기 위해서는 수준관리기관은 재원과 시간적 제약을 고려하여 모든 향후 감독활동의 일정을 준비해야 한다. 연간 일정은 관계당국에 의해 결정된 우선순위에 따라야 한다. 다음 요소에 근거를 두어야 한다.

(1) 위협평가와 위험관리
(2) 공항운영의 범위
(3) 항공기 운항빈도와 운항횟수
(4) 화물과 우편취급 또는 기내식 수급량
(5) 불법방해행위가 일어날 가능성 또는 고위험 비행이나 항공사 출현
(6) ICAO와 같은 국제기구나 지역기구에 의한 활동이나 관계당국에 의해 실행된 이전의 감동활동의 결과
(7) 공항이나 항공사 혹은 다른 관리 대상이 국가적 요구조건에 따랐다는 이전 기록(몇 가지 확인된 결함이 있는 기관은 주기적으로 심사를 받아야 함)
(8) 필요시 행해진 내부수준 조사결과 조치
(9) 항공보안분야에서 최근 생겨난 새로운 필요사항
(10) 지난해 발생했던 보안사고에 대한 보고서
(11) 지난해 공항배치나 운영, 항공사, 보안장치 등에 관한 중요한 개정 정보
(12) 기관들의 요청

다. 상세 일정은 활동 시행 예정일, 점검 및 평가와 같은 활동의 유형, 접근 통제, 위탁수하물, NCASP의 모든 측면과 같은 감독활동의 범위 그리고 감독 대상 기관의 식별

등을 포함해야 하며 일정은 스케줄 외 활동들을 실행할 수 있을 정도로 탄력적으로 운영하여야 한다.

12) 규정준수 및 보고서

가. 규정을 준수하는 것은 국가 요구사항에 따라 수립되며 규정준수 정도를 분류하는 것은 감독기구가 시정조치의 우선순위를 정하는 데 있어서 도움을 준다. 규정준수 범주는 국가적인 수준에서 관계당국이 수립한 기준에 따라 결정되어야 하며 국가적인 수준에서 현재 사용되고 있는 규정준수의 범주는 다음과 같다.

(1) 범주 1: 요구사항을 충족

(2) 범주 2: 요구사항을 충족시키지 못하며 개선이 필요한 결함이 경미

(3) 범주 3: 요구사항을 충족시키지 못하며 개선이 필요한 심각한 결함이 있음

(4) NA(적용불가): 정해진 공항에 조치나 절차가 존재하지 않거나 적용 불가함(예: 도심공항 체크인)

(5) NC(확인불가): 시간 부족 및 다른 상황으로 인하여 조치나 절차를 확인할 수 없거나 확인이 불가함

나. 보안현장조사, 보안평가, 보안점검, 불시평가가 종료된 후에는 다음 내용을 포함한 보고서가 작성되어야 하며 보고서는 정해진 기간 내에 작성되고 배포되어야 한다.

(1) 활동 일시 및 평가 대상 기관의 이름

(2) 활동을 수행한 팀원 및 구성원의 이름

(3) 인터뷰하거나 접촉한 사람의 목록 및 감시한 모든 보안 측면

(4) 규정준수 정도 및 조사 결과물

(5) 모든 감시와 인터뷰, 그리고 검토된 문서에 관한 설명

(6) 결함이 있을 경우 권고된 시정 조치

다. 연간보고서는 지난해 행해진 활동의 횟수와 형식에 대한 요약, NCASP와 관련된 것을 포함하여 확인된 결함에 대한 전체적 설명, 시정조치의 현 상태, NQCP의 개선사항과 재정 및 인적 자원의 현 상태 등을 포함하는 것으로 수준관리기관에 의해 발행되어야 한다. 연간보고서는 NCASC 혹은 동등한 수준으로 명시되어야 하며, 향후 감독활동 일정 조정에 사용된다.

13) 시정조치

가. 보안 감독활동에 의해 국제기준과 국가법 또는 NCASP의 조항을 따르지 않았음이 밝혀졌을 때 문제가 드러나게 된다. 국가는 보안 문제점이 발견한 경우에 시정조치와 강제조치의 방식을 수립하고 관계당국에게 개선을 요구할 수 있도록 하는 법적 권한을 부여해야 한다.

나. 문제점 중요도에 상관없이 문제점이 확인되었을 때 관련기관에 의해 시정조치가 시행될 수 있다.

다. 문제점을 해결하기 위한 권고사항은 지체없이 이루어지는 시행을 요구하는 즉각적인 우선순위와 장기적 조치계획을 요구하는 사항으로 나누어진다. 만약 NCASP를 따르지 않은 경우에 관련기관은 즉시 원칙적으로 이를 바로잡아야 한다.

라. 관련기관은 기간을 정하여 각각의 확인된 문제점을 개선하기 위해 제시된 시정조치에 대해 관계당국의 승인을 받아야 한다.

마. 시정조치에 대한 협의가 완료되면 관계당국은 문제점이 효과적으로 해결되었다는 것을 확인하기 위해서 시행 및 일정에 대한 후속조치를 감독하여야 한다.

바. 관계당국은 가지각색의 상황과 불이행 특성 및 정도에 관한 상이한 법 집행 정도를 열거해야 하며 다양한 법집행 조치는 국가법에 의해 제정되어야 한다.

사. 법 집행 조치의 정도와 다른 범주들은 보안제한구역에 접근할 수 있는 동의 및 인가의 보류나 국가법에 따라 부과되는 사법적 조치 및 벌금과 같은 행정처분을 포함하고 있어야 한다.

아. 점진적이고 균형잡힌 접근법은 결함을 바로잡고 집행을 적용하는데 필요한 노력을 나타내며 접근법은 다음 단계를 통해 이행된다.

(1) 사소한 결함에 관한 조언에 대해 공식적인 증거 기록 유지를 수반하는 구두조언

(2) 조언과 설득이 불충분하다고 드러나거나 심각한 결함이 있는 경우, 취해진 행동의 바람직한 결과를 명시한 시정 조치를 요구하는 공식적인 계고장

(3) 공식적 경고 이후에 심각한 결함이 남아 있을 경우 집행 공고

4. ICAO 항공보안평가 프로그램

1) 개요

가. 국제민간항공기구(ICAO) 항공보안평가 프로그램은 911 테러 이후 민간항공에 대한 테러 방지를 위해 2002년 2월 고위급장관회의에서 체약국에 대한 항공보안 평가프로그램(USAP, Universal Security Audit Programme) 시행을 결의하였다.

나. ICAO에서는 USAP(항공보안 분야 국제기준 이행실태 종합평가)을 시행하기 위해 ICAO와 평가국 간에 MOU를 체결하고 ICAO 평가관이 해당국가를 직접 방문하여 국제기준 이행실태를 관련서류, 항공보안 규정, 현장평가 등 종합적으로 평가하였다.

2) 추진경과

가. ICAO는 2002년 7월부터 항공보안 국제기준(부속서 17) 이행여부에 대한 1차 평가를 실시하였다.

(1) USAP 1차 평가는 총 190개국 중에 181개 체약국을 대상으로 실시하였으며, 전쟁 및 내란 등으로 인해 평가관의 안전이 담보되지 않은 9개국(이라크, 아프가니스탄 등)에 대해서는 보안평가를 실시하지 않았다.

(2) 체약국에 대한 평가결과 지적사항은 체약국에 통보하고 개선토록 하였으며, ICAO가 구분한 평가항목은 ① 법령 · 보안체계, ② 교육훈련, ③ 수준관리, ④ 공항 · 보안운영, ⑤ 항공기 보안, ⑥ 승객 · 수하물보안, ⑦ 화물보안, ⑧ 불법행위 대응, ⑨ 출입국 간소화 9개 분야이다.

(3) ICAO가 구분한 중요 요소별(Critical Element) 평가항목은 ① 법령, ② 규정 · 기준, ③ 항공보안 조직 · 책임, ④ 자격 · 훈련, ⑤ 기술지침서 · 보안정보, ⑥ 승인 · 인증업무, ⑦ 수준관리, ⑧ 보안문제 해결 8개 분야이다.

(4) ICAO는 평가결과 지적사항은 체약국에 통보 · 개선토록 하였으나 항목별로 국제기준 미이행률은 비공개하고 있으며. 우리나라는 13개 항목에 대해 지적사항을 통보받았으나 모두 조치를 완료하였다.

나. ICAO는 2008년 3월부터 항공보안 국제기준(부속서 17) 이행여부에 대한 2차 평가를 실시하였다.

(1) 2차평가는 191개국 중에 77개 체약국을 대상으로 항공보안 국제기준(부속서17)뿐만 아니라 출입국간소화(부속서9)에 대해서도 평가를 실시하였다.

(2) 평가결과는 수검국에 통보됨은 물론 1차 평가와는 다르게 2차 평가 시에는 중요요소별(CE) 국제기준 미 이행률을 웹사이트에 공개하였다.

(3) 다만, 분야별 미 이행률은 특정 국가의 취약분야가 테러단체에 노출될 것을 우려하여 비공개 하였으나 향후 시행되는 USAP-CMA 결과에는 포함할 예정이다.

(4) 전세계의 중요 요소별 미 이행률은 30.7% 이며, 항공보안 수준관리분야는 전세계 평균이 47.6%이었으나 우리나라는 4.76%로 우수하였으며, 지적받은 보안문제 해결에 대한 미이행률이 전세계 평균이 41.5%이었으나 우리나라는 0%로 전세계 최고 수준을 달성하였다.

(5) 국토교통부가 2011년 11월에 발표한 언론보도에 따르면 ICAO)가 실시한 우리나라에 대한 항공보안평가('11.8.25~9.1)에서 국제기준 이행률이 98.57%로 공식 통보를 받았으며 이는 세계최고 수준이라고 밝혔다.

- ICAO 항공보안평가는 ICAO부속서 제17권(항공보안) 및 부속서 제9권(출입국 간소화)의 법령, 조직, 자격 · 교육훈련, 보안감독 분야 등 299개 평가항목(730개 확인사항)에 대한 국제기준 이행현황을 확인하는 것으로 서류평가와 현장 이행 평가를 실시하였다.
- 우리나라와 전세계 평가요소별 국제기준 이행률(%)은 다음 표와 같으며, 서류평가만 받는 EU 국가를 제외하고 중국(98.64)에 이어 우리나라는 세계 2위(0.07 차이)를 달성한 것이다.

평가요소	법령	세부규정	항공조직	자격교육	기술지침	승인/인증	보안감독	보안위해요소해결	종합이행율
한국	100	98.88	100	100	98.21	96.15	95.24	100	98.57
세계평균	83.98	76.48	82.74	65.89	63.26	62.26	52.47	58.36	68.23

3) 상시 모니터링제도 시행

가. ICAO는 기존 항공보안 평가프로그램(USAP)을 2015년부터 항공보안 상시평가 모니터링 방식(USAP-CMA, Continuous Moniteriing Approach)으로 전환하였으며, '17.3월 기준 49개 국가를 대상으로 실시를 완료하였다.

나. 항공보안평가프로그램 기존 USAP과 변경된 USAP-CMA와의 비교결과는 다음과 같다.

구분	개념	절차	유형	평가국 · 선정기준	평가 질의서
USAP	USAP 방문 후 서류 · 현장 등 점검	1:1 MOU 체결 →평가→ 결과통보	방문평가	취약국가, 지원국가 등	1차: 부속서17 2차: 부속서9,17
USAP-CMA	서류점검 후 필요시 방문	191개 체약국 일괄 MOU체결 →평가→ 결과통보	서류평가, 서류+방문평가, 방문평가	2차평가 경과시간, 취약국가 등	부속서9,17

다. ICAO 항공보안평가 프로그램의 상시평가 점검항목(USAP-CMA)은 [부록 4]를 참고한다.

제2장
항공보안자격 및 교육훈련

제 2 장 항공보안자격 및 교육훈련

제1절 항공보안 종사자 자격요건

1. 보안검색요원 등의 채용기준

보안검색요원 등의 채용기준에 관한 사항은 다음과 같다.

보안검색요원

1) 국토교통부장관은 공항운영자, 항공사, 항공화물 및 도심공항터미널운영자의 보안검색요원 또는 항공경비요원에 대한 교육훈련 실시를 감독하여야 한다.

2) 보안검색요원 또는 항공경비요원(이하 "보안검색요원 등"이라 한다)을 채용하려는 자는 채용대상자의 신원 및 범죄 사실 등을 포함한 이전 경력을 확인하기 위하여 신원조사를 실시하여야 한다.

3) 보안검색요원 등을 채용한 자는 해당 보안검색요원 등이 신원조사 기준을 지속적으로 충족하는지 확인하기 위하여 경찰 등 관계기관과 협의하여 5년에 1회 이상 정기적으로 신원조사를 다시 실시한다.

4) 보안검색요원 등을 채용하고자 하는 자는 지원자로부터 다음 각 호의 사항이 포함된 신청서를 접수하여야 한다.

가. 일반사항(성명, 주민등록번호, 주소, 전화번호)

나. 최근 5년 이내의 경력
다. 보안 관련 교육
라. 기입된 정보가 완전하고 정확하다는 서약
마. 지원자가 범죄를 저지른 사실이 없다는 서약 단, 경범죄, 경미한 교통사고 등은 제외한다.
바. 지원자 서명
사. 최근 1년 이내에 촬영한 사진

5) 보안검색요원 등을 채용한 자는 제1항에 따라 제출된 신청서를 해당자가 근무하는 동안 보관하여야 하며, 점검 등을 위하여 항공보안감독관 등이 요구하는 경우 제공하여야 한다.

6) 보안검색요원 등을 채용하고자 하는 자는 지원자에 대하여 다음 각 호의 내용을 인식시키거나 확인하기 위하여 면담을 실시하여야 한다.
가. 성격
나. 신청서 서약의 의미
다. 이전 직장 퇴직 사유
라. 확인되지 않은 직장 경력이 있는지 여부
마. 항공보안 당국에서 요구하는 추가 관련 정보
바. 지원자 경력 또는 제공된 정보에 대하여 확인이 곤란한 경우 다음 각 목 1의 자료를 요청할 수 있다.
(1) 증빙을 확보할 수 있는 보증인
(2) 독립적으로 확인 가능한 증빙서류

2. 자격기준

1) 보안검색요원의 신체 및 건강 등 자격기준은 국가항공보안계획 부록 3에 따른다.

2) 항공보안검색요원 자격기준은 다음과 같다.

가. 나이: 만 18세 이상

나. 국적: 대한민국

다. 건강상태 - 정신적 · 육체적으로 양호한 상태일 것

라. 건강상태 - 신체요건

(1) 두부 · 안면 · 경부 · 몸통 또는 사지에 검색업무 수행에 지장을 주는 변형 · 기형 또는 기능장애가 없을 것

(2) 양쪽 눈이 교정하지 않은 상태에서 0.2이상 이거나, 양쪽 눈이 교정안경에 의하여 교정한 경우 0.8이상 일 것

(3) 색맹 또는 색각이 아닐 것

(4) 후각 및 청력이 정상일 것

(5) 말하고 쓰는 능력이 정상일 것

(6) 약물 의존 또는 알코올중독이 없을 것

마. 신원조사

(1) 채용 전 반드시 신원조사 실시

(2) 신원조사와는 별도로 최근 5년간의 경력조회 실시

바. 현장 직무교육

검색업무 수행 전 최소 80시간 동안 보안검색대에서 현장 직무교육(OJT) 실시

3. 감독자 채용 및 지정

1) 공항운영자가 보안검색요원의 감독자를 채용하는 경우에는 국가민간항공보안 수준관리지침 제40조(지원자 면담) 및 제41조(신체 및 건강)에서 정한 사항 이외에 2년 이상의 보안검색 실무경험이 있는 사람을 채용하여야 하며, 채용 후 보안검색감독자로 지정하여야 한다.

2) 항공사, 항공화물 및 도심공항터미널운영자가 보안검색요원의 감독자를 채용하는 경우에는 제40조 및 제41조에서 정한 사항 이외에 2년 이상의 보안검색 실무경험이 있

는 사람을 채용하여야 하며, 채용 후 보안검색감독자로 지정하여야 한다. 다만, 항공사, 항공화물 및 도심공항터미널운영자는 기존의 소속직원 일부를 보안검색감독자로 지정하여 항공보안 업무를 담당하게 할 수 있다.

3) 공항운영자가 항공경비요원의 감독자를 채용하는 경우에는 제40조 및 제41조에서 정한 사항 이외에 2년 이상의 항공경비 실무경험이 있는 사람을 채용하여야 하며, 채용 후 항공경비감독자로 지정하여야 한다.

4. 교육훈련

1) 보안검색요원 등에 대한 교육은 교육훈련지침에 따라 다음 각 호와 같이 구분하여 실시한다.

가. 초기교육(Initial Training)

나. 직무교육(On-The-Job Training)

다. 정기교육(Recurrent Training)

2) 보안검색요원 등이 보안검색 업무를 수행하는 동안에는 「국가민간항공보안 교육훈련지침」 제12조의2 제2항에 따라 발급된 인증서를 휴대하여야 하며, 항공보안감독관이 인증서의 확인을 요청하는 경우 이에 협조하여야 한다.

3) 보안검색요원 등에 대한 교육훈련 주기, 교과내용, 서류 관리, 평가 등에 관한 세부적인 사항은 교육훈련지침에 따른다.

4) 교육훈련지침에 따라 항공보안교육 훈련을 실시한 자는 다음 각 호의 내용이 포함된 교육훈련 기록 내용을 3년간 보존하여야 하며, 보안검색요원 등이 퇴직한 경우에는 퇴직한 날로부터 최소 90일간 교육훈련 결과를 유지 · 관리한다.

가. 교육명칭

나. 교육일시

다. 교육장소

라. 교육시간

마. 강사

바. 교육시간표

사. 불시평가 또는 평가 결과(해당과정에 한한다)

아. 참석자 명단 및 서명

5) 교육훈련지침에 따라 교육 훈련을 실시하는 기관의 장은 국토교통부장관이 요청하는 경우 교육훈련 결과를 제출하여야 하며 교육훈련지침이 교육 목적에 부합하는지와 운영에 따른 문제점이 없는지를 정기적으로 검토한다.

6) 국토교통부장관은 공항운영자, 항공사, 항공보안 교육기관 및 기타 관련조직이 실시하는 교육훈련에 대하여 다음 각 호의 사항을 정기적으로 점검한다.

가. 항공보안 교육훈련 내용의 적절성 및 현 상황 반영 여부

나. 강의 방법 적절성 여부

다. 교육 시설 및 장비의 적절성 여부

라. 교육 이수자 현황 및 교육결과 자료

마. 현 교육의 문제점 파악 등

7) 국토교통부장관은 제2항에 따른 점검 결과 본 지침을 충족하지 못한 사실을 발견하였을 경우 해당 미비점에 대한 시정조치를 지시할 수 있으며, 이를 접수한 각 관련 조직은 해당 미비점에 대한 시정조치계획을 제출하여야 한다.

8) 항공보안교육기관의 장은 다음 각 호의 자료를 유지한다.

가. 각 기관의 보안교육책임자 명단

나. 각 교육훈련기관의 교육강사 명단

다. 각 교육훈련기관의 교육훈련과정

라. 교육훈련기관을 수료한 자에 대한 교육 결과 자료

마. 국토교통부장관이 발행한 교육훈련지침 사본 등

제2절 항공보안 교육훈련

1. 교육훈련지침

1) 관련규정

항공보안법 제28조에서 국토교통부장관은 항공보안에 관한 업무수행자의 교육에 필요한 사항을 정하여야 하며 보안검색 업무를 감독하거나 수행하는 사람은 국토교통부장관이 지정한 교육기관에서 검색방법, 검색절차, 검색장비의 운용, 그 밖에 보안검색에 필요한 교육훈련을 이수하여야 한다.

2) 적용범위

가. 국가민간항공보안 교육훈련지침은 항공보안법 제10조 제2항에 따라 자체 보안계획을 수립하는 공항운영자, 항공운송사업자, 공항상주업체, 항공기취급업체, 항공기정비업체, 항공화물 · 도심공항터미널운영자 등(이하 "공항운영자 등"이라 한다)에 대하여 적용한다.

나. 국가민간항공보안 교육훈련지침에서 교육훈련 대상자는 다음 각 호와 같다.

(1) 공항보안책임자 또는 공항보안감독자
(2) 항공사보안책임자 또는 항공사보안감독자
(3) 보안검색감독자 또는 항공경비감독자
(4) 항공보안교관 및 사내 보안교관
(5) 보안검색요원 및 항공경비요원
(6) 항공기승무원 및 탑승수속 담당 직원
(7) 화물보안 업무요원 및 화물터미널 운영요원
(8) 폭발물처리요원 및 폭발물 위협분석관
(9) 항공교통관제사
(10) 공항운영자 및 항공운송사업자의 전화 접수자 및 안내요원
(11) 공항운영자의 보안 유관 부서의 장 또는 동등 직급자

(12) 항공운송사업자의 보안 유관 부서의 장 및 중간관리자
(13) 공항운영자 및 항공운송사업자의 중간관리자급
(14) 화물터미널운영자의 각 부서의 장 또는 동등 직급자
(15) 기내식 시설 운영자 각 부서의 장 또는 동등 직급자
(16) 지상조업체 조직내의 각 부서의 장 또는 동등 직급자
(17) 급유시설 조직내의 각 부서의 장 또는 동등 직급자
(18) 공항 및 항공기 청소업체의 각 부서의 장 또는 동등 직급자
(19) 공항운영자의 공항 운영 관련 근무 직원
(20) 승객운송 직원, 항공기 정비사
(21) 승객 · 위탁수하물 일치여부 확인직원 및 위탁수하물 수송 직원
(22) 항공운송사업자의 총기류 등 무기류 운송 접수 담당 직원
(23) 기내식, 지상조업체, 급유업체, 공항지역 및 항공기 청소요원
(24) 이동지역 안전관리자 및 항공보안장비 유지보수요원
(25) 공항운영자, 항공운송사업자 등 일반 직원
(26) 면세점 등 보호구역내 상주업체장 또는 동등 직급자 및 그 직원

2) 교육훈련 책임

가. 항공보안 교육훈련과 관련하여 국가정책 및 국토교통부에게 책임이 있으며 국가항공보안 교육훈련의 기본방침은 다음 각 호와 같다.
(1) 항공보안 수준 표준화
(2) 위협증가시 신속한 보안 강화능력 배양
(3) 최신 항공보안 변화에 대한 적극 대응
(4) 위기사태 발생시 신속한 대응 능력 함양
(5) 국제적 수준에 맞는 항공보안 체제 유지
(6) 현장적응력이 강한 전문 보안요원 양성
(7) 항공 관련 업무 수행자에 대한 보안 의식 함양

나. 국토교통부장관은 국가민간항공보안 교육훈련지침을 제정 · 시행하며 효율적인 교육훈련을 위하여 필요한 조사 · 연구를 실시하며, 공항운영자, 항공운송사업자, 항공보

안 교육전문 훈련기관, 그 밖의 관련조직 등의 교육훈련계획 수립과 운영에 필요한 사항을 지도한다.

다. 국토교통부장관은 항공보안 교육훈련의 발전을 위하여 필요한 경우에는 항공보안 관계 전문가를 자문위원으로 위촉할 수 있으며 효율적인 교육훈련기준을 개발하고 정보를 수집 교환하기 위하여 국제민간항공기구 및 외국 정부 등과 협력하며, 다른 체약국으로부터 교육훈련 정보 제공을 요청 받은 경우에는 이를 제공할 수 있다.

라. 국토교통부장관은 교육훈련지침을 관리 · 시행하고, 보안교육 업무를 조정할 보안교육훈련조정관을 지정하여 다음과 같은 업무를 수행하게 한다.

(1) 공항운영자 등의 항공보안 교육훈련 교과과정 검토 및 조정

(2) 교육기법 및 교육장비에 대한 검토 및 조정

(3) 교육훈련지침의 효율성 평가

(4) 향후 보안 교육관련 정책 방향 제시

(5) 소속기관에서 실시하는 교육훈련에 관한 지도 · 감독

(6) 기타 협조 및 협력체제 유지를 위한 공항운영자 등의 보안교육훈련 조정자 및 교관들과의 정기적인 회의 개최

2. 교육훈련과정 운영

1) 교육훈련 구분

가. 항공보안업무 수행자에 대한 교육 훈련과정은 담당 직무에 따라 다음 각 호와 같이 구분하여 시행한다.

(1) 항공보안 관련 신규 채용자 또는 최초 임명자 등에게 직무를 부여하기 이전에 직무와 관련한 기본적인 지식과 기량을 전수하기 위한 초기교육(Initial Training)

(2) 초기교육을 이수한 자를 대상으로 업무의 시범 및 관찰과 실제업무의 수행을 통하여 받는 직무교육(OJT, On-the-Job Training)

(3) 소관 업무 내용의 변경 또는 추가와 신기술의 도입 등에 따라 필요한 지식과 기량을 전수하기 위하여 정기적으로 실시하는 정기교육(Recurrent Training)

나. 공항운영자 등은 항공보안업무 수행자의 보안의식 제고와 보안업무 능력향상 등을 위해 필요한 경우에는 교육과정 외의 특별교육과정을 개설하여 운영할 수 있다.

2) 교육기관 분류 및 평가

가. 국토교통부장관은 항공보안업무 수행자의 전문성 제고를 위하여 다음 각 호의 교육과정을 「운항기술기준」에 따라 지정한 항공훈련기관에서 실시하게 할 수 있다.

(1) 항공보안 교관 교육과정

(2) 국토교통부장관이 인정하는 ICAO 항공보안 교육 과정

(3) 항공보안감독관 초기교육 또는 정기교육 과정

(4) 공항 및 항공사보안책임자 · 감독자 등의 초기 또는 정기교육과정

(5) 그 밖에 국토교통부장관의 승인을 받은 특별교육 과정

나. 항공보안법 제28조에 따라 보안검색교육기관은 다음과 같은 과정의 교육을 실시한다.

(1) 보안검색요원의 초기 · 직무 또는 정기교육과정

(2) 보안검색감독자 초기 또는 정기교육과정

(3) 항공경비요원 초기 또는 정기교육과정

(4) 항공경비감독자 초기 또는 정기교육과정

(5) 공항 및 항공사 보안책임자 및 감독자 등의 초기 또는 정기교육과정 그 밖의 특별교육 과정

다. 보안검색교육기관의 교육훈련지침 및 평가방법과 관련하여 보안검색교육기관은 별표 2에 따른 훈련지침을 준수하여 교육을 실시하여야 하며 항공보안법 시행규칙 제15조 제1항 제4호에 따른 교육평가방법은 다음 각 호에 따른다.

(1) 시험과목, 시험의 실시요령, 판정기준, 시험문제출제, 시험방법 · 관리 · 보관 · 시험장, 시험감독 및 채점 등은 자체 실정에 맞게 보안검색교육기관의 장이 정한다.

(2) 교육생은 총 교육시간의 90퍼센트 이상 출석하여야 하고, 성적은 100점 만점의 경우 80점 이상을 득하여야 수료할 수 있다. 다만, 컴퓨터교육(CBT) 형태의 보안검색훈련 프로그램으로 평가할 경우에는 해당 프로그램별 평가기준에 따른다.

3) 교육훈련 실시

가. 교육대상자가 속한 공항운영자 등은 교육 중 해당 교육을 자체적으로 실시하거나 국토교통부장관이 지정한 전문 교육기관에 위탁하여 교육을 실시한다. 다만, 보안검색감독자 및 보안검색요원에 대하여는 법 제28조에 따라 국토교통부장관이 지정한 교육기관에 위탁하여 교육을 실시한다.

나. 다음 각 호의 교육은 반드시 평가를 실시하여 일정 점수이상을 획득한 자에 한정하여 교육을 이수한 것으로 한다.

(1) 항공보안교관 교육과정
(2) 항공보안감독관 초기교육 과정
(3) 공항보안감독자 및 항공사보안감독자 초기교육 과정
(4) 보안검색감독자 및 항공경비감독자 초기교육 과정
(5) 보안검색요원, 항공경비요원 초기교육, 직무교육 및 정기교육과정

다. 보안검색요원 등에 대한 자격인증과 관련하여 보안검색교육기관의 장은 국가항공보안계획 제10.2호에 따라 항공보안교관 · 보안검색요원 · 항공경비요원에 대한 자격인증을 시행하여야 한다.

라. 보안검색교육기관의 장은 자격을 인증한 항공보안교관 · 보안검색요원 · 항공경비요원에 대하여 별지 제2호서식의 인증서를 발급하여야 하며 자격인증을 위해 항공보안법 제33조제1항에 따라 지정한 항공보안감독관이 입회할 수 있도록 하여야 한다.

마. 정기교육 대상자는 초기교육 또는 정기교육을 수료한 날이나 자격인증을 받은 날부터 1년 이내에 정기교육을 이수하여야 하며 정기교육을 부득이한 사유로 이수하지 못한 사람이 1년이 경과한 날부터 30일 이내에 정기교육을 이수한 경우에는 1년 이내에 정기교육을 이수한 것으로 본다.

바. 정기교육 대상자가 정기교육을 이수하지 못한 경우 해당 업무의 수행자격은 정지되며, 자격이 정지된 이후 6개월 이내에 정기교육을 이수하면 자격을 회복할 수 있다. 다만, 해외 파견 등 불가피한 사유로 교육을 이수할 수 없는 경우에는 그 기간 중

1년의 범위에서 자격을 회복할 수 있는 정기교육 이수기간에서 제외한다.

4) 항공보안교관의 자격

가. 항공보안교관은 국가민간항공교육훈련지침에 따라 항공전문교육기관 및 보안검색교육기관에서 교육 · 강의를 담당하는 자를 말하며 사내보안교관은 공항운영자 등이 자체 보안교육계획에 의하여 보안교육을 실시하는 사내직원을 말한다.

나. 항공보안 교관의 자격 · 경력 등과 관련하여 항공보안법 시행규칙 제15조 제1항 제2호 및 운항기술기준에 따른 교관의 자격 · 경력 등은 다음 각 호의 어느 하나에 해당하는 자로서 국제민간항공기구(ICAO), 국제항공운송협회(IATA), 미국 교통보안청(TSA), 항공훈련기관에서 교관교육과정을 이수한 자이어야 한다.

(1) 항공보안관련 업무 경력 3년 이상인 자

(2) 보안검색장비 관리, 유지 또는 보수경력이 3년 이상인 자

(3) 보안장비 제작사에서 해당과정에 맞는 교육을 이수한 자

다. 전임교관 이외의 교관은 항공보안 관련 기획업무 또는 해당분야에 2년 이상 경험을 가진 자로서 국토교통부장관 또는 교육기관의 장이 임명하는 자를 말한다.

라. 항공기 승무원, 탑승수속 직원, 항공교통관제사, 화물보안 업무요원(화물보안검색요원은 제외)등에 대하여 항공보안교육을 자체적으로 실시하는 경우 교관의 자격기준은 다음 각 호의 어느 하나와 같다.

(1) 국제민간항공기구(ICAO), 국제항공운송협회(IATA), 미국 교통보안청(TSA), 항공훈련기관의 교관 교육과정을 이수한 자로 항공보안 경력이 1년 이상인 자

(2) 항공보안 업무 또는 해당 분야실무 경험 2년 이상인 자 중 기관의 장 또는 소속의 장이 임명한 자

마. 교육기관의 장은 항공보안교관의 자질 향상과 교육의 효율성 제고를 위하여 국제민간항공기구(ICAO), 국제항공운송협회(IATA), 미국 교통보안청(TSA) 및 항공훈련기관 등에서 실시하는 세미나, 국제회의, 교육 등에 교관들을 2년에 1회 이상 참여하도록 하여야 한다.

제3절 항공보안종사자 교육과정

1. 보안종사자 교육

1) 공항보안책임자 및 감독자

가. 공항보안책임자는 국가항공보안계획에 따라 자체 보안계획 시행을 총괄하고 공항안전 및 보안업무 등에 대한 지도·감독업무를 총괄 수행하는 자로서 공항운영자가 지정한 자를 말하며, 공항보안감독자는 공항안전 및 보안업무 등에 대한 지도·감독업무를 수행하는 자로서 공항보안책임자의 추천을 받아 공항운영자가 지정한 자를 말한다.

나. 공항보안책임자 및 공항보안감독자 자격과 관련하여 공항운영자는 보안책임자나 감독자를 지정하려면 국가민간항공보안 교육훈련지침 별표 4의 공항보안책임자 초기교육 과정(책임자 8시간 이상, 감독자 16시간 이상)을 이수하였거나 지정 후 6개월 안에 이수하도록 하여야 한다.

다. 국제민간항공기구(ICAO), 국제항공운송협회(IATA), 미국 교통보안청(TSA) 등에서 실시하는 항공 또는 공항보안 관리자 과정을 이수한 경우에는 공항보안책임자 초기교육을 이수한 것으로 본다.

라. 공항운영자는 보안책임자 또는 감독자에 대하여 국가민간항공보안 교육훈련지침 별표 4의2의 정기교육 과정(책임자 4시간 이상, 감독자 8시간 이상)을 이수하도록 하여야 한다. 다만, 공항보안책임자가 국제민간항공기구(ICAO), 국제항공운송협회(IATA), 아시아태평양경제협력체(APEC) 등에서 주관하는 항공보안세미나, 항공보안 관련 국제심포지엄 또는 관련 국제회의에 2일 이상 참석한 경우에는 정기교육을 이수한 것으로 본다.

2) 항공사보안책임자 및 감독자

가. 항공사보안책임자는 국가항공보안계획에 따라 자체 보안계획 시행을 총괄하고 항공사 안전 및 보안업무 등에 대한 지도·감독업무를 수행하는 자로서 항공운송사업자가 지정한 자를 말하며 항공사보안감독자는 항공사 안전 및 보안업무 등에 대한 지도

· 감독업무를 수행하는 자로서 항공사보안책임자의 추천을 받아 항공운송사업자가 지정한 자를 말한다.

나. 항공사보안책임자 및 항공사보안감독자 자격과 관련하여 항공운송사업자가 보안책임자 또는 감독자를 지정하려면 국가민간항공보안 교육훈련지침 별표 5의 초기교육 과정(책임자 8시간 이상, 감독자 16시간 이상)을 이수하였거나 지정 후 6개월 안에 이수하도록 하여야 한다.

다. 항공사보안책임자 또는 감독자가 국제민간항공기구(ICAO), 국제항공운송협회(IATA), 미 교통보안청(TSA) 등에서 실시하는 항공사의 보안관리자 과정을 이수한 경우에는 초기교육을 이수한 것으로 본다.

라. 항공운송사업자는 보안책임자 및 감독자에 대하여 국가민간항공보안 교육훈련지침 별표 5의2의 정기교육 과정(책임자 4시간 이상, 감독자 8시간 이상)을 이수하도록 하여야 한다. 다만, 항공사보안책임자가 국제민간항공기구(ICAO), 국제항공운송협회(IATA), 아시아태평양경제협력체(APEC) 등에서 주관하는 항공보안세미나, 항공보안 관련 국제 심포지엄 또는 관련 국제회의에 2일 이상 참석한 경우에는 정기교육을 이수한 것으로 본다.

3) 보안검색감독자 및 항공경비감독자

가. 보안검색감독자 또는 항공경비감독자는 보안검색요원 또는 항공경비요원의 업무 수행실태 등을 감독하는 자로서 공항운영자 또는 항공운송사업자가 지정한 자를 말한다.

나. 공항운영자 등은 보안검색 초기교육과정(40시간 이상) 및 국가민간항공보안 교육훈련지침 별표 6의 초기교육(8시간 이상)을 이수한 자를 보안검색감독자로 지정한다. 다만, 교육 일정 등의 사유로 인하여 별표 6의 교육과정 이수가 곤란한 경우에는 지정한 날로부터 3개월 안에 이수하도록 하여야 하며 보안검색감독자에 대하여 별표 6의2에 따른 정기교육(8시간 이상)을 이수하도록 하여야 한다.

다. 공항운영자 등은 항공경비 초기교육과정(30시간 이상) 및 국가민간항공보안 교육훈련지침 별표 7의 초기교육(8시간 이상)을 이수한 자를 항공경비감독자로 지정한다. 다만, 교육 일정 등의 사유로 인하여 별표 7의 교육과정 이수가 곤란한 경우에는 지정한 날부터 3개월 안에 이수하도록 하여야 하며 항공경비감독자에 대하여 별표 7의 2에 따른 정기교육(8시간 이상)을 이수하도록 하여야 한다.

4) 보안검색요원

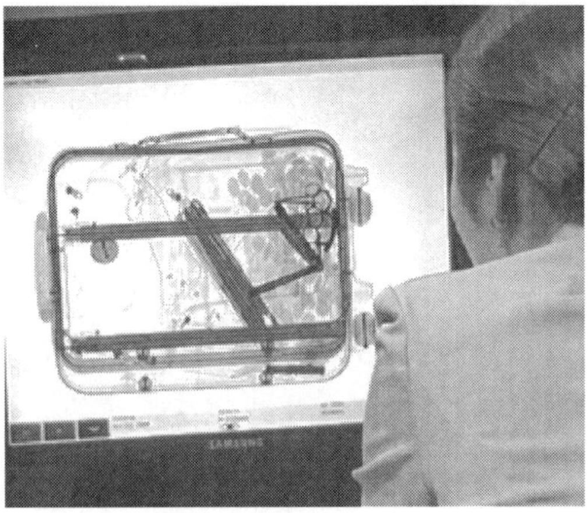

X-ray 이미지를 판독하는 보안검색요원

가. 보안검색요원은 불법방해행위를 하는데 사용될 수 있는 무기 또는 폭발물 등 위험성이 있는 물품을 탐지 및 수색하기 위한 보안검색 업무를 수행하는 자를 말한다.

나. 공항운영자 등은 보안검색요원이 검색업무를 수행하기 전에 보안검색교육기관으로부터 국가민간항공보안 교육훈련지침 별표 8에 따른 보안검색요원 초기교육(40시간 이상) 및 별표 8의2의 직무교육(80시간 이상) 이수 여부를 확인한 후에 보안검색업무를 수행하도록 하여야 하며 보안검색요원에 대하여 연 1회 이상 별표 8의3의 정기교육(8시간 이상)을 이수하도록 하여야 한다.

다. 공항운영자 등은 보안검색요원이 보안검색업무를 수행하는 중에 국토교통부장관이 인정하는 관계기관이나 공항운영자 등이 실시하는 불시평가에서 합격하지 못한 경우에는 보안검색교육기관에서 8시간 이상 재교육을 받은 후에 보안검색업무를 수행하도록 하여야 한다. 이 경우 정기교육을 이수한 것으로 본다.

5) 항공경비요원

검색경으로 차량 하부검색

가. 항공경비요원은 공항 내의 공항시설 또는 항공사의 중요시설, 항공기 등을 보호하고, 보호구역의 출입을 통제하는 업무와 승객 아닌 자 및 물품 등에 대한 검색 또는 신원확인 업무를 수행하는 자를 말한다.

나. 공항운영자 등은 항공경비요원에 대하여 국가민간항공보안 교육훈련지침 별표 9와 별표 9의2의 초기교육(30시간 이상) 및 직무교육(24

시간 이상)을 이수하도록 하여야 하며 항공경비요원에 대하여 별표 9의3에 따른 정기교육(8시간 이상)을 이수하도록 하여야 한다. 다만, 경비업법 및 청원경찰법에 따라 매월 실시하는 교육에 정기교육 내용이 포함된 경우에는 정기교육을 이수한 것으로 본다.

다. 공항운영자 등은 항공경비요원이 항공경비업무를 수행하는 중에 국토교통부장관이 인정하는 관계기관이나 공항운영자 등이 실시하는 불시평가에서 합격하지 못한 요원에 대하여는 보안검색교육기관에서 8시간 이상 재교육을 받은 후 항공경비업무를 수행하도록 하여야 한다. 이 경우 정기교육을 이수한 것으로 본다.

라. 항공경비요원 중 상주직원 출입초소에서 X-ray 검색장비를 사용하여 X-ray 판독업무를 수행하는 자는 보안검색요원 초기교육(40시간 이상), 직무교육(80시간 이상) 및 정기교육(8시간 이상)을 이수하여야 한다.

6) 항공화물보안 업무요원

가. 공항운영자 등은 공항에서 화물보안 검색업무를 수행하는 자에게 보안검색요원 초기교육(40시간 이상), 직무교육(80시간 이상) 및 정기교육(8시간 이상)을 이수하게 하여야 한다.

나. 보안검색 외의 화물보안 관련 업무를 수행하는 자에 대하여는 국가민간항공보안 교육훈련지침 별표 13과 별표 13의2의 초기교육(8시간 이상) 및 정기교육(2시간 이상)을 이수하도록 하여야 한다.

7) 폭발물처리요원 및 폭발물처리분석관

가. 폭발물처리요원은 폭발물, 생화학 물질, 그 밖에 폭발의 위험이 있거나 의심되는 물질을 발견하거나 신고를 접수한 경우 초동 조치를 하는 등 폭발물 처리를 위하여 공항운영자가 임명한 사람을 말한다.

나. 공항운영자 등이 폭발물처리요원을 채용하는 경우에는 군 또는 공항, 보안관련 조직에서 폭발물처리 또는 생화학처리업무를 4년 이상 직접 수행한 경력이 있는 자를 대상으로 하고, 채용된 폭발물 처리요원에 대하여는 국가민간항공보안 교육훈련지침 별표 14에 따른 폭발물처리요원 직무교육(8시간 이상)을 이수하도록 하여야 한다.

다. 공항운영자 등은 폭발물처리요원에게 국가민간항공보안 교육훈련지침 별표 14의2에 따른 정기교육(4시간 이상)을 이수하도록 하여야 한다. 다만, 해당 연도에 국가정보원, 국방부, 경찰청 등에서 실시하는 폭발물처리 관련 교육, 정부 또는 국제민간항공기구(ICAO) 등 국제기구에서 주관하는 대테러 워크숍 및 세미나에 참석한 경우에는 정기교육을 이수한 것으로 본다.

라. 폭발물처리분석관은 폭발물의 위협분석을 위하여 공항보안책임자나 항공사보안책임자의 추천을 받아 공항운영자나 항공운송사업자가 지정한 자를 말한다.

마. 공항운영자 등은 폭발물 위협 분석자에 대하여 국가민간항공보안 교육훈련지침 별표 15와 별표 15의2의 초기교육(4시간 이상) 및 정기교육(1시간 이상)을 이수하도록 하여야 한다.

방폭복과 폭발물처리로봇

2. 항공관련 운영자 교육

1) 운항 · 객실승무원, 탑승수속직원 및 유지보수요원

가. 항공운송사업자는 승무원에 대하여 국가민간항공보안 교육훈련지침 별표 10의 초기교육(8시간 이상)과 별표 10의2의 정기교육(2시간 이상)을 이수하도록 하며, 탑승권 발급업무를 수행하는 직원에 대하여는 별표 11의 초기교육(3시간 이상)과 별표 11의 2의 정기교육(1시간 이상)을 이수하도록 하여야 한다.

나. 항공보안장비 유지보수요원은 국토교통부 고시인 항공보안장비 종류, 운영 및 유지관리에 관한 기준에 따라 검색장비를 관리 · 유지하기 위하여 보안검색장비 운용자가 지정한 자를 말한다.

다. 공항운영자 등은 항공보안장비 유지보수요원에 대하여 국가민간항공보안 교육훈련지침 별표 12의 초기교육(40시간 이상)와 별표 12의 2의 정기교육(8시간 이상)을 이수하도록 하여야 한다. 다만, 항공보안장비 종류, 운영 및 유지관리에 관한 기준에서 정한 "장비제작사 또는 설치업체에서 교육을 이수한 사람 또는 파견된 전문기술자"에 해당하는 자는 초기교육을 이수한 것으로 본다.

2) 항공교통관제사 및 전화접수자 / 안내요원

가. 국토교통부장관 또는 공항운영자는 항공교통관제사에 대하여 임용 후 6개월 안에 국가민간항공보안 교육훈련지침 별표 16의 초기교육(4시간 이상)을 이수하도록 하여야 한다. 다만, 교육과정이 개설되어 있지 않은 경우에는 그러하지 아니하다.

나. 국토교통부장관 또는 공항운영자는 항공교통관제사에 대하여 국가민간항공보안 교육훈련지침 별표 16의2의 정기교육(1시간 이상)을 이수하도록 하여야 한다. 다만, 한국공항공사 항공기술훈련원 항공교통관제사 교육과정이나 해당 항공교통관제사의 소속기관이 월 1회 이상 실시하는 자체 교육에서 별표 16의2의 교육내용이 포함된 경우에는 정기교육을 이수한 것으로 본다.

다. 공항운영자 등은 폭발물의 위협을 받을 수 있는 전화 접수자 및 안내요원에 대하여 국가민간항공보안 교육훈련지침 별표 17의 폭발물 위협 대응에 대한 교육(2시간 이상)을 이수하도록 하여야 한다.

3) 보안유관부서 직원 및 일반직원

가. 공항운영자 등은 다음 각 호의 어느 하나에 해당하는 직원에 대해서는 국가민간항공보안 교육훈련지침 별표 18의 교육(3시간 이상)을 이수하도록 하여야 한다.

(1) 공항운영자의 각 부서의 장 또는 이와 동등한 직급을 가진 자
(2) 항공운송사업자의 보안 유관 부서의 장 및 중간관리자
(3) 공항운영자 및 항공운송사업자의 중간관리자급
(4) 화물터미널운영자 각 부서의 장 또는 동등 직급자
(5) 기내식시설 운영자 각 부서의 장 또는 동등 직급자
(6) 지상조업체 조직 내의 각 부서의 장 또는 동등 직급자
(7) 급유시설 조직 내의 각 부서의 장 또는 동등 직급자
(8) 공항 및 항공기 청소업체의 각 부서의 장 또는 동등 직급자
(9) 면세점 등 보호구역내 상주업체(부서)의 장 또는 동등 직급자

나. 제1항에 따른 직원 외의 다음 각 호의 어느 하나에 해당하는 직원에 대하여는 국가민간항공보안 교육훈련지침 별표 18의2의 교육(2시간 이상)을 이수하도록 하여야 한다.

(1) 공항운영자의 공항 운영 관련 근무 직원
(2) 승객 운송 직원, 항공기 정비사
(3) 승객 · 위탁수하물 일치여부 확인직원 및 위탁수하물 수송직원
(4) 항공운송사업자의 총기류 등 무기류 운송 접수 담당 직원
(5) 화물터미널 운영 요원 및 기내식 요원
(6) 지상조업체 요원, 급유업체 요원 및 이동지역 안전관리자
(7) 공항 지역 청소요원 및 항공기 청소요원
(8) 면세점 등 보호구역내 상주업체(부서)의 직원

3. 보안검색교육

1) 보안검색교육기관 지정

가. 보안검색 교육기관으로 지정받으려는 자가 갖추어야 하는 시설 · 장비 및 인력 등의 지정기준에 대하여는 국토교통부령으로 정한다.

나. 항공보안법 시행규칙 제15조에서 법 제28조 제2항에 따라 보안검색교육기관으로 지정받으려는 자는 보안검색교육기관 지정신청서에 다음 각 호의 사항이 포함된 교육계획서를 첨부하여 국토교통부장관에게 제출하여야 한다.

(1) 교육과정 및 교육내용
(2) 교관의 자격 · 경력 및 정원 등의 현황
(3) 교육시설 및 교육장비의 현황
(4) 교육평가방법
(5) 연간 교육계획
(6) 교육규정

다. 항공보안법 제28조제2항에 따른 보안검색교육기관의 시설 · 장비 및 인력 등의 지정기준은 별표와 같다. 국토교통부장관은 제출된 신청서류를 심사하여 그 내용이 지정

기준에 적합한 경우에는 보안검색교육기관으로 지정하고, 보안검색교육기관 지정서를 발급하여야 하며 보안검색교육기관은 변경이 있는 경우에는 그 변경내용을 국토교통부장관에게 보고하여야 한다.

(2) 보안검색교육기관 교육훈련지침

가. 교육실시는 주 5일, 일 5시간 내지 8시간을 연속적으로 실시함을 표준으로 하되, 교육기관 운영상 불가피한 경우에는 국토교통부장관으로부터 허가를 받아야 한다.

한서대학교 항공보안교육센터

나. 교관은 보안검색 교육생이 다음 각 목의 사항을 수행할 수 있는 능력을 구비하도록 교육하여야 한다.

(1) X-Ray 운영자는 모니터에 나타나는 지정된 테스트물품을 구별할 수 있어야 하고, 모니터 화면에 나타나는 유·무기물을 구분하기 위한 색깔을 분별할 수 있어야 한다.

(2) 육안식별이 가능한 문형금속탐지기 및 X-Ray 시스템에 색깔 및 경보인지, 출입증 구분 능력, 신분확인 능력 및 병·라벨·에어졸캔 등 포장물 표시 판독능력이 있어야 한다.

(3) 수하물에 대한 물리적 검색을 실시하는 검색요원은 수하물을 개봉하여 구석구석까지 손을 넣어 확인 및 검색할 수 있어야 한다.

(4) 승객에 대한 물리적 검색을 실시하는 검색요원은 한쪽 손으로 또는 금속탐지기를 이용하여 승객의 모든 신체부위까지 검색할 수 있어야 한다.

(5) 검색요원은 일반운영 환경에서 금속탐지기 및 X-Ray 시스템에 의해서 발생되는 경보음과 육성을 듣고 대응조치를 할 수 있어야 한다.

3) 보안검색요원 교육

가. 초기교육

보안검색요원은 근무에 배치되기 전에 교육훈련지침 별표 8에 기술된 위험물품 판독실습 및 종합실습을 국토교통부장관이 인정한 컴퓨터 교육프로그램(CBT프로그램) 및 테스트 물품(파이프폭탄, 다이너마이트 폭발물 및 모의 권총) 등을 활용하여 실습훈련을 실시하여야 한다.

나. 직무교육 : 초기교육과정 수료자에 한하여 실시하여야 한다.

(1) 초기 교육내용을 기초로 하여 국가민간항공보안 교육훈련지침 별표 8의2에 기술된 검색장비 사용방법, 위험물 및 위해물품 식별방법, 승객 신체 및 휴대물품 보안검색 방법, 비정상 상황의 보안검색, 위탁수하물, 화물, 우편물 등에 대한 보안검색방법, 상주직원 및 물품 보안검색방법, 수 검색방법, 위해물품 적발시 행동 및 처리절차, 위해물품 적발시 해당지역 폐쇄조치 및 승객대피방법 등의 교육내용이 포함되어야 한다.

(2) 보안검색 경력이 있는 직원의 감독 하에 신입직원이 직무교육 기간내에 검색대를 통과하는 여객의 신체 및 물건에 대하여 단독으로 임무수행이 가능할 때 검색임무를 부여한다.

(3) 신입직원이 검색요원 및 절차를 인지하고 이해하는지 확인하기 위하여 검색요원의 업무를 수시로 감시, 체크하고 단점을 보완토록 교육기록부에 기재 후 반복교육을 실시하여야 한다.

(4) 실제 상황에서 테스트용 파이프폭탄, 다이너마이트 폭발물(폭발물세트의 4대 구성요소 포함) 및 모의 권총을 적발할 수 있어야 한다.

다. 정기교육 : 모든 검색요원은 최소한 아래 사항에 대한 교육훈련을 매 년 받아야 한다.

(1) 교육내용은 국가민간항공보안 교육훈련지침 별표 8의3에 기술된 관련 법 및 규정 변경사항, 항공보안 관련 새로운 위협, 위협상황에 대한 정보 및 보안 위해물품, 보안 관련 사고·사례 분석, 기본 검색절차 및 기법 반복, 미신고 항공위험물 인지 및 승객·승무원에 관한 규정 등 교육내용이 포함되어야 한다.

(2) 교육훈련지침 별표 8에 기술된 내용에 대한 지식을 항상 유지할 수 있도록 교육을

실시하여야 한다.

3) 보안검색감독자 과정

가. 초기교육 : 보안검색감독자 교육은 보안검색 요원 중 업무를 성공적으로 수행할 수 있는 우수한 자를 선발하여 실시하여야 한다.

(1) 보안검색감독자 교육은 국가민간항공보안 교육훈련지침 별표6의 내용을 포함한 교육을 실시하여야 한다.

(2) 보안검색감독자 초기교육과정을 입과하기 전에 보안검색요원 초기교육과정을 수료하여야 한다.

(3) 보안검색 감독자에 대하여는 정기적으로 ICAO, FAA 등 관련 규정의 변경된 내용에 대한 추가 교육을 실시하여야 한다.

(4) 보안검색감독자에 대한 평가는 보안검색 요원 초기교육과정 평가요소와 감독자로서 근무편성, 교육훈련, 돌발상황 발생 시 조치능력 등을 중점적으로 실시한다.

나. 정기교육 : 보안검색감독자는 다음 사항에 대하여 매년 정기교육을 받아야 한다.

(1) 보안검색감독자 정기교육과정은 국가민간항공보안 교육훈련지침 별표 6의2에 기술된 최근 보안사고 사례분석, 국·내외 보안관련 위협분석, 승객 및 휴대 물품 검색절차 변경사항, 검색감독자 임무, 검색대 사건관리, 항공보안 인적요소 등 교육내용을 포함하여야 한다.

(2) 이 과정에서는 새로운 위협정보 소개, 보안검색 경험과 보안사고를 분석하고 기본적인 검색절차와 기술 등이 재검토될 수 있도록 하여야 한다.

제3장 항공보안 우발계획 및 제재조치

제1절 항공보안 우발계획 관리

제2절 테러 등 불법행위 대응조직

제3절 항공보안등급

제4절 항공보안 제재조치

제3장 항공보안 우발계획 및 제재조치

제1절 항공보안 우발계획 관리

1. 관련법규

1) 우발계획 수립 근거

가. 「국제민간항공기구」부속서 17(ICAO Annex 17 Standard NO. 3.1.15 states)에 각 체약국은 국제민간항공이 "불법방해행위로부터 안전한 공항과 공항시설물들을 이용할 수 있도록 우발계획을 수립 · 발전시켜야 한다"라고 명시되어 있다.

나. 항공보안법 제31조(국가항공보안 우발계획 등의 수립)

(1) 국토교통부장관은 민간항공에 대한 불법방해행위에 신속하게 대응하기 위하여 국가항공보안 우발계획을 수립 · 시행하여야 한다.

(2) 공항운영자 등은 (1)항의 국가항공보안 우발계획에 따라 자체 우발계획을 수립 · 시행하여야 한다.

(3) 공항운영자 등은 (2)항에 따라 자체 우발계획을 수립 또는 변경하는 경우에는 국토교통부장관의 승인을 받아야 한다. 다만, 국토교통부령으로 정하는 경미한 사항을 변경하는 경우에는 그러하지 아니하다.

(4) (1)항부터 (3)항까지의 규정에 따른 국가항공보안 우발계획 및 자체 우발계획의 구체적인 내용, 수립기준 및 승인절차 등에 관하여 필요한 사항은 국토교통부령으로 정한다.

다. 국가항공보안계획 제13장(국가항공보안계획 및 우발계획의 조정)

(1) 국토교통부장관은 국내외 항공보안 환경의 변화 등을 고려하여 연 1회 이상「국가항공보안계획」또는「국가항공보안 우발계획」등을 정기적으로 검토하여야 한다.

(2) 국토교통부장관은 관계법령 개정 등 사유가 있을 경우「국가항공 보안계획」또는「국가항공보안 우발계획」을 개정하여야 한다.

(3) 국토교통부장관은 민간항공에 대한 위협수준을 점검하고, 관계 기관의 보안위험평가결과를 토대로「국가항공보안계획」또는「국가항공보안 우발계획」의 해당 사항을 개정하여야 한다.

(4) 국토교통부장관은「국가항공보안계획」또는「국가항공보안 우발계획」을 수립하거나 개정한 경우 관계기관 및 공항운영자 등에게 이를 알려 준수하도록 하여야 한다.

2) 우발계획 수립목적

국가항공보안 우발계획 목적은 공항 또는 민간 항공기를 대상으로 일어나는 불법방해행위로부터 인명과 재산을 보호하고 민간항공 운영의 신속한 정상화를 위하여 위협사태 유형별 대응체계수립 및 관련기관 임무 등 행위에 대응하기 위함이며 대외비 보안문서로 관리된다.

2. 우발계획 수립시 포함사항

1) 국가항공보안 우발계획

가. 국가항공보안 우발계획 수립시는 항공보안법 시행규칙 제18조에서 항공보안법 제31조제1항에 따른다.

나. 국가항공보안 우발계획에는 다음 각 호의 사항이 포함되어야 한다.

(1) 시행령 제2조제2항제1호에 따른 행정기관의 역할

(2) 항공보안등급 발령 및 등급별 조치사항

(3) 불법방해행위 대응에 관한 기본대책

(4) 불법방해행위 유형별 대응대책

(5) 위협평가 및 위험관리에 관한 사항

(6) 그 밖에 항공보안에 관하여 필요한 사항

2) 공항운영자 등 자체 우발계획

가. 공항운영자 등이 자체 우발계획 수립시는 항공보안법 제31조제2항에 따른다.

나. 공항운영자 등의 자체 우발계획에는 다음 각 호의 구분에 따른 사항이 포함되어야 한다.

(1) 공항운영자의 자체 우발계획

① 행정기관의 역할

② 공항시설 위협시의 대응대책

③ 항공기 납치시의 대응대책

④ 폭발물 또는 생화학무기 위협시의 대응대책

(2) 항공운송사업자의 자체 우발계획

① 공항시설 위협시의 대응대책

② 항공기납치 방지대책

③ 폭발물 또는 생화학무기 위협시의 대응대책

(3) 항공기취급업체 · 항공기정비업체 · 공항상주업체(보호구역 안에 있는 업체만 해당), 항공화물 및 도심공항터미널을 경영하는 자의 자체 우발계획

① 공항시설 위협시의 대응대책

② 폭발물 또는 생화학무기 위협시의 대응대책

3. 우발계획 승인

1) 항공보안법 시행규칙 제18조의2에서 국토교통부장관 또는 지방항공청장은 법 제31조제3항 본문에 따라 자체 우발계획을 승인하려는 경우에는 다음 각 호의 사항을 검토하여야 한다.

가. 우발계획과의 적합성
나. 동법 제3조에 따른 국제협약 및 「국제민간항공협약」 부속서 17 등과의 적합성

2) 항공보안법 제31조제3항 단서에서 "국토교통부령으로 정하는 경미한 사항"이란 다음 각 호의 사항을 말한다.
가. 기관 운영에 관한 일반현황의 변경
나. 기관 및 부서의 명칭 변경
다. 항공보안에 관한 법령, 고시 및 지침 등의 변경사항 반영

3) 공항운영자 등은 자체 우발계획을 법 제10조제2항에 따른 자체 보안계획에 포함하여 국토교통부장관의 승인을 받을 수 있다.

4. 자체 우발계획 관리

1) 우발계획은 대외비 문서로서 인가된 자에 의해 취급되어야 하며, 사외유출이 금지된다.

2) 우발계획은 국가법령 등에 부합되는지 매년 1회 이상 개정 검토를 하여야 하며, 개정이 필요한 경우에는 신속하게 개정하여야 한다.

제2절 테러 등 불법행위 대응조직

1. 조직구성

공항운영자 등은 테러 등 불법방행행위가 발생시 항공테러사건 대책본부가 운영되어야 하며 대책본부에 관한 세부사항은 다음과 같다.

1) 항공테러사건 대책본부

가. 항공기 불법행위 사건이 발생한 때 및 테러가 중대사건 또는 지속사건인 경우 테러방지법령에서 정하는 바에 따라 본사 대회의실에 항공테러사건 대책본부(이하 "대책본부"이라 한다.)를 설치 및 운영한다.

나. 공항운영자 등의 사장은 소속사의 대책본부장 및 대테러책임자로 전사적 비상 대응 활동을 지휘하며, 역할 및 임무는 다음과 같다. 단, 대테러책임자 부재시에는 공항운영자 및 항공운송사업자의 보안책임자가 업무를 대행한다.

(1) 테러유형식별, 테러위협평가 및 보호대상 식별 관련 업무
(2) 테러예방대책의 수립 · 시행, 적정성 평가 및 보완 관련 업무
(3) 테러 위험시 대응 및 관계기관 전파 관련 업무
(4) 비상대피여부 결정, 대피장소 지정 등 비상대피 관련 업무
(5) 관련 근무자 교육 및 훈련 관련 업무
(6) 기타 대테러 활동 관련 업무

다. 공항운영자 및 항공운송사업자의 보안책임자는 대책본부 통제관으로 대책본부장을 보좌하고 전사적 비상 대응 체계를 운영한다.

라. 항공테러사건 대책본부요원은 공항운영자 및 항공운송사업가 수립한 자체 우발계획에 따른다.

마. 대책본부는 다음 각 호의 임무를 수행한다.

(1) 현장대응본부(이하 "대응본부"라 함)의 사건 대응활동에 대한 지휘
(2) 항공테러사건 상황의 전파 및 사후처리
(3) 그 밖에 테러대응 활동에 필요한 사항의 강구 및 시행

바. 대테러담당자의 지정

(1) 대테러담당자는 공항운영자 및 항공운송사업자의 자체 우발계획에 명시하여야 한다.
(2) 항공사의 공항별 대테러담당자는 공항지점장으로 지정한다.

사. 대테러담당자의 업무

(1) 테러 관련 법령 및 해외공항 보안절차의 요건에 부합하기 위해 소속사 테러규정의 제·개정을 실시한다.

(2) 테러교육·훈련을 관리감독 및 실시하고 교육훈련계획을 포함한 대책 및 지침을 마련한다.

(3) 테러가 발생한 경우 보안기관에 통보하고 항공기 및 노선에 대한 위협고조 시 관계기관의 지침 등에 따라 조치한다.

(4) 대테러책임자의 지휘 아래 사내 테러점검·테러장비관리·위협증가시 보안대책 등을 포함한 테러 관련 제반 업무를 담당한다.

2) 테러예방활동 조직운영

테러예방활동 조직의 역할은 다음과 같이 테러발생 전·후로 구분하여 운영한다.

가. 테러발생 전

(1) 테러예방대책 수립·평가·보완

(2) 테러경보 등 테러관련 정보 취급

(3) 테러첩보 입수 또는 위험감지 시 관계기관 전파 및 협력체계 구축

(4) 긴급 통신망 구축·운용

(5) 근무자 및 서비스 정보 보안 관리

(6) 보안장비 구축 및 운용

(7) 교육·훈련 시행 등

나. 테러발생 전

(1) 테러발생 직후 상황 파악 및 전파

(2) 가능한 경우 현장 대응

(3) 사후처리 대책 시행 등

다. 테러예방활동 조직은 테러발생 전·후의 업무 성격, 시설의 크기, 특성 등에 따라 상설 또는 비상설로 구성될 수 있으며, 항공테러 사건 대책본부, 현장대응본부 등 기존

의 조직을 활용될 수 있다.

라. 원칙적으로 공항운영자 등의 항공보안담당부서는 대테러담당자로서 테러예방 업무에 대한 주체적인 권한을 가지며, 우발계획 및 자체 보안계획 등에 다른 테러예방에 대한 기본적인 업무를 수행한다.

마. 테러예방활동 조직 구성원은 시설의 중요한 정보가 외부로 유출되지 않도록 조치하여야 한다.

2) 현장대응본부

가. 지속적인 불법행위 발생시 현장대응 활동의 총괄 지위 및 조정을 위하여 현장대응본부를 설치 · 운영한다.

나. 항공사의 대응본부는 항공테러사건 대책본부 결정에 따라 설치하며, 대응본부는 현장대책본부장 및 총괄지원팀, 사고조사팀, 기체복구팀, 탑승자가족지원팀으로 구성 할 수 있으며, 사고현장 인근 지점장이 초기 현장 대응본부장으로 임무를 수행하고 최종적으로 부사장이 수행한다.

다. 대응본부장은 현장 대응활동을 효율적으로 수행하기 위하여 특공대 및 협상팀 등과 유기적인 협조체제를 유지하여야 한다.

라. 대응본부가 구성될 경우 지점관리자는 현장처리업무를 대응본부에 인계하거나 그 소속으로 전환하여 수행한다.

마. 대응본부의 세부임무는 다음 각 호의 임무를 수행한다.

(1) 대응본부장

① 현장대응본부 운영

② 대책본부의 장에게 보고

③ 테러사건처리 대책의 시행 및 현장의 총괄 지휘

④ 공항 테러 · 보안대책협의회 참석 및 관계기관과의 협조체제 유지

⑤ 테러의 양상 · 규모 · 현장 상황 등을 고려하여 소방 · 구조 등 필요한 조직을 구성하거나 관계기관의 장에게 지원요청

⑥ 그 밖에 대책본부의 장이 지시한 사항 이행

(2) 총괄지원팀(통상 인사팀)

① 해당 공항지점의 사고초기 대응 점검 및 지휘권 인수

② 사고현지 대응활동에 대한 총괄 지휘 및 통제

③ 사고 관련 자료수집 및 총괄대책본부 보고

④ 대외 관계기관과 협력관계 유지

⑤ 부상자, 사망자 가족 지원

⑥ 사망자 및 유품의 운송지원

⑦ 현장 대응 요원에 대한 숙식, 교통, 의료 등 제반 활동지원

⑧ 대외홍보 담당자는 총괄지원팀에 합류하여, 현지 취재 언론에 대응하고 현장 기자회견을 준비 및 진행한다. 또한 사고 관련 대외 창구는 홍보센터로 단일화한다는 사실을 알린다. 정기적으로 현지 언론 기사를 분석하여 사실과 다른 내용에 대해서는 홍보센터에 보고하고 필요시 홍보센터의 지시를 받아 대응한다.

(3) 사고조사팀

① 사고현장에서 사고조사 활동

② 가능한 경우 운항/객실승무원 진술서 확보

③ 국내외 정부 사고 조사기관에 대한 사고 조사업무 협조

④ 사고기 피해상황 조사

⑤ 사고 목격자의 사고상황 청취 및 목격자 진술서를 작성하여 총괄대책본부에 보고

⑥ 사고현장 사진을 촬영하고 사고현장 약도 작성

⑦ 사고정보를 수집, 분석

⑧ 사고원인 규명을 위한 사고기 운항 제원 및 정비 제원의 기술적 조사 실시

⑨ 사고조사 보고서 작성

⑩ 자체 사고조사 원인 분석 및 재발방지 대책 수립

⑪ 사고조사팀장 부재시 지정된 대행자가 업무를 대행한다.

(4) 기체복구팀

① 사고지 사고대응기관의 사고조사 종료 후 사고기 기체처리 담당

② 복구작업 중 환경오염 최소화를 위한 사고기 유류 유출 방지작업 실시

③ 사고기 응급처리, 복구작업 및 정비지원

④ 사고 피해상황을 조사하여 명세를 작성하여 보고

⑤ 법무팀과 사전 협의하여 사고기의 회수, 처리 및 보관을 위한 작업

⑥ 활주로 장애사고 시 사고 항공기 이동 작업

(5) 탑승자가족지원팀

① 탑승자 및 가족 지원을 위해 사고 현장 파견

② 가능한 한 전문교육을 이수한 직원으로 구성하며 구체적인 임무는 사고처리절차의 탑승자 가족지원계획에서 규정함

바. 테러로 인하여 발생하는 피해의 복구와 구조활동, 사상자에 대한 조치 등 수습활동은 소속사의 「사고절차교범」에서 정한 체계와 절차에 따라 수행함을 원칙으로 한다.

3) 합동조사팀 참여

가. 국가정보원장은 국내 · 외에서 테러사건이 발생하거나 발생할 우려가 현저할 때 또는 테러 첩보가 입수되거나 테러 관련 신고가 접수되었을 때에는 예방조치, 사건 분석 및 사후처리방안 마련 등을 위하여 관계기관 합동으로 합동조사팀을 편성 · 운영할 수 있다.

나. 합동조사팀은 국가정보원 · 경찰청 · 행정안전부 · 국방부 · 국토교통부 등 관계 기관 전문요원으로 편성되며, 필요시 공항운영자 등의 보안책임자(공항 지점장 등)가 참석하여 물적 · 인적자원을 지원한다.

4) 사고수습 절차

가. 테러로 인하여 발생하는 피해의 복구와 구조 활동, 사상자에 대한 조치 등 수습활동은 소속사의 「사고절차교범」에서 정한 체계와 절차에 따라 수행한다.

5) 언론대응

가. 테러, 항공기 납치 등 불법행위 발생과 관련된 언론 정보는 대책위원회 또는 협의회의 승인하에 제공한다.
나. 언론정보의 제공 또는 발표는 국토교통부 언론담당자가 발표한다.

6) 사건종료 후 조치

가. 공항운영자 등의 보안책임자는 사건종결 후 1주일 이내에 대응 참여한 본부 및 지점을 소집하여 불법행위 대응 시 문제점, 대응절차 관련 개선사항 또는 건의사항 등 사건대응 전반에 대한 능력 개선을 위한 사후 평가회의를 개최한다.
나. 평가회 결과 사건대응에 대한 개선사항이 있을 경우 적절한 조치를 취하며, 관련 보고서를 사장에게 송부한다.

7) 대테러 교육

가. 대테러 교육은 「국가민간항공보안 교육훈련 지침」의 교육내용에 따라 실시한다.
나. 교육 세부사항
(1) 대상 : 공항근무 직원을 포함하여 항공기 운항에 직접 관계되는 모든 직원
(2) 교육내용
① 시설 및 업무 특성 반영하여 테러대상시설 보안통제
② 테러위협 전화 응대 요령
③ 우편물 의심 징후시
④ 테러 의심자 식별 요령
(3) 교육방법 : 「국가민간항공보안 교육훈련 지침 별표18의2」의 '일반요원 항공보안 인지교육 과정'과 병행하여 실시
(4) 교관자격 : 「국가민간항공보안 교육훈련 지침」을 적용한다.
(5) 교육주기 : 연 1회 최소 1시간 이상

8) 대테러 대응훈련

가. 공항운영자 등 관계기관의 대테러 훈련에 적극적으로 참여한다.

나. 자체 대테러 훈련

(1) 훈련주기 : 연1회

(2) 훈련항목 : 우발계획의 불법방해행위 유형별 대응 절차에 분류된 상황에 대한 훈련 실시

제3절 항공보안등급

1. 항공보안등급 발령 및 해제책임

1) 항공보안등급 발령책임

가. 민간항공 위협사항이 발생하거나, 위협이 증가되는 경우, 국토교통부 장관은 항공보안 위협등급(이하 "항공보안등급"이라 함)에 따라 발령한다.

나. 민간항공 위협사항이 특정 공항 또는 특정지역 항공노선에 한정될 경우 해당 공항 및 항공노선에 한하여 적정한 항공보안 등급을 발령할 수 있다.

다. 항공보안등급이 발령되면 공항운영자 등은 등급에 따른 보안조치 사항을 모든 관련 종사자 및 외부 용역업체에 전달하며, 항공보안 담당 부서에서는 해당 관련 업무 부서에 대하여, 점검, 조사 또는 평가를 실시하여 효과적으로 이행되고 있는지를 확인하여야 한다.

2) 실시책임

가. 공항운영자 등의 항공보안담당부서에서는 등급 발령사항 접수 후 반드시 접수 받은 사실을 확인하여 해당공항 또는 항공노선에 통보하며 발령등급에 따라 우발계획에 명시된 해당 절차를 수행한다.

나. 위 가항의 절차들은 위협 및 사건 사항에 따라 다음 각 호에 적용될 수 있다.

(1) 공항시설에 한정

(2) 특정 공항 · 항공기 · 노선

(3) 우리나라 관할 비행정보구역을 입출항하는 모든 항공기

(4) 모든 공항

다. 공항운영자 등의 항공보안담당부서에서는 발령된 항공보안등급에 대한 세부사항을 해당 직원에 통보하고, 자체 수립된 우발계획에 따라 행동한다.

3) 상황해제 및 등급조정

가. 공항운영자 등의 항공보안담당부서에서는 상황 진전에 따라 사건이 경미해 지거나 발령원인이 소멸되었을 경우 상황을 하향 조정하거나 해제를 할 수 있다.

2. 항공보안등급

항공보안등급은 항공보안 상황을 감안하여 평시(Green) · 관심(Blue) · 주의(Yellow) · 경계(Orange) · 심각(Red) 등 5단계로 구분되며 다음 표와 같다.

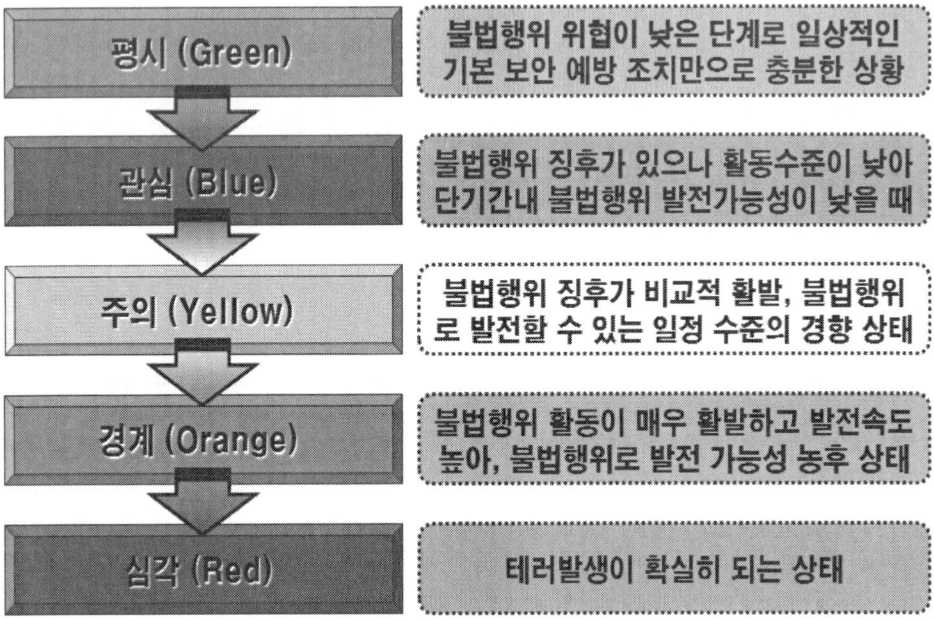

항공보안 우발등급 단계별 발령요건

1) 평시(Green)

가. 불법행위 위협이 낮은 단계로 일상적인 기본 보안 예방조치만으로 충분한 상황을 말한다.

나. 평시경보의 세부 조치사항은 공항 또는 항공사 우발계획을 적용한다.

2) 관심경보(Blue)

가. 테러징후가 있으나, 그 활동 수준이 낮으며, 가까운 기간 내에 테러로 발전할 가능성도 비교적 낮은 상태로 다음 각 호의 경우에 발령한다.

(1) 민간항공에 대한 테러 가능성이 평시보다 높다고 판단될 때
(2) 항공기, 공항시설 등의 민간항공에 대한 불확실한 위협 정보 접수시
(3) 전쟁, 지역 간 분쟁 등으로 테러행위가 예상될 때
(4) 시민 소요 등이 공항 부근으로 진행되는 경우
(5) 민간항공을 공격할 능력이 있다고 알려진 테러리스트 집단 또는 적대 집단이 공항을 목표로 공격을 수행할 가능성이 있다고 경고를 접수한 경우

나. 임무 및 역할

(1) 위협상황을 자체 직원 및 유관기관에 신속하게 전파
(2) 공항 보안실 등 연락체계 점검 및 확인
(3) 승객의 신원확인 및 거동수상자 여행서류 등 확인
(4) 항공기내 보안점검 강화
(5) 테러 취약지역 운항 항공기 탑승구 재검색 실시
(6) 휴대물품, 수하물, 화물 등 무작위 개봉검색

다. 관심경보에 대한 세부 조치사항은 공항 또는 항공사 우발계획을 적용한다.

3) 주의경보(Yellow)

가. 테러징후가 비교적 활발하고 테러로 발전할 수 있는 일정 수준의 경향성이 나타나는 상태로 다음 각 호의 경우에 발령한다.

(1) 공항, 항공사 또는 승객에 대한 위협 정보가 있는 경우
(2) 국내의 적대적인 요소를 자극함으로써, 시위를 유발하거나 국가의 상징물을 공격하는 정도의 정치적 긴장상태, 또는 민간항공에 영향을 줄 수 있는 시민소요의 가능성이 있을 경우
(3) 민간항공을 공격할 것으로 알려진 테러집단의 구성원이 국내에 입국하였다는 정보가 입수된 경우
(4) 항공기 납치 및 폭파위협 정보가 있거나 특정지역의 정치, 사회 정세가 다소 불안함으로서 항공기의 안전 운항에 어느 정도 위험이 있다고 판단되어 이에 대한 대책이 필요한 경우
(5) 테러 위협지역에 군부대를 파견한 경우 일정기간 동안
(6) 국빈 방문 등 VIP행사, 올림픽 등과 같은 국가행사 등 기타 테러행위에 대비한 엄격한 규제가 필요할 때

나. 임무 및 역할
(1) 공항 보안기관 등 연락체계 및 협조체계 구축
(2) 항공기내 화장실 등 취약지역 순찰 등 주기 단속
(3) 동남아, 중동 등 취약지역 지정 및 탑승구 재검색 강화
(4) 화물 등 무작위 개봉검색 강화
(5) 항공보안장비 감도조정 및 경비인원 증원 · 순찰강화

다. 주의경보에 대한 세부 조치사항은 공항 또는 항공사 우발계획을 적용한다.

4) 경계경보(Orange)

가. 테러와 유사한 활동이 매우 활발하고 전개속도, 경향성 등이 현저한 수준으로서 테러로 발전 가능성이 농후한 상태로 다음 각 호의 경우에 발령한다.
(1) 테러에 대한 비교적 신빙성 있는 정보가 접수되어 대책이 필요한 경우
(2) 국제적인 테러리스트조직이 우리나라의 민간항공을 공격할 것이라는 계획이 믿을만한 정보기관 등에 의해 확인된 경우
(3) 국제공항 운영에 관해 잘 알고 있는 사람이 관련된 노사분쟁 또는 학생소요가 진행

중이며 이에 따른 위협이 가해진 경우

(4) 국제전쟁 등이 발생하여 민간항공에 심각한 피해가 예상되는 경우

(5) 항공기가 실제로 납치 및 파괴위험에 직면하여 있거나 특정지역의 정치, 사회 정세가 극히 불안함으로써 항공기 안전운항에 위험이 있어 이에 대한 구체적인 대책이 필요한 경우

(6) 기타 민간항공의 안전에 영향을 미치는 중요 사태 발생시

나. 임무 및 역할

(1) 화물개봉, 엑스선검색/폭발물탐지장비 및 탐지견 검색 실시

(2) 기내식 및 서비스담당자 등의 항공기 출입시 보안검색 실시

(3) 탑승객의 휴대화물 제한

(4) 화물 등 무작위 개봉검색 강화

(5) 승객의 여행서류와 신원 일치 여부 확인

(6) 주기된 항공기 경비요원 배치 및 검토

(7) 위협노선 탑승구 재검색 및 남자 보안승무원 탑승 의무화

다. 경계경보에 대한 세부 조치사항은 공항 또는 항공사 우발계획을 적용한다.

5) 심각경보(Red)

가. 테러와 유사한 활동이 매우 활발하고 전개속도, 경향성 등이 심각한 수준으로서 테러 발생이 확실시되는 상태로 다음 각 호의 경우에 발령한다.

(1) 민간항공에 대한 불법행위가 발생하였거나, 발생이 임박한 경우

(2) 국빈이나 VIP 등 방문객이 한국을 방문시 그들에 대한 테러 가능성이 높을 때

(3) 항공기 테러에 대한 구체적이고 신빙성 있는 정보가 접수되어 대책이 필요한 경우

(4) 항공사, 항공기, 공항시설에 대한 위협이 확실한 경우

나. 임무 및 역할

(1) 공항 보안기관 등 연락체계 확인 및 실시간 관제·통신 시스템 확인

(2) 항공기 탑승전 모든 승객 신원확인 강화

(3) 항공기 탑승객 보안통제 강화(항공기 출도착 30분 전후 좌석 이석 금지)

(4) 항공기 보안 강화

① 주기된 경비요원 배치

② 기내식 및 서비스담당자 등의 항공기 출입시 보안검색 실시

③ 기내 청소하는 동안 경비원 배치, 감시

④ 조종실쪽 화장실 사용금지

(5) 탑승구 재검색 및 국제선 남자 보안승무원 탑승 의무화

다. 심각경보에 대한 세부 조치사항은 공항 또는 항공사 우발계획을 적용한다.

제4절 항공보안 제재조치

공항운영자 등은 항공보안업무를 수행하면서 항공보안관련 법규를 위반하게 되면 항공보안법에 따라 제제조치가 따른다. 제제조치와 관련되는 벌칙규정에 관한 세부사항은 다음과 같다.

1. 벌칙 규정

항공보안법 제39조에서 제44조까지는 벌칙규정으로 구성되어 있으며 항공보안 관련한 법규 위반시 적용되는 벌칙에 관한 세부사항은 다음과 같다.

1) 법 제39조(항공기 파손죄)

가. 운항중인 항공기의 안전을 해칠 정도로 항공기를 파손한 사람(「항공안전법」 제138조제1항에 해당하는 사람은 제외한다)은 사형, 무기징역 또는 5년 이상의 징역에 처한다.

☞ 「항공안전법」 제138조(항행중 항공기 위험 발생의 죄) 제1항 사람이 현존하는 항공기, 경량

항공기 또는 초경량비행장치를 항행중에 추락 또는 전복(顚覆)시키거나 파괴한 사람은 사형, 무기징역 또는 5년 이상의 징역에 처한다.

나. 계류 중인 항공기의 안전을 해칠 정도로 항공기를 파손한 사람은 7년 이하의 징역에 처한다.

2) 법 제40조(항공기 납치죄 등)

가. 폭행, 협박 또는 그 밖의 방법으로 항공기를 강탈하거나 그 운항을 강제한 사람은 무기 또는 7년 이상의 징역에 처한다.

나. 제1항의 죄를 범하여 사람을 사상(死傷)에 이르게 한 사람은 사형 또는 무기징역에 처한다.

다. 제1항의 미수범은 처벌한다.

라. 제1항 또는 제2항의 죄를 범할 목적으로 예비 또는 음모한 사람은 5년 이하의 징역에 처한다. 다만, 그 목적한 죄를 실행에 옮기기 전에 자수한 사람에 대하여는 그 형을 감경하거나 면제할 수 있다.

3) 법 제41조(항공시설 파손죄)

가. 항공기 운항과 관련된 항공시설을 파손하거나 조작을 방해함으로써 항공기의 안전운항을 해친 사람(「항공안전법」 제140조에 해당하는 사람은 제외한다)은 10년 이하의 징역에 처한다.

☞ 「항공안전법」 제140조(항공상 위험 발생 등의 죄) 비행장, 이착륙장, 공항시설 또는 항행안전시설을 파손하거나 그 밖의 방법으로 항공상의 위험을 발생시킨 사람은 10년 이하의 징역에 처한다.

나. 제1항의 죄를 범하여 사람을 사상에 이르게 한 사람은 사형, 무기징역 또는 7년 이상의 징역에 처한다.

4) 법 제42조(항공기 항로 변경죄)

위계 또는 위력으로써 운항중인 항공기의 항로를 변경하게 하여 정상운항을 방해한 사람은 1년 이상 10년 이하의 징역에 처한다.

5) 법 제43조(직무집행방해죄)

폭행 · 협박 또는 위계로써 기장 등의 정당한 직무집행을 방해하여 항공기와 승객의 안전을 해친 사람은 10년 이하의 징역에 처한다.

6) 법 제44조(항공기 위험물건 탑재죄)

제21조를 위반하여 휴대 또는 탑재가 금지된 물건을 항공기에 휴대 또는 탑재하거나 다른 사람으로 하여금 휴대 또는 탑재하게 한 사람은 2년 이상 5년 이하의 징역 또는 2천만원 이상 5천만원 이하의 벌금에 처한다.

☞ 「동법」 제21조(위해물품 휴대 금지 및 검색시스템 구축 · 운영)
누구든지 항공기에 무기[탄저균(炭疽菌), 천연두균 등의 생화학무기를 포함한다], 도검류(刀劍類), 폭발물, 독극물 또는 연소성이 높은 물건 등 국토교통부장관이 정하여 고시하는 위해물품을 가지고 들어가서는 아니된다.

2. 벌금 규정

공항운영자 등은 항공보안업무를 수행하면서 항공보안관련 법규를 위반하게 되면 항공보안법에 따라 제제조치가 따른다. 제제조치와 관련되는 벌금 및 과태료규정은 항공보안법 제45조에서 제50조까지는 벌금규정으로 구성되어 있으며 항공보안 관련한 법규 위반시 적용되는 벌금부과에 관한 세부사항은 다음과 같다.

1) 법 제45조(공항운영 방해죄)

거짓된 사실의 유포, 폭행, 협박 및 위계로써 공항운영을 방해한 사람은 5년 이하의 징역 또는 5천만원 이하의 벌금에 처한다.

2) 법 제46조(항공기 내 폭행죄 등)

가. 제23조제2항을 위반하여 항공기의 보안이나 운항을 저해하는 폭행 · 협박 · 위계행위 또는 출입문 · 탈출구 · 기기의 조작을 한 사람은 10년 이하의 징역에 처한다.

나. 제23조제2항을 위반하여 항공기 내에서 다른 사람을 폭행한 사람은 5년 이하의 징역에 처한다.

☞ 「동법」 제23조(승객의 협조의무) 제2항 승객은 항공기 내에서 다른 사람을 폭행하거나 항공기의 보안이나 운항을 저해하는 폭행 · 협박 · 위계행위(危計行爲) 또는 출입문 · 탈출구 · 기기의 조작을 하여서는 아니된다.

3) 법 제47조(항공기 점거 및 농성죄)

제23조제3항을 위반하여 항공기를 점거하거나 항공기 내에서 농성한 사람은 3년 이하의 징역 또는 3천만원 이하의 벌금에 처한다.

☞ 「동법」 제23조(승객의 협조의무) 제3항 승객은 항공기가 착륙한 후 항공기에서 내리지 아니하고 항공기를 점거하거나 항공기내에서 농성하여서는 아니된다.

항공기내 난동행위

4) 법 제48조(운항 방해정보 제공죄)

항공운항을 방해할 목적으로 거짓된 정보를 제공한 사람은 3년 이하의 징역 또는 3천만원 이하의 벌금에 처한다.

5) 법 제49조(벌칙)

가. 제23조제1항제7호를 위반하여 기장 등의 업무를 위계 또는 위력으로써 방해한 사람은 10년 이하의 징역 또는 1억원 이하의 벌금에 처한다.

☞ 「동법」 제23조(승객의 협조의무) 제1항제7호 기장 등의 업무를 위계 또는 위력으로써 방해하는 행위

나. 다음의 하나에 해당하는 사람은 3년 이하의 징역 또는 3천만원 이하의 벌금에 처한다.

(1) 제23조제1항제6호를 위반하여 조종실 출입을 기도한 사람

(2) 제23조제4항을 위반하여 기장 등의 지시에 따르지 아니한 사람

6) 법 제50조(벌칙)

가. 제23조제8항을 위반하여 공항에서 보안검색 업무를 수행 중인 항공보안검색요원 또는 보호구역에의 출입을 통제하는 사람에 대하여 업무를 방해하는 행위 또는 폭행 등 신체에 위해를 주는 행위를 한 사람은 5년 이하의 징역 또는 5천만원 이하의 벌금에 처한다.

☞ 「동법」 제23조(승객의 협조의무) 제8항 누구든지 공항에서 보안검색 업무를 수행 중인 항공보안검색요원 또는 보호구역에의 출입을 통제하는 사람에 대하여 업무를 방해하는 행위 또는 폭행 등 신체에 위해를 주는 행위를 하여서는 아니된다.

나. 운항 중인 항공기 내에서 다음의 하나에 해당하는 사람은 3년 이하의 징역 또는 3천만원 이하의 벌금에 처한다.

(1) 제23조제1항제1호를 위반하여 폭언, 고성방가 등 소란행위를 한 사람

(2) 제23조제1항제3호를 위반하여 술을 마시거나 약물을 복용하고 다른 사람에게 위해를 주는 행위를 한 사람

다. 다음의 하나에 해당하는 자는 5천만원 이하의 벌금에 처한다.

(1) 제10조제2항을 위반 자체 보안계획을 수립하지 아니한 자

(2) 제15조를 위반하여 보안검색 업무를 하지 아니하거나 소홀히 한 사람

(3) 제31조제2항을 위반 자체 우발계획을 수립하지 아니한 자

라. 다음의 하나에 해당하는 자는 3천만원 이하의 벌금에 처한다.

(1) 제10조제2항을 위반 자체 보안계획의 승인을 받지 아니한 자

(2) 제16조 또는 제17조를 위반 보안검색 업무를 하지 아니하거나 소홀히 한 사람

(3) 제31조제3항을 위반 자체 우발계획의 승인을 받지 아니한 자

마. 계류 중인 항공기 내에서 다음의 하나에 해당하는 사람은 2천만원 이하의 벌금에 처한다.

(1) 제23조제1항제1호를 위반하여 폭언, 고성방가 등 소란행위를 한 사람

(2) 제23조제1항제3호를 위반하여 술을 마시거나 약물을 복용하고 다른 사람에게 위

해를 주는 행위를 한 사람

바. 운항 중인 항공기 내에서 다음의 하나에 해당하는 사람은 1천만원 이하의 벌금에 처한다.

(1) 제23조제1항제2호를 위반하여 흡연을 한 사람
(2) 제23조제1항제4호를 위반하여 다른 사람에게 성적(性的) 수치심을 일으키는 행위를 한 사람
(3) 제23조제1항제5호를 위반하여 전자기기를 사용한 사람

사. 계류 중인 항공기 내에서 다음의 하나에 해당하는 사람은 5백만원 이하의 벌금에 처한다.

(1) 제23조제1항제2호를 위반하여 흡연을 한 사람
(2) 제23조제1항제4호를 위반하여 다른 사람에게 성적(性的) 수치심을 일으키는 행위를 한 사람
(3) 제23조제1항제5호를 위반하여 전자기기를 사용한 사람

아. 제13조제1항을 위반하여 공항운영자의 허가를 받지 아니하고 보호구역에 출입한 사람은 100만원 이하의 벌금에 처한다.

3. 과태료 규정

항공보안법 제51조는 과태료 규정으로 구성되어 있으며 항공보안 관련한 법규 위반 시 적용되는 과태료 부과에 관한 세부사항은 다음과 같다.

1) 1천만원 이하의 과태료를 부과 대상

가. 제10조제2항에 따라 승인받은 자체 보안계획을 이행하지 아니한 자(국가항공보안계획과 관련되는 부분만 해당한다)
나. 제14조제2항을 위반하여 항공기내보안요원을 탑승시키지 아니한 항공운송사업자
다. 제14조제4항을 위반하여 항공기에 대한 보안점검을 실시하지 아니한 항공운송사업자

라. 제14조의2제5항을 위반하여 생체 정보를 파기하지 아니한 자

마. 제17조제1항을 위반하여 통과승객이나 환승승객에게 휴대 물품을 가지고 내리도록 조치하지 아니한 항공운송사업자

바. 제19조제1항을 위반하여 국토교통부장관에게 보고하지 아니한 자

사. 제25조제1항을 위반하여 항공기 내에서 죄를 범한 범인을 관할 국가경찰관서에 미인도한 기장 등이 소속된 항공운송사업자

아. 제27조를 위반하여 국토교통부장관의 성능 인증을 받은 항공 보안장비를 사용하지 아니한 자

자. 제27조에 따른 항공보안장비 성능 인증을 위한 기준과 절차 등을 위반한 인증기관 및 시험기관

차. 제31조제3항에 따라 승인받은 자체 우발계획을 이행하지 아니한 자(국가항공보안 우발계획과 관련되는 부분만 해당한다)

카. 제32조에 따른 보안조치를 이행하지 아니한 자

타. 제33조제4항에 따른 시정조치 또는 명령을 이행하지 아니한 자

파. 제33조의2제3항을 위반하여 불이익한 조치를 한 자

하. 제35조에 따른 시정명령 등 필요한 조치를 이행하지 아니한 자

2) 500만원 이하의 과태료 부과 대상

가. 제23조제9항에 따른 안내를 하지 아니한 항공운송사업자

나. 제29조를 위반 보안검색에 관한 기록을 작성 · 유지하지 아니한 자

다. 제33조제3항에 따른 점검업무의 수행에 필요한 서류 및 자료를 제출하지 아니하거나 거짓의 자료를 제출한 자

3) 제17조제1항에 따른 항공운송사업자의 지시에도 불구하고 휴대 물품을 가지고 내리지 아니한 자는 100만원 이하의 과태료 부과

가. 제17조(통과 승객 또는 환승 승객에 대한 보안검색 등)

(1) 항공운송사업자는 항공기가 공항에 도착하면 통과 승객이나 환승 승객으로 하여금 휴대물품을 가지고 내리도록 하여야 한다.

4) 제1항부터 제3항까지의 규정에 따른 과태료는 대통령령으로 정하는 바에 따라 국토교통부장관이 부과 · 징수

4. 양벌규정

항공보안법 제50조2의 양벌규정에 관한 사항은 다음과 같다.

1) 법 제50조의2(양벌규정)

법인의 대표자나 법인 또는 개인의 대리인, 사용인, 그 밖의 종업원이 그 법인 또는 개인의 업무에 관하여 제50조의 어느 하나에 해당하는 위반행위를 하면 그 행위자를 벌하는 외에 그 법인 또는 개인에게도 해당 조문의 벌금형을 과(科)한다. 다만, 법인 또는 개인이 그 위반행위를 방지하기 위하여 해당 업무에 관하여 상당한 주의와 감독을 게을리하지 아니한 경우에는 그러하지 아니하다.

제4장
항공보안 감독관

제1절 관련 법규

제2절 감독관 권한 및 의무

제3절 감독계획 수립 및 실시

제4절 점검결과 보고 및 조치

제5절 기타 감독활동

제4장 항공보안 감독관

제1절 관련 법규

항공보안감독관이란 「항공보안법」 제33조제1항에 따라 항공안전 및 보안에 관한 점검업무를 수행하도록 국토교통부장관이 지정한 소속 공무원을 말한다. 「항공보안법」 제33조. 제35조 및 동법 시행규칙 제19조제4항에 따라 항공보안감독관의 지정 · 운영 및 점검활동 등에 관하여 필요한 사항을 규정하며, 항공보안 감독관의 운영 및 감독활동 시행근거에 관한 사항은 다음과 같다.

1. 시행근거

항공보안 감독관 감독활동에 관한 항공보안법 및 동법 시행규칙, 국가항공보안계획에 명시된 내용은 다음과 같다.

1) 항공보안법 제33조(항공보안 감독)

가. 법 ①항에서 국토교통부장관은 소속 공무원을 항공보안 감독관으로 지정하여 항공보안에 관한 점검업무를 수행하게 하여야 한다.

나. 법 ②항에서 국토교통부장관은 대통령령으로 정하는 바에 따라 관계 행정기관과 합동으로 공항 및 항공기의 보안실태에 대하여 현장 점검을 할 수 있다.

다. 법 ③항에서 국토교통부장관은 제1항 및 제2항에 따른 점검업무의 수행에 필요하다고 인정하는 경우에는 공항운영자 등에게 필요한 서류 및 자료를 제출하게 할 수 있다.

라. 법 ④항에서 국토교통부장관은 제1항 및 제2항에 따른 점검 결과 그 개선이나 보완이 필요하다고 인정하는 경우에는 공항운영자 등에게 시정조치 또는 그 밖의 보안대책 수립을 명할 수 있다.

마. 법 ⑤항에서 제1항 또는 제2항에 따라 점검을 하는 경우에는 점검 7일전까지 점검일시, 점검이유 및 점검내용 등에 대한 점검계획을 점검 대상자에게 통지하여야 한다. 다만, 긴급한 경우 또는 사전에 통지하면 증거인멸 등으로 점검 목적을 달성할 수 없다고 인정하는 경우에는 그러하지 아니하다.

바. 법 ⑥항에서 항공보안 감독관은 항공보안에 관한 점검업무 수행을 위하여 필요한 경우에는 항공기 및 공항시설에 출입하여 검사할 수 있다.

사. 법 ⑦항에서 제1항, 제2항 및 제6항에 따라 점검하는 공무원은 그 권한을 표시하는 증표를 지니고 이를 관계인에게 보여주어야 한다.

아. 법 ⑧항에서 제1항에 따른 항공보안 감독관의 지정 · 운영 및 점검업무 등에 대한 세부 사항은 국토교통부령으로 정한다.

2) 항공보안법 제35조(감독)

가. 법 ①항에서 국토교통부장관은 이 법 또는 이 법에 따른 명령이나 처분을 위반하는 행위에 대하여는 시정명령 등 필요한 조치를 할 수 있다.

나. 법 ②항에서 국토교통부장관은 항공보안장비의 안전 및 적합성을 확보하기 위하여 인증기관 및 시험기관에 대하여 필요한 범위에서 지도 · 감독을 할 수 있다.

다. 법 ③항에서 국토교통부장관은 제2항에 따라 감독상 필요하다고 인정되는 경우에는 인증 및 시험기관의 운영과 업무의 처리에 관한 명령을 할 수 있으며, 소속 공무원으로 하여금 그 장부와 전표, 서류, 시설 등을 검사하게 할 수 있다. 이 경우 검사를 하는 공무원은 그 권한을 표시하는 항공보안감독관 증표를 지니고 이를 관계인에게 내보여야 한다.

3) 항공보안법 시행규칙 제19조(감독관 운영 등)

가. 동법 ①항에서 감독관은 국토교통부장관 또는 지방항공청장의 명에 따라 공항운영자 등의 항공보안에 관한 업무를 점검하여야 한다.

나. 동법 ②항에서 제1항에 따른 감독관이 항공보안 점검을 하는 경우에는 공항운영자 등의 정상적인 업무수행을 방해하여서는 아니 된다.

다. 동법 ③항에서 감독관은 점검결과 항공보안에 관한 법령에 위반한 사실을 발견한 때에는 지체 없이 국토교통부장관 또는 지방항공청장에게 보고하여야 한다. 다만, 긴급한 조치가 필요한 때에는 현장조치 지시를 하고 국토교통부장관 또는 지방항공청장에게 보고하여야 한다.

라. 동법 ④항에서 이 규칙에서 정한 사항 외에 감독관의 지정 · 운영 및 점검활동 등의 필요한 사항은 국토교통부장관이 정한다.

4) 국가항공보안계획 제12장(항공보안 감독활동)

가. 동계획 12.1.1에서 국토교통부장관은 항공보안의 지속적인 개선 및 향상을 위하여 「국가항공보안 수준관리지침」을 수립 · 시행하여야 한다. 「국가항공보안 수준관리지침」에는 목적, 임무, 점검활동 · 방법, 문제점 해결 방법 및 가용자원 등에 관한 사항을 포함하여야 한다.

나. 동계획 12.1.2에서 「국가항공보안 수준관리지침」에 따라 공항운영자 등은 자체 수준관리 지침을 수립하여야 한다.

다. 동계획 12.1.3에서 국토교통부장관 또는 지방항공청장은 항공보안감독관으로 하여금 「국가항공보안 수준관리지침」에 따라 공항운영자 등에 대하여 현장조사 · 보안점검 · 보안평가 및 불시평가 등 점검활동을 수행하도록 하여야 한다.

라. 동계획 12.1.4에서 항공보안감독관은 「국가항공보안 수준관리지침」에 따라 주기적으로 현장조사 · 보안점검 · 보안평가 · 불시평가 등 점검활동을 실시하여야 한다. 다만, 관계기관 위협정보 접수 또는 자체 위험평가 결과에 따라 그 우선순위를 변경하거나 추가로 실시할 수 있다.

마. 동계획 12.1.5에서 현장조사 · 보안점검 · 보안평가 · 불시평가 등 점검 활동의 대상 · 주기 · 항목 등에 관한 세부적인 사항은 「국가항공보안 수준관리지침」에 의한다.

제2절 감독관 권한 및 의무

항공보안감독관의 지정 및 취소, 감독관 권한 및 의무에 관한 사항은 다음과 같다.

1. 감독관의 지정 및 취소

항공보안감독관의 지정 및 취소에 관한 사항은 다음과 같다.

1) 감독관의 지정

국토교통부장관은 다음의 어느 하나에 해당하는 소속 공무원을 항공보안감독관(이하 "감독관"이라 함)으로 지정할 수 있다.

가. 항공보안업무 실무경력이 3년 이상이며, 항공안전공무원 교육훈련규정에 따른 직무교육훈련을 이수한 감독관 후보자에 대해 항공보안관련 이론지식과 감독관으로서의 실무능력이 평가 될 수 있도록 시험을 실시하여 합격한 경우

나. 국토교통부장관으로부터 인가받은 항공훈련기관 또는 국제민간항공기구(ICAO) · 미교통보안청(TSA) · 국제항공운송협회(IATA) 등의 항공보안교육기관에서 항공보안기초, 항공보안감독자, 항공보안감독관 초기 과정 및 항공안전공무원 교육훈련규정에 따른 직무교육훈련을 이수하고, 항공보안 관련 이론지식과 감독관으로서의 실무능력이 평가될 수 있도록 시험을 실시하여 합격한 경우

다. 상기 가항 및 나항에 따른 감독관으로 지정받으려는 소속 공무원은 [부록 1] 별표 1의 항공보안감독관 서약서 양식에 따라 작성하여 국토교통부장관에게 제출하여야 한다.

2) 감독관 시험 등

항공보안감독관 지정을 위한 시험에 관한 사항은 다음과 같다.

가. 국토교통부장관은 항공안전공무원 교육훈련규정에 따른 교육훈련을 이수한 감독관 후보자에 대해 시험을 실시하여야 한다.

나. 상기 가항에 따른 시험은 항공보안관련 이론지식과 감독관으로서의 실무능력이 평가될 수 있도록 하여야 한다.

다. 국토교통부장관은 감독관으로 지정된 사람의 업무기량 유지 및 전문성 향상을 위해 정기적으로 시험을 실시할 수 있다.

라. 감독관에 대한 정기적인 시험은 다음의 사항에 대한 숙지여부가 평가될 수 있도록 실시하여야 한다.

(1) 항공보안 관련 규정 제·개정에 관한 사항

(2) 최근 항공보안분야 국제동향

(3) 항공보안 상황 유형별 대응 능력

(4) 기타 항공보안 감독업무 수행을 위해 필요하거나 이와 관련된 지식 등

3) 감독관의 지정취소

항공보안감독관의 지정취소에 관한 사항은 다음과 같다.

가. 국토교통부장관은 감독관이 다음의 어느 하나에 해당하는 경우 그 지정을 취소할 수 있다. 단, 최근 5년 동안 정기교육을 받지 않은 경우나 퇴직자의 경우는 당연 취소된다.

(1) 점검활동 과정에서 금품 수수 등으로 감독관의 품위를 손상시킨 경우

(2) 점검활동 결과 등을 허위로 보고한 경우

(3) 감독관의 권한을 남용한 경우

(4) 최근 5년 동안 정기교육을 받지 않은 경우

(5) 퇴직자

나. 상기 가항에 따라 지정 취소된 사람이 감독관으로 지정받고자 하는 경우, 상기 (1)항 및 (2)항에 따른 과정을 거쳐 신규로 지정되어야 한다. 다만, 최근 5년 동안 정기교육을 받지 않은 사유로 지정 취소된 사람은 항공보안감독관업무규정 제14조(감독관의 교육훈련 등)에 따라 20시간 이상의 정기교육을 이수한 경우 재지정될 수 있다.

2. 감독관의 업무 및 권한

항공보안감독관의 업무, 권한, 의무, 감독활동 수행자에 관한 사항은 다음과 같다.

1) 감독관의 업무

항공보안감독관의 업무에 관한 사항은 다음의 각호와 같다.

가. 공항운영자 등에 대한 보안현장조사, 보안평가, 보안점검 및 불시 평가 등 점검활동을 수행하여야 한다.

나. 국제민간항공기구 등 대외 점검기관으로부터 공항운영자 등에 대한 점검시 입회하여 점검업무 지원 및 협력하여야 한다.

다. 항공기 납치 및 폭발사건 등 불법행위에 대한 보안사건 조사에 대한 참여 및 협력 지원하여야 한다.

라. 그 밖에 국토교통부장관이 정하는 업무를 수행하여야 한다.

마. 감독관은 공항운영자 등에 대한 보안현장조사, 보안평가, 보안점검 및 보안평가 등의 점검활동을 수행하는 경우 국가항공보안 수준관리지침(이하 "수준관리지침"이라 함)에 따라야 한다.

2) 감독관의 권한

수준관리지침 제10조(항공보안감독관의 권한)에 따라 보안현장조사, 보안평가, 보안점검 및 불시평가를 수행하는 항공보안감독관의 권한은 다음과 같다.

가. 보안절차를 점검할 목적으로 국가에 등록되었거나 운용 중인 항공기를 점검하거나 구치할 수 있는 권한

나. 공항에 대한 전부 또는 부분 점검할 수 있는 권한

다. 보안대책 및 절차 효율성에 대한 점검 및 불시평가를 할 수 있는 권한

라. 공항운영자, 항공사 또는 공항 상주업체 등에게 점검업무 수행에 필요한 자료를 요구할 수 있는 권한

마. 점검업무 수행을 위하여 항공기 및 공항시설에 출입하여 검사할 수 있는 권한

바. 임무수행을 위해 필요한 무전기, 카메라, 음성 및 영상기록장치, 사전 승인된 무기, 모의 폭발물 등과 같은 장비를 공항 보호구역 또는 항공기 위탁수하물칸으로 반입 및 운반할 수는 권한

사. 보안기준이나 보안절차 점검을 위하여 관련자에 대한 질문을 할 수 있는 권한

3) 감독관의 의무

항공보안감독관의 의무에 관한 사항은 다음과 같다.

가. 감독관은 점검을 시작하기에 앞서 점검대상자(항공시설인 경우에는 그 소유자 또는 관리자임) 또는 관계직원에게 감독관임을 확인할 수 있도록 별지 서식에 의한 항공보안감독관 증표를 제시하여야 한다. 다만, 불시에 보안평가를 하는 경우에는 증표를 제시하지 아니할 수 있다.

나. 감독관은 점검을 실시함에 있어 필요하다고 인정할 때에는 다음의 조치를 취하여야 한다.

(1)「항공보안법」 또는 같은 법에 따른 명령 등에 위반한 사실을 발견한 경우에는 별지 서식에 따른 확인서 등의 작성

(2) 관계서류 및 물품 등의 검사

(3) 관계직원에 대한 질의

(4) 기타 점검에 필요한 조치

다. 감독관이 수검부서 대상으로 확인서를 작성한 경우에는 관련업체의 장 또는 해당 직원에게 서명한 후 제출하도록 요구하여야 한다.

4) 점검활동 수행자

수준관리지침에 따라 보안현장조사, 보안평가, 보안점검 및 불시평가를 수행하는 사람은 다음과 같다. 다만, 불시평가의 경우에는 항공보안감독관이 요청하는 사람만이 실시할 수 있다.

가. 항공보안법 제33조제1항에 따라 지정된 항공보안감독관

나. 항공보안감독관과 같이 합동으로 참여하는 관계기관 공무원, 공항 및 항공사 보안책임자 또는 감독자

다. 그 밖에 국토교통부장관이 지정하는 사람

제3절 감독계획 수립 및 실시

항공보안 감독관의 점검계획 수립 및 점검실시에 관한 사항은 다음과 같다.

1. 감독계획 수립 및 제출

항공보안 감독관의 감독계획의 수립 및 제출시 국토교통부장관 및 지방항공청장의 역할, 감독계획 수립시 포함사항은 다음과 같다.

1) 국토교통부장관

가. 항공보안감독관이 점검활동을 수행할 수 있도록 매년 12월 20일까지 다음 연도의 항공보안 감독계획을 수립하여야 한다.

나. 국토교통부 항공보안감독계획을 지방항공청장에게 통보하여야 한다.

2) 지방항공청장

가. 국토교통부장관이 수립한 항공보안 감독계획에 따라 감독관에 대한 다음 연도의 자체 감독계획을 수립하여야 한다.

나. 수립한 자체 감독계획을 매년 12월 31일까지 국토교통부장관에게 제출하여야 한다.

3) 감독계획 수립시 포함사항

국토교통부장관 및 지방항공청장이 수립하는 감독계획에 포함되어야 하는 사항은 다음과 같다.

가. 점검대상 및 점검방법

나. 점검분야 및 주요점검내용

다. 점검자

라. 점검기간

마. 기타 점검에 필요한 사항

2. 점검 실시

항공보안감독관의 점검활동을 수행을 위한 점검기관 및 인원편성, 점검활동시 보고 및 조치 등 점검 실시에 관한 사항은 다음과 같다.

1) 점검기관 및 인원 편성

감독관의 점검활동 수행시 점검기관 및 인원편성은 다음과 같다.

가. 감독관이 점검활동을 하는 경우 관련기관 합동으로 실시하거나 감독관 1인 또는 2인 이상이 합동으로 실시할 수 있다.

나. 감독관은 연간 감독계획에 따라 점검활동을 실시하여야 한다.

2) 점검활동 보고 및 조치

감독관의 점검활동 수행시 보고 및 조치에 관한 내용은 다음과 같다.

가. 감독관이 점검계획 이외의 점검을 하려는 때에는 미리 그 사유를 국토교통부장관 또는 지방항공청장에게 보고하여야 한다.

나. 감독관은 점검 실시 중에 긴급한 조치를 취하지 아니할 경우 항공보안에 막대한 지장을 초래할 수 있는 위해요소를 발견하였을 때에는 이를 즉시 국토교통부장관에게 보고하여야 한다.

다. 감독관은 점검활동을 하는 경우에는 점검표를 활용하고, 점검대상자의 확인서는 [부록 1] 별표 2의 확인서 양식에 따라 작성하도록 하여야 한다.

라. 감독관은 감독활동 과정에서 항공보안에 관한 위해요소를 발견한 경우 [부록 1] 별표 3의 시정조치서 양식에 따라 시정조치서를 작성하여야 한다.

제4절 점검결과 보고 및 조치

항공보안 감독관의 점검결과에 대한 보고 및 조치, 감독활동 사후 평가에 관한 사항은 다음과 같다.

1. 결과보고 및 조치

점검결과에 대한 보고시기 및 포함할 사항, 점검결과의 조치에 관한 사항은 다음과 같다.

1) 보고시기 및 포함사항

감독관의 점검결과에 대한 보고시기 및 포함사항은 다음과 같다.

가. 감독관은 점검활동을 실시한 후 업무일 기준 10일 이내에 국토교통부장관 또는 지방항공청장에게 보고하여야 한다.

나. 감독관으로부터 점검결과에 대한 보고를 받은 지방항공청장은 점검 결과를 국토교통부장관에게 보고하여야 하며, 연간 종합보고서는 다음 연도 1월 10일까지 작성하여 보고하여야 한다.

다. 감독관이 보고서 작성시에는 지적사항, 조치사항, 시정조치서에 대한 사항, 개선사항 및 건의사항 포함되어야 한다.

2) 점검결과의 조치

감독관의 점검결과에 대한 조치사항은 다음과 같다.

가. 국토교통부장관 또는 지방항공청장은 점검실시 후 업무일 기준 10일 이내에 시정지시 등을 포함한 점검결과를 해당 점검대상자에게 통보하여야 한다.

나. 점검결과에 대한 추가 사실 확인 등이 필요한 경우에는 업무일 기준 10일을 초과하여 점검결과를 통보할 수 있다.

다. 점검결과에 따른 시정조치서를 발부할 경우 감독관은 시정조치 여부를 확인하여야 한다.

2. 감독활동 사후평가

항공보안 감독관의 감독활동 사후평가 목적 및 사후평가 방법은 다음과 같다.

1) 사후평가 목적

국토교통부의 사후평가의 목적은 다음과 같다.

가. 국토교통부상관은 항공보안 제도개선과 감독업무의 통일성 등을 위해 점검대상자를 상대로 감독활동에 대하여 사후평가를 실시할 수 있다.

나. 사후평가를 통하여 취약점 및 문제점에 대한 신속한 개선 조치가 이루어지도록 하는 데 있다.

2) 사후평가 방법

국토교통부의 사후평가 방법은 다음과 같다.

가. 「항공보안법」 제33조의2에 따른 항공보안자율신고서를 활용하여 감독활동에 관련 내용을 확인하여 평가할 수 있다.

나. 점검대상자를 무작위로 선정하여 설문 또는 면담 등을 통해 실시할 수 있다.

제5절 기타 감독활동

항공보안 감독관의 교육훈련, 증표관리 및 기록유지에 관한 사항은 다음과 같다.

1. 감독관의 교육훈련 등

항공보안 감독관의 교육훈련 이수기준, 미이수시 자격유지에 관한 사항은 다음과 같다.

1) 교육훈련 이수기준

국토교통부장관 및 지방항공청장임은 감독관의 자질 향상을 위하여 감독관 최초 지정 또는 정기교육 등을 이수한 날로부터 연 1회 이상 다음의 어느 하나에 해당하는 교육 등이 이수될 수 있도록 하여야 한다.

가. 항공안전공무원 교육훈련 규정에 따른 20시간 이상의 항공보안감독관 정기교육 과정

나. 국토교통부장관으로부터 인가를 받은 항공훈련기관, 국제민간항공기구 또는 국제민

간항공기구에서 인정한 교육기관에서 실시하는 항공보안 교육 과정
다. 항공보안세미나, 항공보안워크숍 또는 항공보안 관련 국제회의 등에 2일 이상 참석

2) 미 이수시 자격유지

가. 정기교육을 부득이한 사유로 이수하지 못한 사람이 1년이 경과한 날부터 30일 이내에 정기교육을 이수한 경우에는 1년 이내에 정기교육을 이수한 것으로 본다.
나. 정기교육을 받지 않은 감독관은 다음 정기교육을 이수할 때까지 감독관 자격이 정지되며, 점검활동을 수행할 수 없다.
다. 감독관으로 지정된 사람이 항공보안 업무를 담당하지 않게 된 경우에는 정기교육을 이수하지 않아도 5년간 그 자격이 유지된다.

2. 감독관의 증표관리 및 기록유지

항공보안 감독관의 증표관리, 점검결과에 대한 기록유지 및 보관에 관한 사항은 다음과 같다.

1) 감독관의 증표 관리

감독관의 증표관리에 관한 사항은 다음과 같다.
가. 감독관은 업무를 수행할 때에는 [부록 1] 별표 4의 항공보안감독관 증표를 소지하여야 하며, 이를 타인에게 대여하여서는 아니 된다.
나. 감독관은 지정이 취소되거나, 항공보안 업무를 담당하지 않게 된 경우에는 항공보안 감독관 증표를 반납하여야 한다.

2) 기록유지 및 보관

항공보안 감독관의 기록유지 및 보관에 관한 사항은 다음과 같다.
가. 감독관은 점검결과 조치에 따라 시정조치서 등을 발부한 경우 [부록 1] 별표 5의 시정조치서 관리대장에 발부 사실과 관련 내용을 기록 · 유지하여야 한다.
나. 감독관은 시정조치서를 발부 할 경우 이에 대한 기록을 최소 3년 이상 보존하여야 한다.

제5장

국가항공보안 수준관리

제1절 보안기관 책임 및 역할
제2절 보안점검 등 유형별 수준관리
제3절 항공보안 모의훈련
제4절 항공보안 사고조사
제5절 항공보안 자율신고제도

제5장 국가항공보안 수준관리

제1절 보안기관 책임 및 역할

국가항공보안 수준관리를 위한 국가정보원, 국토교통부, 지방항공청, 공항운영자 등 관계기관의 책임 및 역할은 다음과 같다.

1. 국가정보원

국가항공보안 수준관리를 위한 국가정보원의 책임 및 역할은 다음과 같다.

1) 불법행위 대응능력 배양을 위한 항공보안 점검, 불시평가 관련 기법의 연구발전
2) 점검 및 불시평가 관련 기술·교육훈련 등 지원
3) 기타 항공보안 점검 및 불시평가 관련 기법의 연구발전
4) 보안점검 및 불시평가 실시
5) 공항상주기관 합동점검반 편성·운영

2. 국토교통부

국가항공보안 수준관리를 위한 국토교통부의 책임 및 역할은 다음과 같다.

1) 국가 항공보안 수준관리 지침 수립 및 관리
2) 국가 항공보안 수준관리 대책 시행관리 및 감독
3) 국가 항공보안 수준관리를 위한 인적, 물적자원 및 재정 확보

4) 현장조사, 보안평가, 보안점검 및 불시평가의 실시
5) 항공보안감독관 운영
6) 항공보안 수준관리 관련 국제민간항공기구와의 연락 및 협력업무
7) 공항운영자, 항공사 등의 자체점검 실시 여부에 대한 감독

3. 지방항공청

국가항공보안 수준관리를 위한 지방항공청의 책임 및 역할은 다음과 같다.
1) 항공보안 수준 및 현장보안관리 업무
2) 공항운영자 등 현장조사, 보안평가, 보안점검 및 불시평가의 실시
3) 공항공사 및 항공사 등의 항공보안활동 감독

4. 공항운영자 등

자체 수준관리를 위한 공항운영자, 보안검색 업무를 수행하는 항공사, 도심공항터미널운영자 또는 항공기취급업체 등의 업무는 다음과 같다.
1) 국가항공보안 수준관리 지침에 따른 자체 수준관리 계획의 수립 및 이행
2) 자체 점검 및 불시평가 요원 임명
3) 자체 점검 및 불시평가 요원에 대한 교육실시
4) 기타 공항 점검 및 불시평가 관련 업무

제2절 보안점검 등 유형별 수준관리

국가항공보안 수준관리를 위한 보안현장조사, 보안평가, 보안점검 및 불시평가 등의 유형별 수준관리에 관한 일반적인 사항은 다음과 같다.

1. 일반사항

국가항공보안 수준관리를 위한 일반적인 사항은 다음과 같다.

1) 보안점검 등 계획 및 실시

가. 국토교통부장관은 항공보안감독관으로 하여금 공항운영자 및 항공사 등에 대하여 연간 감독계획에 따라 보안현장조사, 보안평가, 보안점검 및 불시평가 등의 점검활동을 수행하게 하여야 한다.

나. 국토교통부장관은 항공보안법 제33조(항공보안감독)제2항에 따라 가항에 따른 보안점검 등을 관계기관과 합동으로 실시할 수 있다.

다. 국토교통부장관이 특별히 필요하다고 인정하는 경우에는 가항에 따른 점검 이외에 관계기관과 합동 또는 단독으로 특별점검을 실시할 수 있다.

라. 공항운영자, 항공사, 항공화물터미널운영자 및 도심공항터미널운영자 등은 보안검색 수행 실태 등을 확인하기 위하여 보안검색위탁업체, 기내식 제조업체 등에 대하여 자체 보안점검 및 불시평가 등을 실시한다.

마. 상기 가항에 따라 보안점검 등을 실시하는 경우에는 점검 7일전에 점검계획을 점검대상자에게 통지하여야 한다. 다만, 불시평가의 경우에는 사전에 통지하지 아니하고 실시할 수 있다.

바. 국토교통부장관은 보안현장조사, 보안평가, 보안점검 및 불시평가 등의 점검 이외에 관계기관과 합동 또는 단독으로 특별점검을 실시함에 따른 점검일정 및 결과를 필요한 경우 국가정보원장에게 제공한다.

사. 국토교통부장관은 점검활동을 수행하는 경우 국가항공보안 우발계획에 따른 위험평가 및 위협분석 또는 항공보안 위해요소 진단 결과를 반영하여 점검 횟수 및 우선순위를 조정할 수 있다.

아. 항공보안감독관은 점검활동을 수행하려는 경우에는 점검 목적, 점검 대상, 점검 기간, 점검관, 주요 점검항목, 그 밖에 점검활동 수행에 필요한 물품 등을 포함한 점검계획을 소속기관장에게 보고 후 실시하여야 한다.

2) 점검활동 수행자 자격

보안현장조사, 보안평가, 보안점검 및 불시평가를 수행할 수 있는 사람은 다음과 같다. 다만, 불시평가의 경우에는 아래 가항의 항공보안감독관이 요청하는 사람만이 실시할 수 있다.

가. 항공보안법 제33조제1항에 따라 지정된 항공보안감독관
나. 항공보안감독관과 같이 합동으로 참여하는 관계기관 공무원, 공항 및 항공사 보안책임자 또는 감독자
다. 그 밖에 국토교통부장관이 지정하는 사람

3) 사전 및 사후 브리핑 실시

가. 보안현장조사, 보안평가, 보안점검 및 불시평가를 실시하는 책임자는 점검활동 수행자들에게 점검목적, 주안점 및 점검대상의 보안현황 등을 사전 브리핑을 실시하여야 한다.

나. 불시평가를 실시하는 책임자는 불시평가 실시 전에 불시평가 수행자에게 다음 사항에 대한 특별 사전 교육을 실시하여야 한다.
(1) 불시평가 계획
(2) 공항 구조 및 보안통제 특성
(3) 불시평가 물품 사용방법 및 회수절차
(4) 불시평가시 준수사항
(5) 불시평가 성공 또는 실패시 대처법

다. 공항 및 항공사 보안책임자 또는 관련 조직의 책임자는 점검활동 수행자가 가항 및 나항에 따른 보안점검 등을 위하여 필요한 자료를 요청하는 경우 이에 협조하여야 한다.

라. 점검활동 수행자가 보안평가 등을 종료한 때에는 점검지연으로 인한 시간부족 등 불가피한 경우를 제외하고는 주요 점검결과 및 점검중 특이사항 등에 대해 사후 브리핑을 실시하여야 한다.

4) 불시평가 사전 통보

가. 불시평가 실시 책임자는 불시평가를 실시하기 전 실제 상황으로 오인하여 공항 또는 항공기 운항의 혼란을 초래하는 것을 방지하기 위해 공항 또는 항공사 책임자에게만 그 내용을 사전에 통보한 후 실시할 수 있다.

나. 불시평가를 사전에 통보받은 공항 또는 항공사 보안책임자는 이 내용을 관련 책임자만이 알 수 있도록 관리하며 불시평가를 받는 보안검색요원 또는 보안요원에게 해당 사실을 누설하지 않도록 하여야 한다.

5) 문제점 관련 시정조치 등

가. 국토교통부장관은 점검활동 중 확인된 보안상 취약점 또는 규정 위반사항 등에 대해서는 점검대상자에게 확인서를 작성하도록 하고, 긴급한 경우에는 현장에서 시정조치를 명하여야 한다.

나. 점검활동 결과 나타난 문제점에 대한 시정조치 등의 우선순위는 다음과 같다.

(1) 시정조치 : 발견된 문제점이 항공보안에 심각한 결과를 초래할 우려가 있거나, 항공보안에 심각하지는 않지만 법 또는 규정에 위반되는 경우

(2) 개선권고 : 항공보안 법령 및 규정 등을 위반 또는 규정하고 있지 않으나, 개선 조치할 경우 항공보안에 유익한 결과를 가져오는 방법을 제시하고자 할 경우

(3) 현장시정 : 항공보안에 직접적인 영향을 미치지 아니하는 경미한 보안 저해요소로 단기간 내에 시정이 가능한 경우

다. 공항운영자 및 항공사 등은 점검결과를 통보받은 날부터 7일 이내에 시정조치사항 등에 대하여 이의 신청을 할 수 있으며, 국토교통부장관은 이의 신청이 접수된 날로부터 15일 이내에 검토결과를 회신하여야 한다.

6) 점검결과 보고서 보존

가. 점검활동 수행자는 제8조에 따라 보안현장조사, 보안평가, 보안점검 및 불시평가 등을 실시한 경우 점검결과 보고서를 작성하여야 한다.

나. 점검결과에 따라 작성한 보고서는 최소 3년 이상 보존하여야 한다. 다만, 시정 조치가 완료되지 않은 사항이 있는 보고서 또는 점검표는 조치가 완료될 때까지 보존하여야 한다.

7) 점검결과 공개 금지

점검활동 책임자 및 수행자는 점검활동 과정에서 얻은 정보와 점검활동의 결과를 항공보안업무 관련 이외의 인원에게 공개하거나 제공하지 않아야 한다. 다만, 다음에 해당하는 경우에는 제공하여야 한다.

가. 다른 법률에 따라 공개 또는 제공을 요청받은 경우
나. 소속 기관의 장에게 보고하기 위한 경우
다. 수검자에게 통보하는 경우

8) 위임업무 점검 등

가. 국토교통부장관은 항공보안법 시행령 제20조에 따라 지방항공청장에게 위임한 업무와 지방항공청장이 실시한 자체 감독활동에 대하여 연 1회 이상 점검을 실시하여야 한다.

나. 지방항공청장에게 위임한 업무와 자체 감독활동에 대한 점검을 실시하는 경우에는 점검 7일 전까지 점검일자, 점검내용 및 점검관 등에 대한 점검계획을 지방항공청장에게 통보하여야 한다.

다. 점검관은 점검종료 7일 이내에 점검결과를 작성하여 국토교통부장관에게 보고하고, 그 결과를 지방항공청장에게 통보한다.

라. 국토교통부장관으로부터 점검결과를 통보받은 지방항공청장은 지적사항이 있는 경우 통보받은 날부터 20일 이내에 지적사항에 대한 개선조치 계획 또는 조치결과를 국토교통부장관에게 제출하여야 한다.

마. 국토교통부장관은 지방항공청장이 제출한 개선조치 계획 또는 조치결과에 대한 이행실태 확인이 필요한 경우 확인점검을 실시할 수 있다.

2. 보안현장조사(Survey)

보안현장조사는 민간항공에 대한 항공기납치(Hijacking), 파괴행위(Sabot age) 및 테러공격(Terrorist attack) 등의 불법방해행위(Acts of unlawful interference)를 방지하기 위하여 그 취약성을 분석하고, 보호대책을 수립하기 위하여 공항별로 공항운영자, 항공사 등에 대한 항공보안 업무 운영실태 등을 조사하는 것이며, 현장조사 내용, 대상, 횟수, 항목에 관한 내용은 다음과 같다.

1) 현장조사 내용

현장조사는 다음의 사항을 파악하기 위하여 실시한다.
가. 국가항공보안계획 수정에 필요한 보안 요건을 파악
나. 공항 및 항공기 운영에 대한 보안실태 파악
다. 공항운영자, 항공사 등의 상존위협, 보안 취약점 파악 및 항공보안 증진
라. 항공기납치, 파괴행위, 폭발물 위협 등 불법방해행위에 대한 취약 요소 유무 파악

2) 현장조사 대상

현장조사의 대상은 다음과 같다.
가. 공항운영자
나. 항공사
다. 공항상주업체, 항공화물터미널 및 도심공항터미널운영자
라. 지상조업체(필요한 경우에 한함)

3) 현장조사 횟수

현장조사 횟수에 관한 내용은 다음과 같다.
가. 현장조사는 최소 2년에 1회 이상 실시한다.
나. 국토교통부장관이 필요하다고 판단시 추가로 조사할 수 있다.

4) 현장조사 항목

현정조사 항목 및 확인표에 관한 내용은 다음과 같다.

가. 현장조사에서 확인하는 사항은 다음과 같다.

(1) 공항보안계획(Airport Security Program)
(2) 지방항공보안협의회(Airport Security Committee)
(3) 위탁수하물 처리절차(Baggage Handling Procedures)
(4) 승객처리절차(Passenger Handling Procedures)
(5) 탑승객 검색(Pre-Board Passenger Screening)
(6) 에어사이드 출입 통제절차(Airside Access Control)
(7) 일반지역과 에어사이드간의 울타리(Land/Airside Barrier)
(8) 공항감시 TV 및 경보장치(CCTV and Alarm)
(9) 주요시설보호(Vital Facilities Protection)
(10) 화물(Cargo)
(11) 기내식(Catering)
(12) 공항우발계획(Airport Contingency Procedures)
(13) 보안조명(Security Light)
(14) 공항운영자, 항공사 등의 자체점검 · 불시평가(Inspection/Test)
(15) 항공사 보안계획(Airline Operators Security Program)
(16) 미탑승객 및 하기승객절차(No Show/Off-Load Passengers)
(17) 보안훈련(Security Exercises)
(18) 교육(Training)

나. 현장조사는 [부록 1] 별표 6의 현장조사표에 따라 실시한다.

3. 보안평가(Audit)

보안평가는 공항운영자 및 항공운송사업자 등이 수립한 자체 보안계획의 이행여부와 실제 이행능력 등을 확인하기 위하여 점검하는 것이며, 대상 및 주기, 평가절차, 평가항목,

관계기관과의 협의사항은 다음과 같다.

1) 대상 및 주기

보안평가의 대상 및 주기는 다음과 같다.

가. 보안평가 대상

보안평가의 대상은 다음과 같다.

(1) 공항운영자

(2) 국적 항공사

(3) 해외공항

나. 보안평가는 최소 2년에 1회 이상 실시할 수 있다.

2) 평가 절차

보안평가는 다음 각 호의 절차에 따라 실시하여야 하며, 해외공항 보안평가를 실시하는 경우에는 조치결과 확인은 생략할 수 있다.

가. 평가계획 통보

나. 사전조사 실시

다. 평가팀원 구성

라. 서류검토 및 현장점검

마. 결과 분석 및 결과보고서 작성

바. 시정 조치

사. 조치결과 확인

3) 평가 항목

보안평가에서 확인하여야 하는 평가사항은 다음과 같다.

가. 공항운영자

(1) 자체 보안계획 수립 및 개정

(2) 국가항공보안계획 반영 적정성

(3) 보호구역 출입통제 및 보호대책
(4) 승객, 휴대수하물 및 위탁수하물 보안검색 대책
(5) 항공시설 경비대책
(6) 보안사고 및 대테러 대응능력
(7) 항공보안업무 종사자 교육훈련 실적
(8) 자체 수준관리 활동

나. 국적 항공사
(1) 자체 보안계획 수립 및 개정
(2) 국가항공보안계획 반영 적정성
(3) 항공기 보호 및 기내보안대책
(4) 항공화물 보안검색 대책
(5) 보안사고 대응능력
(6) 항공보안업무 종사자 교육훈련 실적
(7) 자체 수준관리 활동

다. 해외공항
(1) 공항 출입통제
(2) 승객 · 휴대물품 보안검색
(3) 위탁수하물 보안검색
(4) 화물 · 우편물 보안
(5) 공항 수준관리
(6) 국적 항공사 및 국내취항 외국적항공사의 항공기 보안
(7) 기타 ICAO부속서 17(항공보안)의 표준 및 권고사항 이행여부 등

라. 관계기관과의 협의사항으로 국토교통부장관은 국가 중요 시설 및 장비에 대한 보안 평가를 국가정보원장이 요청하는 경우에는 합동으로 실시할 수 있다.

4. 보안점검(Inspection)

보안점검은 민간항공보안에 대한 보안대책 및 통제절차 등이 적절히 수행되고 있는지를 확인하기 위하여 공항 및 항공기 등에 대하여 점검하는 것이며. 점검대상, 점검주기, 점검항목에 관한 내용은 다음과 같다.

1) 점검대상

보안점검의 대상은 다음과 같다.

가. 공항운영자

나. 항공사(국적항공기가 운항하는 해외지사 포함)

다. 항공화물터미널 및 도심공항운영자, 공항상주업체, 지상조업체

라. 항공교통관제기관

마. 그 밖의 항공관련 운영자

2) 점검주기

보안점검의 주기는 다음과 같다.

가. 공항(항공사, 공항상주업체 등 포함)은 1년에 1회 이상 실시한다.

나. 국적항공기 및 국내 취항 외국항공기가 운항하는 해외공항에 대하여 실시하되 대상 공항은 매년 다음 상황을 고려하여 정한다.

(1) 신규 취항공항

(2) 항공보안사고 또는 사건이 발생하였던 공항

(3) 국내 여행객들이 많이 이용하는 공항

(4) 국가정보원 등 정보기관에서 정한 취약공항

(5) 항공에 대한 위협 증대 공항

3) 점검항목

보안점검시 공항운영자 등이 확인하여야 하는 사항은 다음과 같으며 공항운영자 및 항공운송사업자의 점검항목은 수준관리론 제7장의 공항운영자 등 자체수준관리를 참고한다.

가. 항공기취급업체 등이 확인하여야 하는 사항

(1) 우발계획 수립 및 훈련 실시

(2) 항공보안조직의 구성 · 업무 및 보안책임자의 지정

(3) 항공보안에 관한 교육훈련 계획 및 실적

(4) 직원에 대한 출입증 관리 실태

(5) 그 밖에 항공보안에 관한 사항

나. 항공교통관제기관에서 확인하여야하는 사항

(1) 자체 보안계획 수립

(2) 항공보안업무 담당 조직 구성 · 세부업무 및 보안책임자 지정

(3) 항공보안에 관한 교육훈련

(4) 항공보안에 관한 정보의 전달 및 보고 절차

(5) 해당 시설의 경비보안

(6) 항공보안장비의 관리 및 운용

(7) 공항 보호구역 출입증 관리

(8) 항공교통관제기관에 대한 불법방해행위 방지위한 통신수단, 항행 및 탐지 인프라 등 시설보안

(9) 항공고시보(NOTAM) 등 항행안전정보 전파체계의 보안

(10) 그 밖에 항공보안에 관하여 필요한 사항

다. 항공보안감독관이 공항운영자 등에 대한 보안점검시에는 국가항공 보안 수준관리지침의 [부록 1] 별표 7~17의 보안점검표를 적용한다.

5. 불시평가(Test)

불시평가는 보안업무 수준이 적절하게 유지되고 있는지를 확인하기 위하여 공항 및 항공기 등에 대한 보안대책 및 통제절차 수행 능력 등을 불시에 확인하는 것을 말하며, 확인사항, 평가대상, 평가방법, 불시평가 물품 등에 관한 사항은 다음과 같다.

1) 불시평가 대상

불시평가의 대상은 다음과 같다.

가. 공항운영자

나. 항공사

다. 공항상주업체, 항공화물터미널 및 도심공항터미널운영자

라. 지상조업체(필요한 경우에 포함)

2) 불시평가시 확인사항

불시평가시 확인하여야 하는 사항은 다음과 같다.

가. 국가 항공보안 관련 규정 준수 여부 불시확인

나. 보안 업무 수행 능력 확인

다. 보안요원에 대한 근무 태세 확인

라. 보안요원 취약점 파악

마. 비상시 대응 여부 파악

3) 불시평가 방법

불시평가 방법 등에 관한 사항은 다음과 같다.

가. 불시평가는 공항운영자, 항공사 및 도심공항터미널운영자의 보안업무 수행 실태를 확인하기 위하여 다음의 사항에 대하여 연 1회 이상 실시하여야 한다.

(1) 승객 및 휴대물품 검색방법

(2) 위탁수하물 검색방법

(3) 출입통제 절차

(4) 항공기 보안

(5) 화물보안

(6) 기내식 보안 운용실태

(7) 보안장비 운용실태

나. 불시평가는 다음과 같은 조건에 따라 실시한다.

(1) 항공보안법 및 관련지침 등에 따라 적합하게 실시
(2) 대중의 안전을 저해하지 않도록 실시
(3) 항공기 및 공항시설 등에 위험이 발생하지 않도록 실시
(4) 재산상의 손실이 발생되지 않도록 실시
(5) 운영상 문제가 발생되지 않도록 실시
(6) 지정된 점검요원에 의하여 실시

다. 불시평가에서 나타난 문제점에 대하여는 다음과 같이 조치한다.
(1) 불시평가 물품을 검색시에 사용한 장비의 정상 작동여부 확인
(2) 장비가 정상 작동되었을 경우 해당 보안검색요원에 대하여는 다음과 같이 조치한다.
① 지정된 교육기관에서 교육훈련지침 제20조제3항에 따른 교육 실시
② 교육평가 후 일정 성적 이상을 획득한 경우 근무 복귀
(3) 장비가 비정상 작동되었을 경우 다음과 같이 조치한다.
① 장비의 운용을 중지하고 대체 검색방법으로 전환
② 장비 유지보수 담당 부서에 통보
③ 장비 점검 보수 후 재사용

라. 항공보안감독관 등은 불시평가를 효율적으로 수행하기 위하여 국제민간항공기구 보안지침서(Doc 8973)를 활용할 수 있다.

4) 불시평가 물품

불시평가를 실시하기 위한 물품 기준과 운영절차는 다음과 같다.

가. 항공보안감독관, 공항운영자, 항공사 또는 도심공항터미널운영자가 불시평가를 위하여 사용할 수 있는 물품은 다음과 같다.
(1) 실제 작동되지 아니하고, 플라스틱 또는 합성수지 재질로 만들어진 모의 총기류
(2) 폭발물질을 포함하지 아니하고, 실제 폭파되지 아니하는 불시평가 물품이라는 표시를 한 모의 폭발물장치

나. 상기 가항에 따른 불시평가 물품을 사용하려는 자는 사전에 국토교통부장관의 승인

을 받아야 한다.

다. 상기 나항에 따라 불시평가 물품을 승인받으려는 자는 다음 각 호의 서류를 국토교통부장관에게 제출하여야 한다.
  (1) 불시평가 물품 종류
  (2) 불시평가 물품 사진
  (3) 관리책임자 명단
  (4) 불시평가 물품 보관 및 운용절차

라. 불시평가 수행자는 보안검색요원이 불시평가 물품을 발견한 경우에는 즉시 신분을 공개하여야 한다.

제3절 항공보안 모의훈련

항공보안 모의훈련은 항공기 테러상황에 대비하여 유사한 상황을 설정하여 실시하는 훈련을 말하며, 모의훈련 대상 및 목적, 모의훈련의 종류, 모의훈련 관련 기관별 임무에 관한 내용은 다음과 같다.

1. 목적 및 대상

모의훈련을 실시하는 목적 및 대상은 다음과 같다.

1) 모의훈련 목적

공항운영자는 다음의 목적을 달성하기 위하여 모의 훈련을 실시한다.
가. 공항 또는 항공기 테러와 관련된 모든 부서 및 관련기관의 대응능력향상
나. 우발계획 대응 절차 숙지
다. 비상장비 및 통신 장비 시험운용 및 상태점검

라. 최단시간내 항공기 운항 및 공항운영 정상화
마. 수립된 공항, 항공사 우발계획의 취약점 확인 및 수정

2) 모의훈련 대상

가. 모의훈련 주체인 공항운영자는 국가항공보안계획에 따른 모의훈련을 실시하여야 한다.
나. 항공사 및 지상조업체의 장 등 관련자는 모의훈련에 적극 협조하여야 한다.

항공기 대테러 종합훈련

2. 모의훈련의 종류

모의훈련의 종류에는 종합훈련, 부분훈련, 도상훈련이 있으며, 종류별 훈련내용 및 시행주기는 다음과 같다.

1) 종합훈련

가. 종합훈련은 항공기 납치, 폭발물 위협 등 불법방해행위 대응과 관련된 기관이 참여하여 실제 테러 상황과 유사한 환경을 설정하여, 국가항공보안 우발계획에서 정한 기관

별 임무 수행 및 대응 상황을 점검하는 훈련이다.

나. 훈련주기는 2년에 1회 정기적으로 실시하며, 훈련에 대한 세부사항은 훈련 실시 전에 관계기관과 협의하여야 한다.

2) 부분훈련

가. 부분훈련은 항공기 납치, 폭발물 위협 등과 관련된 특정부분에 대한 조직별 대응훈련, 새로운 장비나 기술시험, 평가를 위하여 실시하는 훈련이다.

나. 종합훈련 시행 과정에서 발견된 취약점 및 문제점을 시정하기 위하여 공항 운영자 등이 관계기관과 협의하여 2년에 1회 이상 정기적으로 실시하며, 가능한 한 종합훈련이 실시되지 않는 해에 실시한다.

3) 도상훈련

가. 도상훈련은 종합훈련시 발생되는 비용이나 공항운영의 피해 없이 비상 대응조직의 대응능력을 불시평가하는 훈련으로 공항비상운영센터 내에서 관련기관의 대표자들이 참석하여 도면과 가상시나리오에 의한 대응훈련을 실시하는 것이다.

나. 공항운영자 등이 관계기관과 협의하여 1년에 1회 이상 정기적으로 실시한다.

3. 모의훈련 관련 기관별 임무

종합훈련 등과 관련하여 관계기관은 적극적으로 지원하여야 하며, 훈련과 관련된 관계기관별 임무는 다음과 같다.

1) 국토교통부

가. 훈련에 대한 종합적인 지침 제공

나. 기타 훈련 관련 요건 및 세부지침 제공

다. 훈련 일정 등의 관리 · 조정

라. 훈련과 관련한 항공교통 관제업무 등의 지원

마. 훈련시나리오 작성 · 검토 지원

바. 기타 관련 사항 지원

2) 공항운영자

가. 관계기관과 협의하여 훈련 계획 수립 · 주관
나. 비상운영센터 가동 등 필요 장비 및 인력 확보
다. 훈련에 따른 항공기 파손 및 손괴에 대한 손해배상 조치(귀책사유가 공항운영자에게 있을 경우에 한함)
라. 기타 종합적인 훈련 준비 및 시행업무 수행

3) 국가정보원

가. 훈련관련 일정, 규모, 실시방법 등 전반적인 사항을 조정 · 통제 및 대외기관 협력
나. 훈련시나리오 작성, 검토 등의 지원
다. 기타 관련 조정 업무 담당

4) 경찰청(공항경찰대)

가. 가능 범위내에서 경찰특공대 및 탐지견 등의 인력 및 장비지원
나. 훈련에 필요한 경우 대테러 협상실무요원, 통역요원 등 지원
다. 훈련시나리오 작성, 검토 등의 지원
라. 기타 관련 인력을 가능한 범위내에서 지원

5) 군(군사안보지원사령부 포함)

가. 가능한 범위내에서 대테러 전문 특공대 및 항공기 등 필요 장비 및 인원 지원
나. 시나리오 작성 지원
다. 화생방 테러 훈련시 제독전문 부대 지원
라. 기타 훈련관련 사항 지원

6) 법무부(출입국관리사무소)

가. 훈련에 필요한 출입국 관리 전문 인력 지원

나. 훈련 시나리오 작성 지원
다. 기타 훈련관련 사항 지원

7) 관세청(세관)

가. 훈련에 필요한 세관 인력 및 협력사항 지원
나. 훈련 시나리오 작성 지원
다. 기타 훈련관련 사항 지원

8) 항공사

가. 종합훈련시 훈련에 주도적으로 참여하며, 항공기 필요시 안전이 확보된 범위 내에서 자사 보유 항공기 지원
나. 기타 훈련 관련 인력 및 장비를 가능한 범위 내에서 지원
다. 훈련 시나리오 작성시 참여 · 지원

9) 지상조업체 등

가. 훈련관련 인력 및 장비를 가능한 범위 내에서 지원
나. 훈련 시나리오 작성시 참여 · 지원
다. 기타 필요사항 지원

4. 모의훈련 감독 및 조치사항

모의훈련 관련 국토교통부 및 공항운영자의 조치사항은 다음과 같다.

1) 국토교통부장관 조치시항

가. 국토교통부장관은 국가항공보안계획에 따른 보안 효율성을 확보하기 위하여 공항운영자가 실시하는 모의훈련에 대한 지도 감독을 실시하여야 한다.
나. 국토교통부장관은 모의훈련에서 문제점을 확인한 경우 공항운영자 및 항공사 등에 대하여 필요한 조치를 요구할 수 있다.

다. 국토교통부장관은 대테러와 관련한 모의훈련을 실시하는 경우 국가정보원장과 협의하여야 하며, 그 밖의 모의훈련에 관하여는 필요한 경우에 협의할 수 있다.

2) 공항운영자는 모의훈련을 종료 후에는 해당 기록을 최소 3년간 보존하여야 한다.

인천국제공항 대테러 종합훈련

제4절 항공보안 사고조사

국토교통부장관은 민간항공에 대한 불법방해행위 또는 민간항공 보안에 대한 중요한 위반사항이 발생한 경우 보안사고 조사를 실시하여야 하며, 사고조사 및 보고, 사고조사관의 임무 및 권한에 관한 내용은 다음과 같다.

1. 사고조사 및 보고

항공보안 사고조사시 확인 및 조치사항, 국토교통부의 사고조사 지침, 조사보고서 작성시 포함사항은 다음과 같다.

1) 사고조사시 확인 및 조치사항

항공보안 사고조사시 확인 및 조치사항은 다음과 같다.

가. 사고발생 경위

나. 위반사건에 대한 취약점 파악 및 해당 사고의 설명

다. 위반사항에 대한 책임자 또는 기관 파악

라. 법률 또는 하위법령 등 관련 규정을 위반하여 불법행위를 야기 시켰는지에 대한 조사 및 제재조치

2) 사고조사 지침

국토교통부장관의 사고조사 지침은 다음과 같다.

가. 국토교통부장관은 보안사고 조사 보고서에 재발 방지를 위한 추가조치 방안 및 시행 책임을 명확히 규정하여야 한다.

나. 보안사고 조사는 국토교통부장관이 지정한 항공보안감독관이 실시하며, 사고 조사 대상 부서에서 신원확인을 요구하는 경우 신분증 또는 관련문서를 제시하여야 한다.

다. 보안사고 조사는 국가정보원장이 요청하는 경우 국가정보원장이 지정한 자와 합동으로 실시할 수 있으며, 타 체약국 국민이 관련된 경우 해당국가의 전문 조사요원과 합동으로 실시할 수 있다.

3) 조사보고서 작성시 포함사항

항공보안 사고조사관은 보안사고를 종결한 때에 다음의 사항이 포함된 사고조사보고서를 작성하여 국토교통부장관에게 보고하여야 한다.

가. 조사보고서 작성시에는 사고개요, 사실정보, 원인분석, 사고조사 결과, 국가항공보안 수준관리지침 제13조에 따라 시정조치 또는 개선권고 할 사항 등이 포함되어야 한다.

나. 국토교통부장관은 필요한 경우 보안사고 조사보고서 요약본을 작성하도록 하여 보관하게 할 수 있으며, 관련 국가에서 요청하는 경우 이를 제공할 수 있어야 한다.

2. 사고조사관 임무 및 권한

항공보안 사고조사를 수행하는 자(이하 “사고조사관”이라 함)의 임무, 권한, 준수사항, 피조사자의 금지행위는 다음과 같다.

1) 사고조사관 임무

사고조사관의 임무는 다음과 같다.

가. 사고조사관은 보안사고 조사를 실시하는 동안 항공보안감독관증 또는 사고조사관임을 증명할 수 있는 서류를 휴대하여야 한다.

나. 사고조사관은 위법적인 방법으로 조사를 하여서는 아니된다.

2) 사고조사관 권한

사고조사관의 권한은 다음과 같다.

가. 사고조사관은 보안조사를 위하여 모든 지역에 출입할 수 있다.

나. 모든 관련자에 대한 질문 및 조사를 실시할 수 있다.

다. 보호구역내에서 조사를 위한 장비를 휴대할 수 있다.

라. 조사대상 기관 · 업체 및 관련직원에게 확인서 징수 및 시정명령서를 발행할 수 있다.

마. 조사와 관련한 공항 및 항공기, 기타 부대 시설에 대한 사진 촬영 및 담당자에 대한 인터뷰 녹음을 실시할 수 있다.

3) 사고조사관 준수사항

사고조사관이 사고조사 중에 준수할 사항은 다음과 같다.

가. 사고조사관은 공항 또는 항공사의 보안 요건을 준수하며 출입 · 조사를 수행하여야 하며, 불가피한 사유가 있는 경우로서 국토교통부장관이 인정하는 경우에는 보안요건을 준수하지 않을 수도 있다.

나. 사고조사관은 안전 및 보안 규정을 준수하는 범위 내에서 조사를 실시하여야 한다.

4) 피조사자 금지행위

보안사고와 관련 조사를 받는 사람이 금지하여야 할 행위는 다음과 같다.

가. 고의적으로 사고조사관의 업무를 방해하거나 제지하지 않아야 한다.

나. 사고조사관이 요청하는 자료 또는 정보제공을 고의적으로 거절하지 않으며 협조하여야 한다.

다. 사고조사를 방해할 목적으로 허위정보를 제공하지 않아야 한다.

제5절 항공보안 자율신고제도

항공보안 자율신고제도는 항공보안을 저해하는 사건 · 상황 · 상태에 관한 보안위험 정보를 수집하기 위하여 도입한 제도로서, 자율신고제도 시행근거, 자율신고 대상, 자율신고 절차, 자율신고 분석, 신고서의 관리, 신고자의 보호 등에 관한 내용은 다음과 같다.

항공보안 자율신고안내 (한국교통안전공단 홈페이지)

1. 신고제도 시행근거

1) 국제민간항공기구 부속서 17(Security)

가. '각 체약국은 국가항공보안 수준관리프로그램을 보완할 수 있도록 비밀보고제도 (Confidential Reporting System)를 운영할 것'을 명시하고 있다.

나. 'ICAO부속서 17에서 비밀보고제도를 운영할 것'을 의무화함에 따라 국내에 도입되었다.

2) 「항공보안법」 제33조2(항공보안 자율신고)

가. 법 ①항에서 민간항공의 보안을 해치거나 해칠 우려가 있는 사실로서 국토교통부령으로 정하는 사실을 안 사람은 국토교통부장에게 그 사실을 신고할 수 있다.

나. 법 ②항에서 국토교통부장관은 항공보안 자율신고를 한 사람의 의사에 반하여 신고자의 신분을 공개하여서는 아니 되며, 그 신고 내용을 보안사고 예방 및 항공보안 확보 목적 외의 다른 목적으로 사용하여서는 아니 된다.

다. 법 ③항에서 공항운영자 등은 소속 임직원이 항공보안 자율신고를 한 경우에는 그 신고를 이유로 해고, 전보, 징계, 그 밖에 신분이나 처우와 관련하여 불이익한 조치를 하여서는 아니 된다.

라. 법 ④항에서 국토교통부장관은 제1항 및 제2항에 따른 항공보안 자율신고의 접수·분석·전파에 관한 업무를 대통령령으로 정하는 바에 따라 「한국교통안전공단법」에 따른 한국교통안전공단에 위탁할 수 있다. 이 경우 위탁받은 업무에 종사하는 한국교통안전공단의 임직원은 「형법」 제129조부터 제132조까지의 규정을 적용할 때에는 공무원으로 본다.

3) 「항공보안법 시행규칙」 제19조의2(자율신고의 절차)

항공보안법 시행규칙 제19조의2에는 자율신고 범위 및 신고처리절차에 대하여 다음과 같이 명시하고 있다.

가. 법 제33조의2제1항에서 "국토교통부령으로 정하는 사실"이란 다음 각 호의 어느 하나에 해당하는 사실을 말한다.

(1) 불법방해행위가 시도되거나 발생될 가능성이 있는 사실
(2) 법 제10조제2항에 따른 자체 보안계획을 이행하지 아니한 사실
(3) 보안검색이 완료된 승객과 완료되지 못한 승객이 접촉한 사실
(4) 법 제13조제1항을 위반하여 공항운영자의 허가를 받지 아니하고 보호구역에 진입한 사실
(5) 법 제14조제4항을 위반하여 항공기에 대한 보안점검을 실시하지 아니한 사실
(6) 법 제15조제1항, 제16조 및 제17조제2항에 따라 보안검색이 이루어지지 아니한 사실
(7) 법 제21조를 위반하여 위해물품을 항공기 내에 반입한 사실
(8) 법 제31조제2항에 따라 자체 우발계획을 이행하지 아니한 사실
(9) 법 제32조에 따른 보안조치를 공항운영자 등이 이행하지 아니한 사실
(10) 그 밖에 항공보안을 해치거나 해칠 우려가 있는 사실

나. 법 제33조의2제1항에 따라 항공보안 자율신고를 하려는 자는 별지 제7호 서식에 따른 항공보안 자율신고서 또는 국토교통부장관이 정하여 고시하는 전자적인 신고방법에 따라 「교통안전공단법」에 따른 교통안전공단에 신고하여야 한다.

다. 제2항에 따른 항공보안 자율신고를 접수한 교통안전공단은 분기별로 해당 신고 현황을 국토교통부장관에게 보고하여야 한다. 다만, 긴급한 조치가 필요한 신고의 경우에는 신고를 받은 후 지체 없이 국토교통부장관에게 보고하여야 한다.

라. 보고를 받은 국토교통부장관은 신고사항을 조사하여 항공보안을 위하여 필요한 조치를 하거나 항공보안 대책을 마련하여야 한다.

마. 상기 가항부터 라항까지의 규정에서 정한 사항 외에 항공보안 자율신고의 접수·분석 및 전파 등에 관하여 필요한 사항은 국토교통부장관이 정하여 고시한다.

4) 국토교통부장관은 별도의 기관을 지정하여 자율보고를 운영하게 할 수 있으므로, 국토교통부로부터 한국교통안전공단이 운영기관으로 지정됨에 따라 2014년부터 정식 운영하고 있다.

2. 신고 대상

승객 · 승무원, 공항운영자 및 항공운송사업자 등의 항공보안업무 종사자는 다음의 사항에 대하여 항공보안 자율신고를 할 수 있으며, 자율신고 대상은 다음과 같다.

1) 불법방해행위를 시도하거나 발생될 가능성이 있음을 알게 된 경우
2) 승객 또는 상주직원 등이 보안검색을 받지 아니하고 보호구역으로 진입한 사실을 알게 된 경우
3) 위해물품을 허가 없이 보호구역 또는 항공기내로 반입한 사실을 알게 된 경우
4) 항공보안 사고로 발전할 수 있는 행위 또는 위험한 행동을 인지한 경우
5) 그 밖에 항공보안 위해요인을 알게 된 경우 사고조사시 확인 및 조치사항
6) 분야별 세부신고사항은 [부록 1] 별표 18의 자율신고 분야별 신고사항을 참고한다.

3. 신고 절차

항공보안 자율신고 절차에 관한 사항은 다음과 같다.

1) 자율신고시 포함사항

항공보안 자율신고를 하려는 사람은 다음의 사항을 포함하여 국토교통부장관에게 서면 또는 유선으로 신고하여야 한다.

가. 보고자의 성명, 주소 및 연락처
나. 발생 일시 및 장소
다. 상황 개요
라. 항공보안업무 종사자의 경우 업무 분야(공항, 항공사, 취급업체 및 공항상주업체 등)

2) 자율신고 방법

자율신고는 다음에 해당하는 방법을 이용하여 신고하거나 직접 제출할 수 있다.

가. 전화, 이메일, 홈페이지 등 전자적 방법
나. FAX, 또는 우편 등

4. 신고분석 및 처리절차

항공보안 자율신고서의 내용은 정밀분석을 통해 항공보안에 중대한 영향을 미칠 수 있다고 판단되는 경우에는 관계기관, 공항운영자, 항공사 등에 그 내용을 통보하게 되며, 필요한 경우에는 보안대책 수립 등 정책에 반영하게 됩니다. 이러한 자율신고 분석 및 처리는 다음과 같이 4단계로 처리한다.

1) 항공보안 자율신고 분석 및 처리 절차

항공보안 자율신고 분석 및 처리에 관한 절차는 다음과 같다.

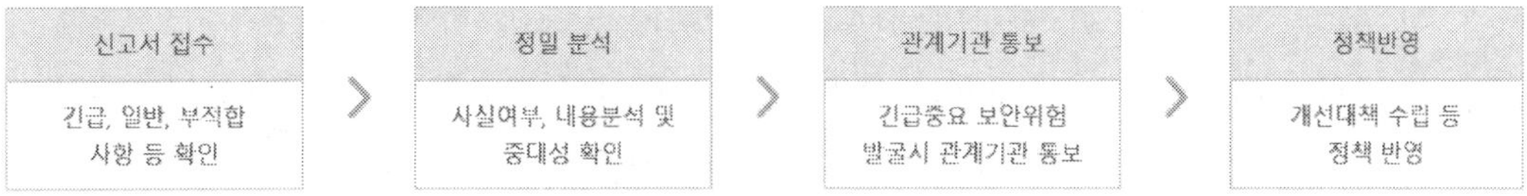

자율신고 분석 및 처리절차

가. 신고서를 접수받은 국토교통부장관은 그 내용을 검토하여 긴급사항, 일반사항 또는 부적합 사항인지를 우선 판단하여야 한다.

나. 정밀분석단계에서는 신고서 접수단계에서 긴급한 사항으로 선별된 신고내용에 대한 사실여부를 확인 후 내용을 정밀하게 분석하여 중대성을 확인하여 관계기관에 통보 여부를 정하여야 한다.

다. 국토교통부장관은 신고된 내용이 항공보안에 중대한 영향을 미칠 수 있다고 판단되는 경우 관계기관, 공항운영자 및 항공운송 사업자 등에게 그 내용을 통보하여야 한다.

라. 국토교통부장관은 자율신고 내용을 정밀 분석한 후 필요한 개선대책을 수립하거나 수준관리지침을 보완하는 등 정책에 반영하여야 한다.

5. 신고서의 관리 및 신고자보호

자율신고에 대한 신고서 관리요령, 신고자 보호에 관한 내용은 다음과 같다.

1) 신고서의 관리요령

자율 신고서에 대한 관리요령은 다음과 같다.

가. 국토교통부장관은 자율신고를 받은 경우 접수대장에 기록하고, 보고된 내용을 별도로 보관하여 기밀을 유지하여야 한다.

나. 국토교통부장관은 자율신고 내용이 부적합한 경우 이를 접수대장에 기재하고, 신고자에게 반송 또는 폐기하여야 한다.

2) 신고자의 보호

가. 국토교통부장관은 자율신고 담당자를 별도로 지정하여 해당 업무를 수행하도록 하여야 하며, 자율신고 한 사람의 신분을 공개하지 않도록 하여야 한다.

나. 자율신고 담당자는 신고내용에 대하여 추가 확인이 필요한 경우 자율신고자에게 보충 질의를 할 수 있으며, 이 경우 신고자의 신분보호를 위하여 연락처 등 개인정보에 대하여 기밀을 유지하여야 한다.

3) 자율신고서 인터넷접수(양식)

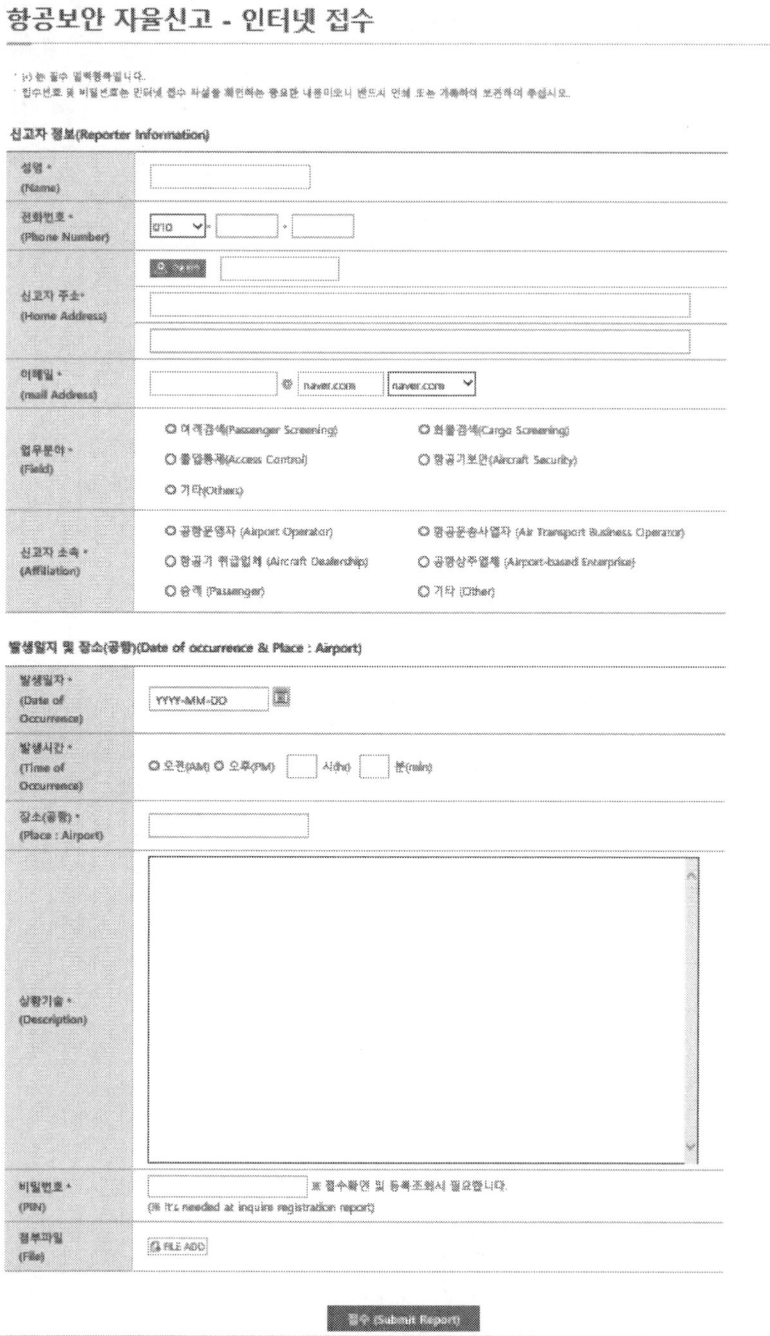

항공보안 자율신고 - 인터넷 접수

· (*)는 필수 입력항목입니다.
· 접수번호 및 비밀번호는 인터넷 접수 사실을 확인하는 중요한 내용이오니 반드시 암기 또는 기록하여 보관하여 주십시오.

신고자 정보(Reporter Information)

성명 * (Name)	
전화번호 * (Phone Number)	010 - -
신고자 주소* (Home Address)	
이메일 * (mail Address)	@ naver.com naver.com
업무분야 * (Field)	○ 여객검색(Passenger Screening) ○ 화물검색(Cargo Screening) ○ 출입통제(Access Control) ○ 항공기보안(Aircraft Security) ○ 기타(Others)
신고자 소속 * (Affiliation)	○ 공항운영자 (Airport Operator) ○ 항공운송사업자 (Air Transport Business Operator) ○ 항공기 취급업체 (Aircraft Dealership) ○ 공항상주업체 (Airport-based Enterprise) ○ 승객 (Passenger) ○ 기타 (Other)

발생일자 및 장소(공항)(Date of occurrence & Place : Airport)

발생일자 * (Date of Occurrence)	YYYY-MM-DD
발생시간 * (Time of Occurrence)	○ 오전(AM) ○ 오후(PM) 시(hr) 분(min)
장소(공항) * (Place : Airport)	
상황기술 * (Description)	
비밀번호 * (PIN)	※ 접수확인 및 등록조회시 필요합니다. (※ It's needed at inquire registration report)
첨부파일 (File)	FILE ADD

접수 (Submit Report)

자율신고서 인터넷접수(양식)

제6장
공항운영자 자체 수준관리

제1절 자체 수준관리지침

제2절 유형별 자체 수준관리

제 6 장 공항운영자 자체 수준관리

제1절 자체 수준관리지침

공항운영자는 국가항공보안계획 12.1.2에 따라 자체 수준관리 지침을 수립하여야 하며, 공항운영자 자체적으로 점검활동 수행자를 통하여 보안유관부서에 대한 수준관리를 이행하여야 한다. 자체 수준관리를 위한 일반사항, 자체 수준관리 지침, 유형별 수준관리 지침, 유형별 점검항목에 관한 내용은 다음과 같다.

1. 일반사항

공항운영자의 자체 수준관리지침의 수행 기본방침, 공항운영자 및 위탁업체의 자체 수준관리 업무에 관한 내용은 다음과 같다.

1) 자체 수준관리지침의 수행 기본방침

공항운영자 자체 수준관리지침의 수행을 위한 기본방침은 다음과 같다.

가. 자체 보안계획 및 절차의 효과적인 시행 확인
나. 자체 보안계획 준수여부 확인
다. 법령 · 규정 등의 지속적인 제 · 개정을 통한 효율성 확보
라. 자체 보안계획의 적정성과 효율성 점검
마. 국가민간항공보안 교육훈련지침에 따른 적절한 교육이수 여부 확인
바. 불법행위 발생 즉시 보안대책 및 통제에 대한 검토 및 재평가 실시

2) 적용범위

공항운영자 자체 수준관리지침의 적용 대상은 다음과 같다.

가. 공항운영자 항공보안 관련 유관부서

나. 공항운영자로부터 보호구역 출입통제업무, 항공보안검색업무 등 항공보안 관련 업무를 위탁받은 보안업체

다. 공항운영자 공항보안시설

3) 용어정의

공항운영자 자체 수준관리지침에서 사용되는 용어의 정의는 다음과 같다.

가. "자체 점검관"이란 공항 자체 현장조사, 자체 보안점검, 자체 불시평가, 자체 보안사고 조사 등을 수행하기 위하여 지정된 공항운영자 소속 직원

나. "자체 점검활동"이란 자체 점검관이 보안업무의 효율성 증대를 위하여 공항보안운영에 대하여 실시하는 자체 현장조사, 자체 보안점검, 자체 불시평가 관련 업무

다. "자체 현장조사(Self Survey)"란 공항에 대한 불법방해행위를 방지하기 위하여 그 취약성을 분석하고, 보호대책을 수립하기 위해 공항보안책임자가 자체 보안 운영실태 등을 조사하는 것

라. "자체 보안점검(Self Inspection)"이란 공항에 대한 보안대책 및 통제절차 등이 적절히 수행되고 있는지를 확인하기 위하여 공항보안책임자가 보안업체, 공항시설 등에 대하여 점검하는 것

마. "자체 불시평가(Self Test)"란 보안업무 수준이 적절하게 유지되고 있는지를 확인하기 위하여 공항보안책임자가 보안업체에 대하여 보안대책 및 통제절차 수행능력 등을 불시에 확인하는 것

바. "시정조치"란 자체점검활동시 나타난 현장에서의 개선이 필요한 사항을 시정할 수 있도록 강구하는 제반조치

사. "보안업체"란 공항에서 공항보안검색 또는 공항보안경비 업무를 수행할 목적으로 공항운영자의 업무를 위탁받아 수행하는 업체

아. "확인서"란 보안점검 활동 시 나타난 위반사항을 서면으로 증명하기 위하여 작성하는 서류

자. "항공보안검색"이란 불법방해행위를 하는데 사용될 수 있는 무기 또는 폭발물 등 위험성이 있는 물건들을 탐지 및 수색하기 위한 행위

차. "테스트 물품"이란 불시평가를 하기 위하여 사용하는 점검용 시험물품

카. "항공보안장비"란 엑스선검색장비, 금속탐지장비, 폭발물탐지장비 등 보안검색에 사용되는 장비

타. "공항보안책임자"란 항공보안법 제10조의 규정에 의거 공항운영자가 수립하는 자체 보안계획을 이행하고, 공항의 보안업무를 총괄하는 자로서 사장이 지정하는 자

4) 적용규정

공항운영자 자체 수준관리지침에서 정하는 사항 외에는 다음 각 호의 국내 · 외 규정 및 국제협약에 따른다.

가. 국내법규 및 규정

(1) 항공보안법 및 같은 법 시행령, 시행규칙

(2) 항공사업법, 항공안전법, 공항시설법

(3) 국가항공보안 수준관리 지침

(4) 국가항공보안계획

(5) 국가항공보안 우발계획

(6) 교육훈련지침

(7) 항공보안장비 종류, 성능 및 운영기준

(8) 액체 · 분무 · 겔류 등 항공기 내 휴대 반입 금지물질 운영기준

나. ICAO 부속서 및 관련 규정

(1) 국제민간항공 협약 부속서 17

(2) 국제민간항공기구 발행 「불법방해행위로부터 민간항공 보호를 위한 ICAO 보안지침서」

(3) 국제민간항공기구 발행 긴급조치

2. 임무

1) 관련 부서의 역할

공항보안 수준관리를 위한 관련부서의 역할은 다음과 같다.

가. 공사 보안담당 부서

(1) 자체 불시평가 실시

(2) 자체 보안점검 및 자체 불시평가 관련 기법 개발

(3) 자체 보안점검 및 자체 불시평가 관련 전문요원 양성

(4) 자체 보안점검 및 자체 불시평가 요원 임명

(5) 자체 불시평가 요원 교육실시

(6) 자체 보안점검 및 자체 불시평가 실시

(7) 공항 상주기관 합동점검 시 참여

(8) 점검 테스트 물품 확보

(9) 기타 자체 보안점검 및 자체 불시평가 관련 업무

(10) 항공보안장비 관리 유지 감독

(11) 인적 및 물적 자원 확보 등 지원

나. 위탁수하물 보안검색장비 및 경비보안시스템 운영부서

(1) 항공보안장비 관리유지 감독

2) 보안업체의 업무

공항보안 수준관리를 위한 관련 보안업체의 업무는 다음과 같다.

가. 정기적인 자체 보안점검 및 자체 불시평가 실시

나. 자체 보안점검 및 자체 불시평가 관련 자체기법 개발

다. 자체 보안점검 및 자체 불시평가 관련 자체 전문요원 양성

라. 자체 보안점검 및 자체 불시평가 관련 자체요원 임명 및 교육실시

마. 점검 테스트 물품 확보

바. 자체 수준관리지침 수립

공항운영자와 계약을 체결하여 공항의 보안검색업무, 보안경비업무를 직접 수행하는

보안업체 등은 보안의 효율성과 효과성을 확보하기 위하여 국가항공보안 수준관리 지침 및 공항 자체수준관리지침에 의거 보안업체 자체 수준관리지침을 수립 · 시행하여야 한다.

공항보안책임자는 보안업체에서 수립 · 시행하는 자체 수준관리지침이 국가 및 공항 수준관리지침을 준수하여 시행되는 지에 대하여 자료요구 및 점검을 할 수 있다.

3. 자체 점검 활동

1) 일반사항

가. 최상의 공항 보안수준 유지를 위하여 공항보안책임자는 일일보안확인, 자체 현장조사, 자체 보안점검, 자체 불시평가를 실시하며, 공항보안책임자는 자체 현장조사, 자체 보안점검, 자체 불시평가를 실시하는 경우, 자체 위험평가 결과를 반영하여 점검 횟수 및 우선순위를 조정할 수 있다.

나. 자체 점검관은 자체 현장조사, 자체 보안점검, 자체 불시평가를 수행하려는 경우 자체 점검계획을 보고 후 실시하여야 한다.

다. 공항보안책임자는 공항보안 및 안전 확보를 위해 보안검색 수행 실태 등을 확인할 수 있는 일일보안확인, 자체 현장조사, 자체 보안점검 및 자체 불시평가 등에 대한 체계를 수립 · 시행 · 유지하여야 한다.

2) 적용대상자

자체 현장조사, 자체 보안점검 및 자체 불시평가에 적용되는 대상자는 다음과 같다.

가. 보안검색요원

나. 항공경비요원

다. 공항보안 시설

라. 기타 공항보안 관련 사항

3) 자체 점검관 자격

공항보안책임자는 보안점검 및 현장조사에 필요한 적정경력과 전문지식을 갖춘 자를 자체 점검관으로 확보·관리하여야 하며, 자체 현장조사, 자체 보안점검, 자체 불시평가는 반드시 자격을 갖춘 자가 수행을 하여야 한다. 자체 현장조사, 자체 보안점검, 자체 불시평가 등을 수행할 수 있는 사람은 다음과 같다.

가. 공항보안책임자

나. 공항보안감독자

다. 보안검색감독자 초기교육 또는 항공경비감독자 초기교육을 이수하고 1년 이상의 실무경험이 있는 직원

라. 기타 공항보안 경험을 충분히 보유한 자로서 공항보안책임자가 지정하는 자

4) 자체 점검관 권한

자체 현장조사, 자체 보안점검, 자체 불시평가를 수행하는 자체 점검관은 다음의 권한을 가진다.

가. 공항에 대한 전부 또는 부분 보안 관련 점검할 수 있는 권한

나. 보안대책 및 절차 효율성에 대한 점검 및 불시평가를 할 수 있는 권한

다. 공항 보안검색 및 경비보안 업무수행 업체에 점검 업무 수행에 필요한 자료를 요구할 수 있는 권한

라. 점검업무 수행을 위하여 공항 보호구역 또는 해당지역에 출입할 수 있는 권한

마. 임무수행을 위해 필요한 무전기, 카메라, 음성 및 영상기록장치, 사전 승인된 무기, 모의 폭발물 등과 같은 장비를 공항 또는 보호구역으로 반입할 수 있는 권한

바. 보안기준이나 보안절차 점검을 위하여 관련자에게 질문할 수 있는 권한

5) 자체 점검관에 대한 조치

공항보안책임자는 자체 현장조사, 자체 보안점검, 자체 불시평가를 담당하는 자체 점검관에 대해 다음의 조치를 취한다.

가. 공항보안과 관련된 국제 권고사항과 절차, 국가항공보안계획 및 공사 자체 보안계획을 자세히 숙지하도록 한다.

나. 조사활동 전에 공항과 관련된 예상위협과 위험요인에 대한 정보를 파악하여 수행하도록 한다.

다. 자체 점검관은 이전에 시행된 보안조사 결과를 열람할 수 있어야 하고 이전에 시행된 조사결과와 권고사항이 어떻게 반영되었는지 파악하도록 한다.

6) 사전 또는 사후 브리핑 실시

자체 현장조사, 자체 보안점검, 자체 불시평가를 실시하는 책임자는 해당 자체 점검관들에게 점검 전에 점검 목적, 주안점 및 점검대상의 보안현황 등에 대하여 사전 또는 사후 브리핑을 실시한다.

자체점검 시 점검관이 보안점검 등을 위하여 필요한 자료를 요청하는 경우 보안업체 관련 책임자는 이에 협조하여야 하며, 불시평가 실시 전에 불시평가 수행자에게 다음과 같은 사항에 대한 특별 사전 교육을 실시하여야 한다.

가. 불시평가 계획

나. 공항구조 및 보안통제 특성

다. 불시평가 물품 사용방법 및 회수절차

라. 불시평가 시 준수사항

마. 불시평가 성공 또는 실패 시 대처법

7) 문제점 관련 시정 조치

가. 공항보안책임자는 점검결과 확인된 보안상 취약점 또는 규정 위반사항에 대해서는 수검자에게 확인서를 작성하도록 하고, 해당 보안업체에 시정조치를 요구하여야 한다.

나. 시정조치를 요구받은 해당 보안업체는 조치결과 및 계획사항을 15일 이내에 공항보안책임자에게 제출하여야 하며, 항공보안법에 의거하여 보안업체의 귀책사유로 인해 과태료가 부과되는 경우에는 해당되는 금액만큼 기성금에서 공제하며, 보안업체는 재발방지 대책을 공항보안 책임자에게 제출하여야 한다.

다. 공항보안책임자는 보안업체의 시정조치가 완료될 때까지 보안점검 또는 불시평가시에 이행여부를 확인한다.

8) 점검결과 보고서 보존

자체점검관이 제8조에 따라 자체 보안점검 및 자체 불시평가 등을 실시한 경우 점검결과 보고서를 작성하여야 하며, 보고서는 최소 3년 이상 보존하여야 한다. 다만, 시정 조치가 완료되지 않은 사항이 있는 보고서 또는 점검표는 조치가 완료될 때까지 보존한다.

4. 자체 일일보안확인(Self Daily Check)

1) 확인목적

공항보안책임자는 보안운영의 적정성을 확인하기 위하여 항공경비 · 보안검색 감독자로 하여금 다음 사항에 대하여 자체 일일보안확인을 실시하도록 한다.

가. 항공보안장비 관리 적정성

나. 보안검색 업무 수행 적정성

다. 보호구역 출입 통제 적정성

2) 자체 일일보안확인 실시

가. 공항공경비 · 보안검색 감독자는 [부록 2] 별표 1 및 2의 항공경비/검색분야 자체 일일보안 점검표에 따라 일 1회 실시하며, 일일보안확인을 실시한 항공경비 · 보안검색 감독자는 그 결과를 부서장에게 보고한다.

나. 공항보안감독자는 보안사고 또는 항공보안장비 고장 등 항공보안에 중대한 영향을 미치는 사항이 있는 경우 공항보안책임자에게 즉시 보고해야 한다.

다. 공항보안책임자는 일일보안 확인결과 도출된 보안 취약점 또는 규정 위반사항 등에 대하여 필요한 조치를 취하고, 보안업체에 시정조치를 요구할 수 있다.

제2절 유형별 자체 수준관리

1. 자체 현장조사(Self Survey)

1) 실시목적

공항보안책임자는 다음의 활동을 수행하기 위하여 자체점검관으로 하여금 자체 현장조사를 실시하도록 한다.

가. 공항 보안 취약성 파악

나. 공항 운영에 대한 자체 보안실태 파악

다. 공항보안의 위협, 보안 취약점 파악 및 공항보안 증진

라. 불법방해행위에 대한 취약요소 자체 분석

마. 그밖에 공항보안에 관한 요소

2) 자체 현장조사

가. 자체 현장조사 대상은 보안검색요원, 항공경비요원, 기타 공항보안 관련 절차 등이며, 자체 현장조사는 [부록 2] 별표 3의 공항운영자 보안 자체 현장조사표에 따라 실시한다.

나. 자체 현장조사는 최소 2년에 1회 이상 실시하며, 항공보안등급 조정 등 자체 현장조사가 필요하다고 판단할 경우 추가로 실시할 수 있고, 공항 보안관련 기관 합동으로 공항보안 전반에 대한 현장조사를 실시한 경우 이를 자체 현장조사를 실시한 것으로 본다.

다. 자체 현장조사에 따른 조치를 위해 공항보안 체계 취약점을 평가한 자체 현장조사 위협분석 결과에 따라 필요시 자체 보안계획 및 관련 절차서를 개정한다.

외곽지역 보안점검

2. 자체 보안점검(Self Inspection)

1) 실시목적

공항보안책임자는 자체 보안계획 및 관련 규정, 절차서에 따른 보안절차 시행여부, 시행되는 보안업무 적절성 등을 확인을 위하여 자체 점검관으로 하여금 자체 보안점검을 실시하도록 한다.

2) 자체 보안점검

자체 보안점검대상은 보안검색요원, 항공경비요원, 보안시설 및 장비이다. 자체 보안점검 주기는 최소 연 1회 이상 실시하며, 공항보안에 대한 점검요구가 있거나, 공항 내 또는 그 주변에서 보안 문제점 등이 발생한 경우 추가로 실시할 수 있고 공항 보안 관련 기관 합동으로 공항보안 전반에 대한 점검을 실시하는 경우 정기보안점검을 이에 포함하여 시행할 수 있다.

3) 자체 보안점검항목

자체 보안점검에서 확인하여야 하는 사항은 다음과 같으며 [부록 2] 별표 4의 자체 보안점검표에 따라 실시한다.

가. 공항시설 경비대책

나. 보호구역의 지정(변경사항) 및 출입통제 절차

다. 승객·휴대물품 및 위탁수하물에 대한 보안검색 실시 및 운영상태

라. 항공보안장비의 관리 및 운용 실태

마. 보안검색 기록의 작성·유지 상태

바. 그 밖에 공항보안에 관한 사항

4) 합동점검 및 특별점검

공항보안 대책에 대한 사항을 점검하기 위하여 국가정보원, 서울지방항공청, 경찰 등 공항 내 유관 보안기관으로 구성된 합동점검반에 의한 점검을 실시할 수 있으며, 공항운영자 보안부서의 장은 공항보안 위협 증가, 국가주요행사, 보안 미비점 발견, 보완 사항 확인 등 보안점검의 필요성이 증가될 경우 자체 점검관으로 하여금 특별점검을 실시하도록 할 수 있다.

3. 자체 불시평가(Self Test)

1) 실시목적

공항보안책임자는 다음 사항을 확인하기 위하여 자체 점검관 및 불시평가요원으로 하여금 자체 불시평가를 실시하여야 한다.

가. 자체 보안계획 준수여부

나. 보안업무 수행 능력

다. 보안요원에 대한 근무 태세

라. 보안요원 취약점

마. 비상시 대응 여부

2) 자체 불시평가

가. 자체 불시평가 대상은 보안검색요원과 항공경비요원이며, 자체 불시평가는 보안업무 수행 실태를 확인하기 위하여 다음의 사항에 대하여 연 1회 이상 실시한다.

(1) 승객 및 휴대물품 검색 방법 적정성

(2) 위탁수하물 검색 방법 적정성

(3) 출입통제 절차 적정성

(4) 항공보안장비 운용 실태 적정성

나. 자체 불시평가 요령 및 유의사항을 살펴보면 자체 불시평가는 다음의 조건 하에서 실시하며, 자체 점검관은 자체 불시평가를 효율적으로 수행하기 위하여 국제민간항공기구 보안지침서(Doc 8973)를 활용할 수 있다.

(1) 자체 불시평가는 항공보안법 등 관련 규정에 따라 실시하여야 하며, 테스트 대상이 아닌 승객 등에 불편을 주지 않도록 실시

(2) 공항시설에 대하여 위험 및 재산상의 손실이 발생하지 않도록 실시

(3) 운영상 문제가 발생되지 않도록 실시

(4) 자체 불시평가를 실시하는 과정을 검색요원이 알게 되면 교육훈련의 목적을 달성할 수 없고 미적발한 검색요원에 대해서는 사기저하 등의 문제가 예상되므로 철저한 보안 유지

(5) 테스트 물품을 사용하여 업무 수행 중 검색요원이 테스트 물품을 발견한 경우 즉시 신분 공개
(6) 자체 불시평가는 은밀히 진행해야 하는 것으로 운영상의 혼란과 부상 등의 위험이 발생하지 않도록 안전에 주의해야 하며, 사전에 충분한 준비
(7) 자체 불시평가 결과는 기록되어야 하며, 미 적발한 사례가 발생되면 그에 따른 원인과 절차상의 문제점 등에 대한 검토를 하여 재발 방지를 위한 대책을 수립
(8) 지정된 자체 점검관 및 불시평가요원에 의하여 실시

3) 자체 불시평가 조치사항

가. 자체 불시평가 실시 책임자는 자체 불시평가를 실시하기 전 실제 상황으로 오인하여 공항 또는 항공기 운항의 혼란을 초래하는 것을 방지하기 위해 해당 보안업체 책임자에게만 그 내용을 사전에 통보한 후 실시할 수 있다. 자체 불시평가를 사전에 통보받은 보안업체 관리자는 이 내용을 관련 책임자만이 알 수 있도록 관리하며 자체 불시평가를 받는 보안검색요원 또는 경비보안요원에게 해당 사실을 누설하여서는 아니된다.

나. 자체 불시평가에서 나타난 문제점에 대하여는 다음과 같이 조치한다.
(1) 자체 불시평가 물품을 검색하는 데에 사용한 장비의 정상작동 여부 확인
(2) 장비가 정상 작동되었을 경우 해당 보안검색요원에 대하여는 다음과 같이 조치
① 즉시 해당 업무 중지 명령 및 보완 교육실시
② 교육 실시 후 평가 통과 시 근무 복귀
(3) 장비가 비정상 작동되었을 경우 다음과 같이 조치
① 장비의 운용을 중지하고 대체 검색방법으로 전환
② 장비 유지보수 담당 부서에 통보
③ 장비 점검 보수 후 재사용

다. 공항 보안관련 기관 합동으로 보안경비 및 보안검색에 대한 불시평가를 실시한 경우 이를 자체 불시평가를 실시한 것으로 하며, 자체 불시 평가를 실시하기 위하여 사용할 수 있는 물품은 「국가항공보안 수준관리 지침」 제27조의2에 의거 국토교통부장관

이 승인한 실제 작동되지 아니하고 플라스틱 또는 합성수지 재질로 만들어진 모의 총기류, 폭발물질을 포함하지 아니하고 실제 폭파되지 아니하는 테스트 물품이라는 표시를 한 모의 폭발물 장치제를 테스트 물품으로 사용한다.

라. 공항보안책임자는 자체 보안점검 및 자체 불시평가를 위하여 지방항공청장의 승인을 받은 테스트 물품을 보유하여야 하며, 테스트 물품은 모의 폭발물장치, 모의 총기류 등으로 신체 또는 휴대품, 위탁수하물 등에 은닉하여 사용할 수 있어야 하고 테스트 물품은 다음과 같이 관리되어야 한다.

(1) 관리대장을 만들어 보관하여야 한다.

(2) 관리자를 선임하고 불출 시 품목, 수량, 일시, 사용목적 및 인수/인계자를 기록 관리하여야 한다.

(3) 테스트 물품은 별도의 안전한 장소에 보관하여야 한다.

(4) 승인된 자 이외에 접근이 통제되어야 하며, 테스트 종결시 100% 회수되었는지 확인하여야 한다.

4. 자체 보안사고 조사

1) 실시목적

공항보안책임자는 공항 내에서 불법방해행위 또는 보안관련 주요 위반사항이 발생한 경우 공사 자체 점검관을 지정하여 자체 보안사고 조사를 실시할 수 있으며, 자체 보안사고 조사는 다음 각 호의 사항에 대하여 파악하고 필요한 조치를 하며, 보고서에는 재발방지를 위한 조치방안 및 시행책임을 명확히 규정한다.

가. 사고발생 경위

나. 위반사건에 대한 취약점 파악 및 해당 사고의 설명

다. 위반사항에 대한 책임자

라. 관련 법령 또는 자체 보안계획을 위반하여 불법방해행위를 야기 시켰는지에 대한 조사 및 필요시 제재조치

2) 자체 조사 실시

가. 사고 조사를 수행하는 공항운영자 자체 점검관은 공항의 보안요건을 준수하며 조사를 수행하며, 공항운영자 자체점검관은 안전 및 보안 규정을 준수하는 범위 내에서 조사를 한다.

나. 공항운영자 자체 점검관은 자체 보안사고 조사를 종결한 때에 사고 개요, 사실 정보, 원인 분석, 사고조사 등의 사항이 포함된 사고조사보고서를 작성하여 공항보안책임자에게 보고하여야 한다. 공항보안책임자 필요한 경우 보안사고 조사보고서 요약본을 작성하도록 하여 보관하게 할 수 있으며, 국토교통부에서 감사 등의 목적으로 요청시 제공할 수 있다.

다. 사고 조사 대상자는 다음 각 호의 행위를 하여서는 아니 되며 자체점검관 업무에 적극 협력하여야 한다.
  (1) 고의적으로 자체점검관의 업무를 방해 또는 제지
  (2) 자체점검관이 요청하는 자료 또는 정보제공 고의 거절
  (3) 허위 정보 제공

5. 모의훈련(Exercise)

1) 실시목적

공항보안책임자는 다음의 목적 달성을 위하여 모의 훈련을 실시하여야 하며, 모의훈련 실시 후에는 해당 기록을 최소 3년간 보존하여야 한다.

가. 공항 또는 항공기 테러와 관련된 전 부서 및 관련기관의 대응능력 향상
나. 공항보안 우발계획 대응절차 숙지
다. 비상장비 및 통신 장비 시험운용 및 상태점검
라. 최단시간 내 항공기 운항 및 공항운영 정상화
마. 수립된 공항 우발계획의 취약점 확인 및 수정

2) 모의훈련 대상 및 종류

공항보안책임자는 국가항공보안 우발계획 등 관련 규정에 따른 모의훈련을 실시하여야 하며, 항공사 및 관련기관 등은 실행 가능한 범위 내에서 모의훈련에 적극 협조하여야 한다. 모의훈련의 종류와 시행주기는 다음과 같다.

가. 종합훈련

항공기 납치, 폭발물 위협 등 불법방해행위 대응과 관련된 기관이 참여하여 실제 테러상황과 유사한 환경을 설정하여, 국가항공보안 우발계획에서 정한 기관별 임무 수행 및 대응 상황을 점검하는 훈련으로 2년에 1회 정기적으로 실시하며, 세부사항은 관계기관과 협의한다.

나. 부분훈련

항공기 납치, 폭발물 위협 등과 관련된 특정부분에 대한 조직별 대응훈련, 새로운 장비나 기술 시험, 평가를 위하여 실시하며, 또한 종합훈련 시행 과정에서 발견된 취약점, 문제점을 시정하기 위해 2년에 1회 이상 정기적으로 실시하며, 실시 시기는 가능한 한 제1항의 훈련이 실시되지 않는 해에 실시한다.

다. 도상훈련

종합훈련 시 발생되는 비용이나 공항운영의 피해 없이 비상대응 조직의 대응능력을 불시 평가하는 훈련으로 관련 기관의 대표자들이 참석하여 도면과 가상시나리오에 의한 대응훈련을 실시하며, 공항운영자 등이 관계기관과 협의하여 1년에 1회 이상 정기적으로 실시한다.

3) 임무 및 사후평가

공항운영자의 종합훈련 등과 관련한 임무는 다음과 같으며, 종합훈련 실시 후 훈련에 대한 수준관리를 위한 자체 사후평가를 실시하고 제기된 문제점은 보완하여 반영한다.

가. 관계기관과 협의하여 훈련 계획 수립 · 주관

나. 공항비상관리센터 가동 등 필요 장비 및 인력 확보

다. 훈련에 따른 항공기 파손 및 손괴에 대한 손해배상 조치(귀책사유가 공사에 있을 경

우에 한한다)

라. 기타 종합적인 훈련 준비 및 시행업무 수행

6. 보안검색요원 등의 채용, 교육훈련 및 인가

1) 채용 및 교육훈련

공항보안책임자는 보안검색요원 및 항공경비요원에 대한 교육훈련 실시여부를 점검하여야 하며, 공항운영자가 보안검색감독자 또는 항공경비감독자를 채용하는 경우에는 국가항공보안 수준관리지침 제42조에서 정한 사람을 채용하여야 하며, 채용 후 보안검색 또는 항공경비감독자로 지정하여야 한다.

제42조(보안검색감독자의 채용 및 지정) ① 공항운영자가 보안검색요원의 감독자를 채용하는 경우에는 제40조 및 제41조에서 정한 사항 이외에 2년 이상의 보안검색 실무경험이 있는 사람을 채용하여야 하며, 채용 후 보안검색감독자로 지정하여야 한다. ② 항공사 및 도심공항터미널운영자가 보안검색요원의 감독자를 채용하는 경우에는 제40조 및 제41조에서 정한 사항 이외에 2년 이상의 보안검색 실무경험이 있는 사람을 채용하여야 하며, 채용 후 보안검색감독자로 지정하여야 한다. 다만, 항공사 및 도심공항터미널운영자는 기존의 소속직원 일부를 보안검색감독자로 지정하여 항공보안 업무를 담당하게 할 수 있다.
제42조의2(항공경비감독자의 채용 및 지정) 공항운영자가 항공경비요원의 감독자를 채용하는 경우에는 제40조 및 제41조에서 정한 사항 이외에 2년 이상 항공경비 실무경험이 있는 사람을 채용하여야 하며, 채용 후 항공경비감독자로 지정하여야 한다.

보안검색요원 및 항공경비요원에 대한 교육은 교육훈련지침에 따라 초기교육(Initial Training), 현장직무교육(On-The-Job Training), 정기교육(Recurrent Training)로 구분하여 실시한다.

2) 교육훈련

가. 보안검색요원 등이 보안검색 업무를 수행하는 동안에는 보안교육훈련지침에 따라 발급된 인증서를 반드시 휴대하여야 하며, 자체점검관 등이 확인을 요청하는 경우 이에

협조하여야 하며, 공항운영자 보안부서의 장은 자체 불시평가에서 최소 3회 이상 실패시 보안검색인가증을 즉시 반납 받고 해당업무를 중지시킬 수 있다.

나. 보안검색요원 등에 대한 교육훈련 주기, 교과내용, 서류관리, 평가 등에 관한 세부적인 사항은 교육훈련지침에 따르며, 공항운영자 보안업체는 요원들에 대한 교육훈련 기록을 유지하여야 하며 보안검색교육기관은 자체 교육운영규정을 따른다.

다. 공항운영자 보안업체는 자체점검관이 요청할 경우 교육훈련 기록을 제출하여야 하며, 공항보안책임자는 보안업체 교육훈련지침이 교육 목적에 부합하는지와 운영에 따른 문제점이 없는지를 정기적으로 검토한다.

라. 공항보안책임자는 보안업체에서 실시하는 교육훈련에 대하여 교육훈련 내용의 적절성 등에 대해 정기적으로 점검하여야 하며, 점검결과 본 지침을 충족하지 못한 사실을 발견하였을 경우 해당 미비점에 대한 시정조치를 지시할 수 있으며, 이를 접수한 각 보안업체는 해당 미비점에 대한 시정조치계획을 제출하여야 한다.

7. 보안점검 결과분석 및 이행실태 확인

1) 인적 · 물적 자원확보

가. 공항보안책임자는 공항보안 품질확보를 위해 시행하는 점검 등을 효과적으로 수행하기 위하여 필요한 인적 · 물적 자원 및 재정을 확보하여야 한다.

나. 자체수준관리 업무 수행을 위하여 자체 수준관리를 위한 인적자원교육 및 물적자원 확보를 위한 재정, 기타 자체 수준관리 향상을 위한 비용 등 적절한 재정을 확보하여야 한다.

2) 결과분석

가. 자체 현장조사, 자체 보안점검 및 자체 불시평가 결과 나타난 문제점은 인적분야, 장비분야, 규정, 조직분야, 기타 환경분야로 구분한다. 인적분야는 문제점이 보안검색요원 또는 항공경비요원의 업무 미흡 등으로 발생한 것으로 다음 각 호의 사항을 고려하여야 한다.

(1) 교육이수 유무, 근무경력

(2) 숙련도

(3) 인적관계(신원조회 결과 및 이전 근무 경력)

(4) 훈련(Exercise)실시 및 참여 여부

나. 장비분야는 장비의 결함 또는 정비 미흡 등으로 발생한 것으로 다음의 사항을 고려하여야 한다.

(1) 장비의 내구 연수

(2) 장비의 유지 보수 실태

(3) 장비의 성능

(4) 장비의 운용실태(장비 활용도)

다. 규정, 조직분야는 보안검색 및 보안경비 업체의 보안지침에 명확한 절차나 기준이 수립되어 있지 않아 발생한 것으로 다음의 사항을 고려하여야 한다.

(1) 규정, 지침의 제·개정 여부

(2) 보안 조직 운용의 적절성 여부

(3) 규정 이행 등의 현실 적합 여부

(4) 규정 등의 이행 여부

라. 기타 환경분야는 공항운영실태 등이 미흡하거나 국토교통부 기준을 충족하지 못하여 발생하는 경우로 다음의 사항을 고려하여야 한다.

(1) 시설개선 등이 불가능한 경우

(2) 예산 부족

(3) 국토교통부 지침과 상이한 경우

마. 자체 점검관은 매년 점검활동 종료 후 [부록 2] 별표 5의 보안점검 등에 대한 문제점 분석표(양식)에 따라 분석 결과를 기록하여야 하며, 점검활동 분석 결과 미비점에 대해서는 [부록 2] 별표 6의 시정조치서(양식)에 따라 시정조치서를 발부하고, 그 결과를 유지한다.

바. 발부한 시정조치서의 조치사항이 완료될 때까지 자체 보안점검 또는 불시평가 등을

통하여 그 이행여부를 재확인하며, 시정조치서를 접수한 보안업체 등은 이에 대한 이행계획서를 수립하고, 이행시기를 현장조치, 단기(10일 이내), 중기(10일 이상 3개월 미만), 장기(3개월 이상)으로 구분하여 10일 이내에 공항보안책임자에게 제출하여야 한다.

8. 공항보안 자율신고

1) 자율신고 대상

항공보안업무 수행직원(보안업체 직원 포함)은 다음 각 호의 사항에 대하여 공항보안 자율신고를 할 수 있다.

가. 불법방해행위를 시도하거나 발생될 가능성이 있음을 알게 된 경우

나. 승객 또는 상주직원 등이 보안검색을 받지 아니하고 보호구역으로 진입한 사실을 알게 된 경우

다. 위해물품을 허가 없이 보호구역 또는 항공기내로 반입한 사실을 알게 된 경우

라. 항공보안 사고로 발전할 수 있는 행위 또는 위험한 행동을 인지한 경우

마. 그 밖에 항공보안 위해요인을 알게 된 경우

2) 자율신고 절차

가. 공항보안 자율신고를 하려는 사람은 신고자의 성명, 주소 및 연락처, 발생일시 및 장소, 상황개요, 항공보안업무 종사자의 경우 업무 분야(공항, 항공사, 취급업체 및 공항상주업체 등)를 포함하여 한국교통안전공단에 서면 또는 유선으로 신고하여야 한다.

나. 공항보안 자율신고는 전화, 전자우편 등 전자적 방법, FAX 또는 우편 등의 방법에 따라 제출할 수 있으며, 기타 세부적인 사항은 국가항공보안 수준관리지침에 따르며 공항운영자는 자율 신고한 사람의 신분을 공개하여서는 아니 된다.

제7장
항공사 자체 수준관리

제 7 장 항공사 자체 수준관리

제1절 자체 수준관리지침

항공운송사업자는 국가항공보안계획 12.1.2에 따라 자체 수준관리 지침을 수립하여야 하며, 항공사 자체적으로 점검수행자를 통하여 보안유관부서에 대한 수준관리를 이행하여야 한다. 자체 수준관리를 위한 일반사항, 자체 수준관리 지침, 현장조사, 보안점검 및 불시평가 등 유형별 수준관리 지침, 보안점검 및 평가결과 문제점 분석에 관한 사항은 다음과 같다.

1. 일반사항

항공운송사업자의 자체 수준관리를 위한 수행방침, 수준관리 업무는 다음과 같다.

1) 자체 수준관리계획의 수행방침

항공운송사업자 자체 수준관리계획의 수행방침은 다음과 같다.

가. 보안지침 및 절차의 효과적인 시행 확인
나. 국가 항공보안 관련 지침의 준수여부 확인
다. 자체 보안계획 등의 지속적인 제·개정을 통한 효율성 확보
라. 국가민간항공보안 교육훈련지침에 따른 적절한 교육이수여부 확인
마. 불법방해행위 발생시 조사 및 보고
바. 불법방해행위 발생 즉시 보안대책 및 통제에 대한 검토 및 재평가 실시

2) 자체 수준관리 업무

항공운송사업자 및 항공운송사업자로부터 항공보안 관련 업무를 위탁받은 업체의 자체 수준관리를 위한 업무는 다음과 같다.

가. 국가항공보안 수준관리 지침에 따른 자체 수준관리 계획의 수립 · 이행

나. 자체 점검 및 불시평가 요원 임명

다. 자체 점검 및 불시평가 요원에 대한 교육실시

라. 기타 공항지점 · 노선 보안점검 및 불시평가 관련 업무

2. 자체 수준관리 지침

항공운송사업자가 자체 수준관리를 위한 지침 및 점검활동시 준수사항은 다음과 같다.

1) 항공운송사업자의 수준관리 지침

항공운송사업자의 자체 수준관리 지침에 관한 사항은 다음과 같다.

가. 항공운송사업자는 보안의 효율성과 효과성을 확보하기 위하여 국가항공보안 수준관리지침에 따라 자체 수준관리지침을 수립 · 시행하여야 한다.

나. 항공운송사업자가 수립 · 시행하는 자체 수준관리를 위하여 국가항공보안 수준관리 지침을 준수하여야 하며 국토교통부 항공보안감독관으로부터 시행여부에 대한 정기적인 감독을 받아야 한다.

다. 항공운송사업자가 수립하는 자체 수준관리 지침에는 다음의 사항이 포함되어야 한다.

(1) 제목

(2) 목적

(3) 정의

(4) 적용범위

(5) 책임분장

(6) 자체 점검관 및 불시평가 요원 지정

(7) 자체 보안점검 방법 및 횟수
(8) 자체 불시평가 방법 및 횟수
(9) 보안검색요원 등의 교육훈련 요건
(10) 점검을 위한 인적, 물적 자원(불시평가 물품 포함)
(11) 자체 일일 보안 확인 방법

2) 점검 활동시 준수사항

항공운송사업자의 자체 수준관리를 위한 점검활동시 준수사항은 다음과 같다.

가. 현장조사, 보안점검 및 불시평가는 적절한 교육을 이수한 회사의 보안책임자 또는 보안감독자로 지정된 인원만이 수행할 수 있다.

나. 관계기관으로부터 불시평가를 사전에 통보받은 경우 이 내용을 관련 책임자만이 알 수 있도록 관리하며 불시평가를 받는 항공보안검색요원 등에게 해당 사실이 누설되지 않도록 하여야 한다.

다. 관계기관으로부터 점검결과를 통보받은 날부터 7일 이내에 시정조치 사항 등에 대하여 이의 신청을 하여야 한다.

라. 점검수행자는 현장조사, 보안점검 및 불시평가를 실시한 경우 점검결과 보고서를 작성하여야 하며, 최소 3년 이상 보존하여야 한다. 다만, 시정 조치가 완료되지 않은 사항이 있는 보고서 또는 점검표는 조치가 완료될 때까지 보존하여야 한다.

마. 점검활동 책임자 및 점검수행자는 점검활동 과정에서 얻은 정보와 점검활동의 결과를 다음에 해당하는 경우에만 제공하며, 항공보안업무 관련 이외의 사람에게 공개하거나 제공하여서는 아니 된다.

(1) 다른 법률에 따라 공개 또는 제공을 요청받은 경우
(2) 회사내 및 지방항공청 등의 장에게 보고 위한 경우
(3) 수검자에게 통보하는 경우

3. 유형별 자체 수준관리 지침

항공운송사업자가 수행하는 현장조사, 보안점검, 불시평가 등의 유형별 자체 수준관리 지침은 다음과 같다.

1) 현장조사(Survey)

항공운송사업자는 불법방해행위를 방지하기 위하여 그 취약성을 분석하고, 보호대책을 수립하기 위하여 항공보안업무 운영실태 등을 자체적으로 조사하는 것을 말하며, 현장조사에 대한 주기 및 확인사항은 다음과 같다.

가. 현장조사는 회사의 자체 판단에 따라 대상을 결정하고 최소 2년에 1회 이상 실시하며, 보안책임자가 필요하다고 판단할 경우 추가로 실시할 수 있다.

나. 현장조사는 다음의 사항을 파악하기 위하여 실시한다.

(1) 자체보안계획 수정에 필요한 보안 요건을 파악

(2) 공항 및 항공기 운영에 대한 보안실태 파악

(3) 위협, 보안 취약점 파악 및 항공보안 증진사항

(4) 항공기납치, 파괴행위, 폭발물 위협 등 불법방해행위에 대한 취약요소 유무 파악

다. 현장조사에서 확인하여야 하는 사항은 다음과 같으며, [부록 1] 별표 6 현장조사표 양식에 따라 항공사 자체 현장조사를 실시하여야 한다.

(1) 공항보안 관계기관(Airport Security the organs concerned)

(2) 공항보안운영협의회(Airport Security Committee)

(3) 위탁수하물 처리절차(Baggage Handling Procedures)

(4) 승객처리절차(Passenger Handling Procedures)

(5) 탑승객 검색(Pre-Board Passenger Screening)

(6) 에어사이드 출입 통제절차(Airside Access Control)

(7) 일반지역과 에어사이드 간의 울타리(Landside/Airside Barrier)

(8) 공항감시 TV 및 경보장치(CCTV and Alarm)

(9) 주요 시설보호(Vital Facilities Protection)

(10) 화물(Cargo)

(11) 기내식(Catering)

(12) 보안조명(Security Light)

(13) 공항지점의 표준운영절차(Airport Station Standard Operators Procedures)

(14) 미탑승객 및 하기승객절차 (No Show/Off-Load Passengers)

(15) 항공보안 교육훈련(Security Exercises & Training)

2) 보안점검(Inspection)

항공운송사업자는 회사가 취항하는 국내 및 해외공항 지점과 노선 등 을 대상으로 보안점검을 실시하여야 하며, 점검대상 및 주기, 점검항목에 관한 사항은 다음과 같다.

가. 점검대상

항공사의 점검대상은 다음과 같다.

(1) 국내 및 해외 공항지점

(2) 국내 및 해외 화물지점(팀)

(3) 항공기 보안 및 노선점검

(4) 자사 운영 기내식제조 및 기내저장품 시설

(5) 위탁업체인 기내식제조 및 기내저장품 시설

(6) 도심공항터미널 및 항공화물위탁업체

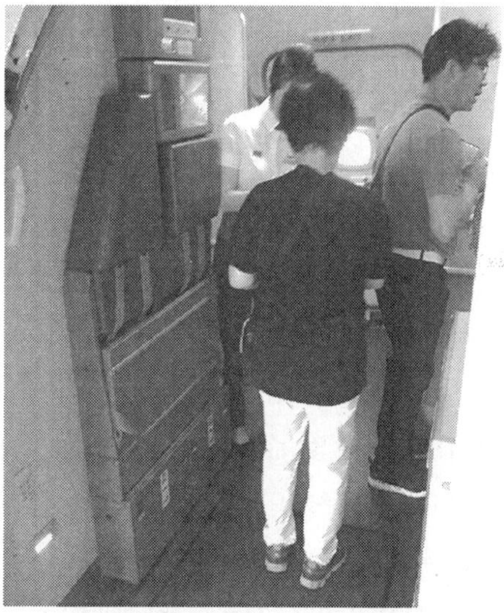

항공기 출입문에서 승객의 항공권 확인

나. 점검주기

국내 및 해외공항에 대한 보안점검의 주기는 다음과 같다.

(1) 국내공항은 1년에 1회 이상

(2) 해외공항은 다음에서 정하는 취약공항 및 노선 등을 대상으로 2년에 1회 이상 실시하여야 하며 한다.

① 신규 취항공항 및 노선

② 항공보안사고 또는 사건이 발생하였던 공항 및 노선

③ 국내 여행객들이 많이 이용하는 공항 및 노선

④ 국가정보원 등 정보기관에서 정한 취약공항 및 노선

⑤ 항공에 대한 위협증대 공항 및 노선

다. 점검항목

항공운송사업자가 보안업무 수행실태를 확인하기 위하여 다음의 사항에 대하여 점검표를 이용하여 보안점검을 실시하여야 한다.

(1) 우발계획 이행실태 및 공항훈련 참여 실적

(2) 항공보안조직의 구성 · 업무 및 보안책임자/담당자의 지정 등

(3) 항공보안에 관한 정보의 전달 및 보고절차

(4) 항공보안에 관한 교육훈련 계획 및 실적

(5) 항공기 운항을 위해 운영하는 보안 시설물에 대한 보안대책

(6) 항공기 보안대책 이행상태

(7) 기내식 시설 및 기내 물품 관리 운영 상태

(8) 화물에 대한 보안검색 실시 및 이행상태

(9) 위해물품 탑재 및 운송대책 수립 및 이행상태

(10) 승객 및 수하물에 대한 일치 여부 이행상태

(11) 보호구역의 지정 및 출입통제 절차 이행상태

(12) 직원에 대한 출입증 관리 실태

(13) 보안검색 실패 등에 대한 대책

(14) 보안검색 기록의 작성 · 유지 상태

(15) 보안장비의 관리 및 운용 실태

(16) 그 밖에 항공보안에 관한 사항

라. 점검계획

보안점검 계획은 보안점검 실시 전에 수립하여야 하며 유관부서에 통보 및 포함할 사항은 다음과 같다.

(1) 항공사의 항공보안담당 부서에서는 연초에 발행하는 국토교통부 연간 보안점검 계획을 반영한 자체의 연간 보안점검 계획을 수립하여 대표이사의 승인 후 유관부서

에 통보하여야 한다.

(2) 보안점검 계획을 수립시에는 점검목적, 방향, 대상, 기간, 점검자, 주요 점검항목, 점검방법, 기타 필요한 사항 등이 포함되어야 한다.

마. 점검실시

항공사의 점검수행자가 수행하여야 하는 보안점검 실시에 관한 사항은 다음과 같다.

(1) 항공사 자체의 연간 보안점검계획에 따라 점검을 실시하며, 필요시 해당업무에 정통한 타 부문 인원을 포함하여 점검을 실시할 수 있다.

(2) 점검수행자는 점검활동시 최근 보안상황을 반영한 점검표(Checklist)를 적용하여 점검을 실시하여야 한다.

(3) 점검수행자는 현장 점검시 실제 업무수행과정을 점검하며, 해당 공항지점 및 부서의 일상 업무에 지장을 주지 않도록 배려하여야 한다.

(4) 점검수행자는 규정 위반으로 판단되는 사항 발견시는 수검부서장에게 이 사실을 즉시 통보하고 소명 기회를 부여하여야 하며, 소명이 안되는 최종 위규사항에 대한 보고서를 작성하여 소속 부서장 및 대표이사에게 보고하여야 한다.

바. 결과보고

점검수행자가 점검 종료 후 보안점검 결과에 대한 보고 절차는 다음과 같다.

(1) 점검수행자는 결과보고서를 작성하여 점검종료 5일 이내에 소속부서장 및 대표이사에게 보고하여야 한다.

(2) 위규로 결정된 사항은 보고 후 업무 협조전으로 해당 지점 및 부서에 통보하여야 한다.

(3) 해당 지점 및 부서는 조치내용 또는 향후 개선대책을 수립하여 접수일로부터 10일 이내 소속부서장(본부장급)을 경유하여 항공보안담당부서에 업무협조 전으로 회신하여야 한다.

(4) 위규사항은 발생원인을 파악 후 평가 및 분석하는 과정을 거쳐 보안의 취약성을 보완(feed back)한 개선대책을 보안유관부서에 통보하여야 한다.

3) 불시평가(Test)

항공운송사업자는 회사가 취항하는 국내공항 및 노선을 대상으로 불시평가를 실시하여야 하며, 점검대상, 점검주기, 점검항목, 보안업무 수행실태 확인, 불시평가 실시조건, 불시평가에 나타난 문제점 조치, 불시평가 사용 물품, 불시평가 물품 승인 서류에 관한 사항은 다음과 같다.

가. 점검대상

항공사의 불시평가 대상은 다음과 같다.

(1) 국내 공항 및 화물지점(부서)
(2) 항공기 보안 및 노선점검
(3) 자사 운영 기내식제조 및 기내저장품 시설
(4) 위탁업체인 기내식제조 및 기내저장품 시설
(5) 도심공항터미널 및 항공화물위탁업체

나. 점검주기

불시평가는 회사가 취항하는 국내공항 지점 및 노선을 대상으로 1년에 1회 이상 실시하여야 한다.

다. 점검항목

항공운송사업자가 보안업무 수행실태를 확인하기 위하여 다음의 사항에 대하여 불시평가를 실시하여야 한다.

(1) 국가 항공보안 관련규정 준수 여부 불시확인
(2) 보안업무 수행능력 확인
(3) 보안요원에 대한 근무태세 확인
(4) 보안요원 취약점 파악
(5) 비상시 대응 여부 파악

라. 보안업무 수행실태 확인

항공사의 점검활동 수행자가 보안업무 수행실태를 확인하기 위하여 다음의 사항을 확인하여야 한다.

(1) 화물터미널 출입자의 휴대물품 검색 방법
(2) 화물터미널 등 출입통제 절차 이행상태
(3) 항공기 보안 및 경비상태
(4) 화물보안 상태
(5) 기내식제조 및 저장품시설 보안 운용상태
(6) 보안장비 운용상태

마. 불시평가 실시조건

불시평가는 다음의 조건에 따라 실시하여야 한다.

(1) 항공보안법 및 관련지침 등에 따라 적합하게 실시
(2) 대중의 안전을 저해하지 않도록 실시
(3) 항공기 및 공항시설 등에 위험이 발생하지 않도록 실시
(4) 재산상의 손실이 발생되지 않도록 실시
(5) 운영상 문제가 발생되지 않도록 실시
(6) 지정된 점검요원에 의하여 실시

바. 불시평가에서 나타난 문제점은 다음과 같이 조치하여야 한다.

(1) 불시평가 물품을 검색시 사용할 장비의 정상 작동여부 확인
(2) 장비가 정상 작동되었을 경우 해당 항공보안검색요원에 대하여는 다음과 같이 조치하여야 한다.
① 지정된 교육기관에서 교육훈련지침 제20조제3항에 따른 교육 실시
② 교육평가 후 일정 성적 이상을 획득한 경우 근무 복귀
(3) 장비가 비정상 작동되었을 경우 다음과 같이 조치하여야 한다.
① 장비의 운용을 중지하고 대체 검색방법으로 전환
② 장비 유지보수 담당 부서에 통보
③ 장비 점검 보수 후 재사용

사. 불시평가를 실시하기 위하여 사용할 수 있는 물품은 다음과 같으며 동 물품을 사용하려는 자는 사전에 국토교통부장관의 승인을 받아야 한다.

(1) 실제 작동되지 아니하고, 플라스틱 또는 합성수지 재질로 만들어진 모의 총기류

(2) 폭발물질을 포함하지 아니하고, 실제 폭파되지 아니하는 불시평가 물품이라는 표시를 한 모의 폭발물장치

아. 불시평가 물품을 승인받으려는 자는 다음의 서류를 국토교통부장관에게 제출하여야 하며, 불시평가 수행자는 항공보안검색요원이 불시평가 물품을 발견한 경우 즉시 신분을 공개하여야 한다.

(1) 불시평가 물품 종류

(2) 불시평가 물품 사진

(3) 관리책임자 명단

(4) 불시평가 물품 보관 및 운용절차

자. 불시평가 계획수립 및 평가실시, 평가결과 보고는 보안점검 절차에 따른다.

4. 보안점검 및 평가결과 문제점 분석

항공운송사업자가 자체 수준관리를 위한 보안점검 및 불시평가에서 나타난 문제점은 인적분야, 장비분야, 규정 및 조직분야, 기타 환경분야 등으로 구분하여 분석하여야 하며, 각 분야별 분석시 고려할 사항은 다음과 같다.

1) 인적분야

인적분야는 문제점이 항공보안검색요원 등의 업무 미흡 등으로 발생한 것으로 다음의 사항을 고려하여야 한다.

가. 교육이수 유무, 근무경력

나. 숙련도

다. 인적관계(신원조사 결과 및 이전 근무 경력)

라. 훈련(Exercises)실시 및 참여 여부

2) 장비분야

장비분야는 장비의 결함 또는 정비 미흡 등에 의해 발생한 것으로 다음의 사항을 고려하

여야 한다.

가. 장비의 내구 연수

나. 장비의 유지 보수 실태

다. 장비의 성능

라. 장비의 운용실태(장비 활용도)

3) 규정 및 조직분야

규정, 조직분야는 국가, 공항운영자, 항공사 등의 보안 지침에 명확한 절차나 기준이 수립되어 있지 않아 문제가 발생한 경우 다음의 조치사항을 고려하여야 한다.

가. 규정, 지침의 제·개정 여부

나. 보안 조직 운용의 적절성 여부

다. 규정 이행 등의 현실성 부합 여부

라. 규정 등의 이행 여부

4) 기타 환경분야

기타 환경분야는 수검 대상부서 등의 운영실태 등이 미흡하거나 국토교통부장관이 정한 기준을 충족하지 못하여 발생하는 경우 다음의 환경사항을 고려하여야 한다.

가. 시설개선 등이 불가능한 경우

나. 예산 부족

다. 항공사 등의 기본 방침이 국토교통부장관의 지침과 상이한 경우

5) 관리대장 기록관리

항공사 자체 점검활동을 실시한 후 인적분야, 장비분야, 규정 및 조직분야, 기타 환경분야 등에 따른 분석 결과를 관리대장에 기록하며 분석 결과 미비점에 대해서는 시정조치서를 발부하고, 그 결과를 시정조치서 관리대장에 기록하여야 한다.

6) 시정조치결과 확인

항공사 자체 점검 및 평가를 통해 시정조치서를 발부하는 경우 조치 사항이 완료될 때까

지 자체 보안점검 또는 자체 불시평가 등을 통하여 그 이행 여부를 재확인하여야 한다.

7) 항공사 자체 점검활동 결과(서식)

항공사 자체 점검활동에 대한 결과는 [부록 3] 별표 1의 양식에 따라 작성하여야 한다.

제2절 점검방법 및 절차

항공사의 점검수행자는 목적지 공항에 도착하여 사무실로부터 탑승수속대, 탑승구, 항공기 기내 보안점검 등 보안동선별로 작성된 보안점검표에 따라 보안동선을 준수하여 점검활동을 수행하여야 하며, 점검방법 및 절차, 점검활동시 유의사항은 다음과 같다.

1. 점검방법 및 절차

항공사의 점검수행자의 점검방법에는 현장관찰, 가상상황 모의훈련, 구술평가(질의응답식 인터뷰), 서류점검 등이 있다. 점검활동시에는 점검내용, 점검장소 및 상황에 맞게 적용하여야 점검 효과를 극대화할 수 있으며, 점검방법 및 절차에 관한 세부 사항은 다음과 같다.

1) 현장관찰 요령

현장관찰은 보안점검 및 불시평가 수행자가 수행하는 방법 중에 가장 효과가 큰 점검방법인 것이다. 점검수행자는 점검대상 요소인 탑승수속대에서 항공기내에 이르기까지 보안동선상 있는 보안통제점에서 수검부서의 직원들이 항공보안법규와 절차를 제대로 준수하고 있는지에 대한 여부를 관찰하여 평가하는 것이며, 현장관찰 요령은 다음과 같다.

가. 점검수행자는 현장관찰을 위하여 탑승수속대나 탑승구에서는 탑승권을 발권하거나 탑승구로 입장하려고 대기 중인 승객처럼 행동하여야 하고 평가한다는 표시가 나지 않도록 유의하여 점검활동을 수행하여야 한다.

항공사 체크인카운터

나. 관찰거리는 관찰 대상요소로 부터의 대략 4~5미터가 적당하며 이보다 너무 가까이서 관찰하면 수검부서 직원들한테 노출될 수 있으며, 너무 멀리 떨어져서 관찰하게 되면 수검직원들이 수행하는 법규 및 절차 준수여부를 확인하기가 용이하지 않으므로 적당한 관찰 거리를 유지하여 평가는 것이 효과적이다.

다. 현장관찰에 의한 평가방법은 보안현장에 대한 정확한 보안실태를 파악하고 확인할 수 있는 이점이 있으나 수검부서 입장에서는 부담스러워 하는 방법이기도 하다.

항공기 출입시 출입통제 및 보안검색

라. 현장관찰시 보안동선별로 확인할 사항은 다음과 같다.

(1) 수검부서의 사무실에서는 먼저 비행서류 보관함의 잠금상태, 항공보안 현황판에서 최근 발령중인 항공보안등급 표시상태, 공항의 관계기관 비상연락체계 현행화 상태, 폭발물 위협보고 서식의 책상위에 비치 여부 등을 확인한다.

(2) 탑승수속대에서는 여권 및 유효신분증 대조, 위탁수하물 접수시 보안질의, 휴대 및 위탁수하물에 이름표 부착 확인, 장애인 대리수속시 자체보안계획 이행상태, 기내 반입금지 물품 및 반입요건 안내판 설치 및 안내상태, 공항출입증 및 사원증 패용상태, 업무 종료 및 이석시 컴퓨터 잠금상태 유지 여부 등을 확인한다.

(3) 탑승구에서는 여권 및 탑승권 본인여부 대조, 반입금지 액체류 물품 휴대 및 반입시 적극 제제 등의 보안통제상태, 승객 소지 액체류 보안봉투(STEB) 훼손상태 발견시 조치상태, 승객입장시 오탑승 방지 및 보안상태 확인위한 복수직원 배치상태, 탑승수속대에서 탑승권을 발권한 승객 숫자와 탑승구를 통과한 승객 숫자 일치상태 확인 여부 등을 확인한다.

(4) 미주노선의 경우 2차 검색요원의 검색대상 승객에 대한 여권확인 상태, 개봉검색 실시상태, 폭발물 취급흔적 확인 위한 폭발물 흔적탐지장비 작동 및 운영상태, 검색중 폭발물흔적 탐지장비에서 폭발물 흔적이 감지되었을 경우에 조치 여부 등을 확인한다.

(5) 항공기내에서는 객실승무원이 승객탑승 전 비인가자 출입통제상태, 항공기 출입문 앞에서 진입 승객의 탑승권 확인(본인, 타사탑승권, 도착지공항 일치상태 등) 및 승객 숫자 카운팅 상태, 운항 전 보안점검 절차준수 상태, 점검결과에 대한 점검대장 기록 유지상태, 항공기 이륙 전에 「항공보안법」 제23조제6항에 따라 불법행위를 하지 말 것을 고지하는 기내 안내방송(방송문구, 포함내용 등), 승객 안전정보카드 좌석 비치상태, 보안장비 작동상태, 운항 및 객실승무원 조종실 출입절차 준수(약정암호 사용, 이름 확인, 커튼차단, 객실승무원 감시위치 등), 기내순찰 여부, 운항 전 하기 승객 발생시 조치절차 준수, 목적지공항에서 승객하기 후 운항후 보안점검 및 방치물품 여부 등을 확인한다.

(6) 출발지 및 도착지 공항에서는 항공기 경비요원 배치 및 근무상태, 비인자 접근시 보안통제 여부 등을 확인한다.

(7) 운항종료 후 탑승교 및 스텝카 이격상태, 정비작업 완료 및 운항에 투입되지 않은

항공기 출입문 시건상태 및 보안확인표시 봉인 상태, 항공기 출발 전 출입문 개방 흔적 확인 후 출발 여부 등을 확인한다.

2) 가상상황 모의훈련

가상상황 모의훈련은 현장관찰이나 구술평가로는 정확하게 보안실태를 확인하기가 어렵거나 수검부서 및 직원들이 행동으로 표출시켜야만 확인이 가능한 점검사항을 확인하고자 할 때 적용하는 방법이다. 점검수행자가 수검대상직원에게 질의응답식으로 확인하고자 하는 경우 보안동선별로 보안통제절차를 잘 숙지하고는 있으나 이를 행동상으로 시현하지 못하므로 정확한 보안실태를 파악하기가 어렵다. 따라서 가상상황을 적용한 모의훈련 점검은 사무실에 도착하여 보안점검 중에 실시하여야 하며 가상상황 모의훈련 방법을 적용한 점검요령은 다음과 같다.

가. 점검수행자는 먼저 보안점검 및 평가전에 가상상황 모의훈련을 위하여 가상상황에 대한 모의훈련 시나리오와 이를 평가할 수 있는 점검표를 준비하여야 한다.

나. 가상상황을 적용한 모의훈련은 다양한 상황을 적용하여 실시할 수 있으며 보안동선별 가상상황에 대한 유형은 다음과 같다.

(1) 수검부서의 사무실에서 항공기 및 사무실 폭발물 위협전화 접수 시, 비행서류함 열쇠분실 및 서류 도난시 등

(2) 탑승수속대 테러용의자 출현시, 기내에서 오탑승객 발견시, 무주수하물 운송사고 발생시, 발권승객과 탑승객 숫자가 불일치시 등

(3) 기내 폭발물 및 화생방 물질 발견시, 승객하기 등 비정상 승객 발생시, 음주난동 등 불법행위 승객 발생시 등

다. 가상상황을 적용한 모의훈련 절차 및 평가요령은 다음과 같다.

(1) 점검수행자는 모의훈련을 실시하기전에 가상상황을 부여하여 모의훈련을 실시한다고 안내하여야 하며 관련된 조치사항을 행동 절차대로 시현하도록 하고 구두로 보충 설명하도록 하여야 한다.

(2) 점검수행자는 사전에 준비된 가상시나리오를 적용해 실제 테러범처럼 묘사하여 사무실 전화기를 이용하여 수검부서 직원에게 "운항중인 OOO편 항공기 3열 좌석밑

에 폭발물을 설치"했다는 협박내용으로 통화를 한다.

(3) 이때, 항공기 폭파위협 전화를 접수한 직원과 주위에 있는 동료 직원들이 어떻게 대응하는지에 대한 행동절차를 확인하여 평가하여야 한다.

라. 점검수행자는 폭발물위협 전화 접수시 수검부서의 직원들이 행동으로 표출하여야 하는 정상적인 대응요령은 다음과 같다.

(1) 폭발물위협 전화 접수자가 통화시 리드 절차대로 시간을 최대한 끌어 리드하는가?

(2) 폭파위협 전화 접수자가 [부록 3] 별표 2의 폭발물 위협 보고서 양식을 사용하여 작성하는지를 확인하여야 한다.

(3) 폭발물위협 전화 수신 중에는 본인이 신고할 수 없는 상황이므로 동료직원에게 발신자 표시번호를 관계기관에 신고하도록 제스처나 신호를 보냈는가?

(4) 폭발물위협 전화 수신직원의 제스처를 확인하고 동료직원들이 관계기관 등에 보고계통 및 절차에 따라 제대로 신고하는가?

(5) 폭발물위협 전화 접수직원이 작성한 폭발물 위협보고서를 관리자에게 제출하는가?

마. 가상상황 모의훈련 점검을 마치는 대로 결과에 대하여 강평을 해주어야 하며 강평요령은 다음과 같다.

(1) 모의훈련과정에서 잘하고 있는 절차는 어떤 내용이 어떻게 잘 했다라고 하는 것을 정확하게 알려주어야 한다.

(2) 미흡했던 절차는 상기 라항의 정상적인 대응요령을 절차대로 설명해 주어야 한다.

(3) 수검부서 직원들이 대응절차에 대한 이해도가 낮거나 미숙하다고 판단될 때에는 학습효과를 달성하기 위하여 정상적인 대응절차대로 다시 시현하도록 하여 행동으로 습득되도록 하여야 한다.

바. 점검수행자가 가상상황 모의훈련시 유의 사항은 다음과 같다.

(1) 한가지의 가상상황으로만 적용하여 점검하게 되면 항공보안부서에서 전파하는 점검결과를 접수하여 공유함으로 다른 수검부서를 대상으로 점검시에는 이미 학습된 상태라 효과가 낮거나 정확한 평가가 어려우므로 이미 적용하였던 가상상황은 제외하고 한 번도 적용하지 않았던 새로운 상황을 적용하여야만 수검부서에 대한 객관적인 평가가 가능하다.

(2) 점검수행자는 점검활동 전에 가상상황 시나리오에 대한 자체 연습을 실시해 점검 및 평가 중에 실수나 오류가 없도록 하여야 한다.

3) 구술평가(질의응답식 인터뷰)

구술평가는 질의응답식 인터뷰이라고도 할 수 있으며 점검수행자가 보안관련 내용에 대하여 수검부서의 직원들에게 질의하여 말로 답변하는 내용의 진위를 파악하여 평가하는 방식이다. 이러한 구술평가를 실시하는 목적은 현장관찰이나 행동절차만으로는 확인이 어려운 수검부서 직원들의 최신 보안법규, 보안지식 및 보안의식 수준 등을 확인하고자 하는 것이며 구술평가요령은 다음과 같다.

가. 점검수행자는 먼저 보안점검 및 평가전에 구술평가를 위하여 질의할 내용이 포함된 정리한 점검표(질문지)를 준비하여야 한다.

나. 구술평가 점검표에 포함할 사항은 항공보안법, 국가항공보안계획, 국가민간항공보안교육훈련지침, 국가항공보안 수준관리지침, 기내 반입금지 위해물품 고시, 항공기내 보안요원 운영지침, 국토교통부 보고체계 개선사항, 자체보안계획 및 운영지침, 보안지시 등에 대한 최근 개정사항 등이 해당된다.

다. 구술평가시 질의응답식으로 적용할 수 있는 내용을 예시한다면 최근 발령된 항공보안경보가 주의경보일 때 탑승수속대, 탑승구, 항공기내, 화물터미널, 기내식 제조 및 저장시설 등의 보안조치사항 중에서 수검부서의 임무에 적합한 내용을 선별하여 적용하여야 한다.

라. 점검수행자의 구술평가 요령은 다음과 같다.

(1) 구술평가는 모든 수검부서의 직원들을 대상으로 평가가 가능하므로 수검부서의 직원명부에서 질의응답식 인터뷰를 실시할 대상 직원들을 무작위로 선정하여야 하며, 적정한 선정인원은 부서의 직원 중에서 신입직원을 포함하여 10% 정도를 선정한다.

(2) 나항에 해당되는 질문내용을 정리한 점검표를 활용하여 내용과 절차에 대한 질의를 통하여 절차와 기준대로 정확하게 숙지하여 답변하는지 여부와 답변 내용을 평가하는 것이다.

(3) 이 평가는 수검직원의 답변 내용을 잘 파악하고 있어야만 숙지 상태가 어느 정도인지 더 정확하게 확인할 수 있다.

(4) 질문에 대한 답변을 길게 한다고 해서 그 내용이 합격점이 될 수는 없으므로 질문 요지에 벗어나지 않으면서 핵심적인 내용으로 정확히 답변하는지를 평가하여야 한다.

(5) 구술평가 중에 미흡한 답변사항은 바로 현지지도를 통하여 최신 법규 및 절차 등에 대하여 정확하게 이해 및 시행되도록 교육이 이루어져야 한다.

4) 서류점검

서류점검은 법규정 및 항공보안 관련 문서의 보존기한에 따라 비치하여야하는 서류를 대상으로 기록유지 및 보관 관리상태를 육안으로 확인하는 점검방법이며, 서류점검시 분야별로 확인할 대상서류는 다음과 같다.

가. 서류점검시 분야별 대상서류

동선별 / 분야별		확인할 대상서류	비 고
공통분야		최근 자체보안계획, 보안지시철, 항공보안교육훈련 이수대장, 과정별 교안, 항공보안등급 현황판, 비상상황시 연락체계, 보안장비 구매현황(사용연한, 인증업체), 보안장비 소지허가철, 폭발물 위협 보고서	1년
항공보안담당 (본사)		신원조사 회보서철, 보안장비 소지허가철, 보안장비 구매현황(사용연한, 인증업체 확인), 보안확인표시(Seal) 발급대장	1년
공항지점 보안	사무실	비행서류 출납기록부, 비행서류 점검대장, 비행서류 담당자 업무 인계인수대장, 항공보안 등급별 보안조치 확인표, 수하물일치절차(SOP), 일일보안점검일지,	1년
	탑승 수속대	요주의승객 운송지침 및 절차, 보안질의서, 기내반입금지 위해물품 안내서	
항공기 보안	운한/객실 승무원	항공기 보안점검표, 항공기 보안점검 기록대장, 승객 안전정보카드(좌석비치)	
	기내 보안요원	기내보안요원 지정서(지방항공청발행), 무기관리대장(지급근거), 초기·정기교육 실적, 항공기 보안점검 기록대장	1년
	항공기	주기중 항공기 야간경비관련 점검대장	1년
화물보안	화물터미널 정비시설	화물명세서, 위험품 관련서류, 화물운송장, 화물보안신고서, 보안검색대장(60일 보관), 보안검색 업무일지, 보호구역 출입대장, 상용화주 보안프로그램, 상용화주 지정서, 비상상황시 연락체계	1년
	항공기	주기중 항공기 야간경비관련 점검대장, 보안확인표시(Seal) 교체현황대장	1년

동선별 / 분야별		확인할 대상서류	비 고
기내식 보안	저장시설	보호구역 출입대장, 보안확인표시(Seal) 교체현황대장, 기내식/저장품 인계인수대장, 액체류 보안봉투(STEB)인계인수/보관관리 대장/기내사용 인계인수 대장 등	1년

2. 점검활동시 유의사항

항공사의 점검수행자가 현장관찰, 가상 상황 모의훈련, 구술평가(질의응답식 인터뷰), 서류점검 등을 적용하여 점검하고자 할 때 점검활동 수행부서 및 수검부서의 유의사항은 다음과 같다.

1) 점검활동 수행부서

가. 현장관찰, 가상상황 모의훈련, 구술평가(질의응답식 인터뷰), 서류점검 등의 점검방법은 상호보완적인 개념임으로 보안동선상에서 보안통제점의 특성과 상황에 맞게 적용함으로써 점검요소에 대한 효율성을 높임과 동시에 수검부서에게는 점검방법중 어느 한가지 방법만 잘 해서는 수준관리가 유지될 수 없다는 인식을 심어 주어야 한다.

나. 보안현장에서 점검 및 평가를 실시해보면 보안문서나 서류관리는 잘 되어있으나 실제로는 잘 이행하지 않거나 형식적인 서류 정리 등 보안부서 직원들의 보안의식 수준이나 행동절차 수행이 미흡함으로 다양한 점검방법과 가상 시나리오를 적용하여 평시에도 테러 위협에 대비하도록 하는데 수준관리에 대한 목표를 두고 국토교통부 등의 관계기관 및 소속사의 보안지침을 지속적으로 준수하도록 유도하여야 한다.

다. 항공보안 수준관리 책임자는 점검수행자에 대한 점검수행능력 여부를 확인하여 충분한 자질이 있는 점검수행자를 점검활동에 참여시켜야 하며, 미흡한 직원이 점검활동을 수행하게 되면 점검부서 및 점검수행자 전체에 대한 신뢰와 권위에 문제가 될 수 있기 때문에 점검방법 및 절차에 대한 자체교육을 실시하여야 하며 숙련된 점검수행자의 점검활동시 관숙을 통하여 숙련시킨 후 단독으로 점검활동을 수행할 수 있도록 하여야 한다.

라. 점검수행자는 수검대상 부서장을 중심으로 수검이 이루어지도록 점검활동을 수행하여야 하며, 만약 점검요원이 도착했을 때 수검부서장이 선약을 이유로 장시간 이석이

예상될 경우 점검활동은 계획대로 진행하여야 한다.

마. 수검 부서장이 고의적으로 수검을 기피하는 것으로 판단될 시에는 점검활동 복귀 후 대표이사에게 보안의식 및 사명감이 부족한 부서로 보고하고 대표이사로 하여금 수검부서장의 상위 부서장에게 향후 동일한 경우가 발생하지 않도록 주의를 당부하도록 건의하거나, 추가적으로 불시평가를 실시하여 보안마인드를 심어주어야 한다.

2) 수검 대상부서

가. 수검 부서장은 예고없이 진행되는 보안점검 및 불시평가에 대비하여 수검준비상태가 갖추어져 있어야 하며 항공보안감독관 등이 도착하면 준비된 수검자료를 활용하여 보안현황을 브리핑해 주어야 한다.

나. 항공보안감독관 등이 점검활동 중 자료제출 요청시에 자료를 찾는다는 이유로 시간을 끈다든가 하는 등 불필요한 시간 낭비가 없도록 적극 협조하여야 한다.

다. 수검 부서장은 항공보안감독관 등이 도착이후부터 점검종료 시까지 정위치하여 점검을 받아야 하며, 다른 업무나 선약을 이유로 수검을 기피해서는 안 되며 소속 직원들만이 점검을 받지 않도록 하며 주도적으로 수검에 임하여야 한다.

라. 수검부서장의 보안의식과 사명감이 부족하거나 수검은 소속 직원들이 받는 것이라는 잘못된 권위의식이 깔려있는 경우에는 수검을 기피하는 경향이 있으므로 이러한 부서는 보안사고가 발생할 확률이 높으므로 주의깊은 수준관리가 필요한 것이다.

공항에 주기중인 항공기

제8장
항공사 수준관리 실무

제1절 연간 보안점검계획수립 및 작성
제2절 연간 보안점검결과분석 및 작성
제3절 항공보안 점검표 작성
제4절 항공기 보안점검 요령

제 8 장 항공사 수준관리 실무

제1절 연간 보안점검계획수립 및 작성

항공운송사업자는 국가항공보안 수준관리 지침 제7조 및 50조에 따라 자체 수준관리 계획을 수립하여 이행하도록 하고 있으므로 항공사의 항공 보안담당 부서에서는 자체 수준관리를 위하여 매년 12월경에 연간 보안 점검계획을 수립하여 대표이사에게 보고 및 결재 후 항공보안관련 유관부서에 전파하여 동 계획을 준수하도록 하여야 하며, 계획수립 목적 및 전 파, 작성 방법 및 절차, 작성 실습에 관한 사항은 다음과 같다.

1. 계획수립 목적 및 전파

점검활동 수행부서에서는 수검부서로 하여금 다음 해에 적용할 점검방향과 중점 점검사항을 전파하여 보안점검 및 불시평가에 대비하도록 하는 연간 보안점검계획을 수립하는 목적, 보고 및 전파절차에 관한 내용은 다음과 같다.

1) 계획수립 목적

항공사의 연간 보안점검계획을 수립하는 목적은 다음과 같다.

가. 국토부 등 관계기관에서 정한 감독활동 방침을 반영하기 위한 것이다.

나. 당해 연도의 국토부 등 관계기관의 감독활동 및 자체 점검활동 결과를 참고하여 항공사 자체 수준관리에 대한 점검방향 및 중점 점검사항을 정하는 것이다.

다. 자체보안계획의 현장이행 여부에 대한 수준관리 감독부서의 점검활동 수행의지를 수검부서에 표명하고자 하는 것이다.

라. 수검부서에서 보안점검 및 불시평가에 대한 수검준비 지침서로 활용하도록 하는데 있다.

마. 보안점검 및 불시평가에 사용되는 보안점검표 및 각종 서식 등을 최신판으로 제공하여 수검부서의 자체 보안활동 등 보안현장에서 활용하도록 하는데 있다.

2) 보고 및 전파절차

연간 보안점검계획의 보고 및 전파절차에 관한 내용은 다음과 같다.

가. 연간 보안점검계획은 회사의 전자결재시스템을 통하여 소속 부서장과 대표이사에게 결재를 요청하여 승인을 받아야 한다.

나. 전자결재시스템 상에서 소속 부서장을 경유하여 대표이사의 결재가 승인되면 실시간으로 보안유관 수검부서에 전파된다.

다. 문서 기안자는 수검대상부서에서 연간 보안점검계획을 잘 수신하여 열람했는지를 전자결재시스템에서 확인하여야 하며, 열람 지체부서에 대하여서는 e-mail 등으로 수신하도록 안내하여야 하고, 미 열람으로 인하여 점검활동 수행에 차질이 발생하지 않도록 하여야 한다.

라. 최초 년도에 잘 수립한 연간 보안점검계획은 다음연도에도 이 서식을 참고하여 작성하게 되므로 시간도 절약되어 훨씬 수월하다.

2. 작성방법 및 절차

연간 보안점검계획을 수립시 구성요소로는 점검목적, 관련법규, 점검방향, 점검기간, 점검대상, 점검부서, 점검중점, 주요 점검사항, 점검방법, 대상부서 준비지침, 조치 및 보고지침, 별지 참조 등이 포함되어야 하며 작성 서식, 목차 구성요소별 포함할 사항은 다음과 같다.

1) 연간 보안점검계획 작성 서식

항공사에서 연간 보안점검계획 수립시는 [부록 3] 별표 3의 연간 보안 점검계획 양식을 참고하여 작성한다.

2) 점검계획 수립시 목차 구성요소

연간 보안점검계획 수립시 필요한 내용이 포함되어야 하며 목차 구성요소는 다음과 같다.

가. 점검목적

나. 관련법규

다. 점검방향

라. 점검기간

마. 대상부서

바. 점검부서

사. 점검중점(부서별)

아. 주요 점검사항

자. 점검방법

차. 대상부서 준비지침

카. 조치 및 보고지침

타. 별지 참조(각종 서식)

3) 목차 구성요소별 포함할 사항

연간 보안점검계획 수립시 목차 구성요소별 포함할 사항은 다음과 같다.

가. 점검목적 작성

점검목적 작성시 포함할 사항은 다음과 같다.

(1) 자체 보안계획에 대한 이행여부를 확인

(2) 대상부서에 대한 보안취약점 파악

(3) 점검결과에 따른 개선된 보안대책 마련

(4) 불법행위를 예방하기 위한 보안대책 적용

(5) 항공기에 대한 안전운항 확보

나. 관련법규 작성

보안점검 및 불시평가는 감독부서 또는 점검수행자가 기준없이 임의대로 점검하는 것이 아니므로 감독 및 점검활동에 관련되는 법규를 명시함으로써 수준관리에 대한 근거를 제시하거나 수검부서에서 참고하도록 하는 것이며, 관련법규 작성시 포함할 사항은 다음과 같다.

(1) ICAO 보안지침서

(2) 항공보안법

(3) 국가항공보안계획

(4) 국가항공보안 수준관리지침

(5) 국가민간항공보안 교육훈련지침

(6) 국토교통부의 당해년도 항공보안 감독계획

(7) 항공사의 자체보안계획, 운영지침 및 보안지시 등

다. 점검방향 작성

당해 연도의 정부보안기관 및 사내 자체 보안점검 및 불시평가시 특별한 관심사항과 확인사항 등을 제시해주는 항목이므로 수검부서에서는 점검부서의 방향에 따라 수검 범위를 정하여 소속직원들이 능동적으로 참여하도록 하는 것이며, 점검방향 작성시 포함할 사항은 다음과 같다.

(1) 국토부 등 관계기관의 항공보안 감독활동에 대비

(2) 항공보안법 및 국가항공보안계획 등 이행실태 확인

(3) 전년도 시정 및 개선권고사항에 대한 이행상태 확인

(4) 사내 자체 보안점검 및 불시평가시 예고없이 점검활동

(5) 테러위협 등 가상상황 모의훈련을 통한 우발상황에 대비한 대응 조치능력 확인

(6) 각 부서별 임무 특성을 고려한 점검 및 현장지도

(7) 점검결과에 대한 우수 및 저조부서에 대한 신상필벌 적용

라. 점검기간은 연간 점검계획이므로 해당연도 1월 1일부터 12월 31일까지의 기간으로 설정해주어야 하고 연중 어느 때든 보안점검 및 불시평가를 실시할 수 있다는 것임을 알려주는 것이다.

마. 검검대상은 수검대상부서이므로 항공기 운항 및 항공보안업무와 연관성이 없는 인사 총무, 재무 등의 관리부서를 제외한 항공기 운항과 관련되는 모든 보안유관 부서가 점검대상에 포함되어야 한다.

바. 점검부서는 항공보안법에 따라 보안 유관부서에 대한 보안감독 및 점검활동 기능을 수행할 수 있는 주관부서인 항공보안 담당부서에 서 수행하는 것이며, 소속 직원들은 점검수행자로서 보안감독 및 점검활동을 수행할 자격과 자질을 갖출 수 있도록 인증된 항공훈련기관에서 운영하는 항공사감독자 교육과정을 이수하여야 한다.

사. 점검중점 작성은 부서별로 고유임무가 상이하므로 수검준비시 불필요한 수검준비를 하지 않도록 해당부서의 임무특성에 적합한 착안사항을 제시해 주어야 하며, 이러한 점검중점은 항공보안법규 이행을 항공보안 담당부서에서 주도하기보다는 각 본부장 중심으로 조직이 운영되도록 유도하는 것이 중요하다. 중점사항 작성시 포함할 사항은 다음과 같다.

(1) 공통사항(직할부서 등)

① 항공보안등급 발령에 따른 조치절차 이행상태

② 항공보안 교육훈련 이수 및 실적 유지상태

③ 항공기 운항관련 신원조사 및 출입증 관리상태

④ 사무실 일일보안점검 등 관리실태

(2) 영업 및 운송본부

① 국내 · 해외지점, 운송팀, 예약센터, 조업사 등 보안실태

② 법규이행 / 비행서류 관리 및 탑승수속 보안통제상태

(3) 운항본부

① 운항전 보안브리핑, 조종실 출입통제 등 보안통제상태

② 운항전 · 후 조종실 보안점검, 경유지 공항 보안활동 실태

(4) 객실본부

① 운항전 · 후 보안점검, 보안장비 운영관리상태

② 불법행위 승객에 대한 대응절차 숙지상태

(5) 기내식 본부

① 기내식 제조 및 저장시설 보안통제상태

(6) 화물본부

① 출입통제, 접수보관시 보안통제, 검색장비 운영실태

(7) 정비본부

① 출입통제, 작업중 및 종료후 보안통제상태

② 운항전 · 후 항공기 동체외부 및 화물칸 보안점검 실태

③ 주기중 항공기 야간경비관련 점검대장 기록유지 상태

④ 보안확인표시 교체현황 관리 및 인계인수대장 기록유지 상태

아. 주요 점검사항 작성시 포함할 내용은 다음과 같다.

(1) 전전년도와 전년도의 취약한부분이나 미흡사항을 반영하기 위하여 수검부서에서 반복 지적되거나 2개 이상의 수검부서에서 유사한 보안위규 사항이 발견될 경우에는 이를 주요 점검사항으로 포함시켜 유사한 위규사항이 반복하여 발생하지 않도록 하여야 한다.

(2) OO항공사의 점검결과를 바탕으로 작성한 주요점검사항에 대한 예시 내용은 다음과 같다.

① 항공보안 자체교육계획 이행실적 및 교육훈련관리 확인

② 항공보안 사고(위규) 관련 보안지시 및 절차준수 여부 확인

③ 승객 및 수하물에 대한 출발전 일치여부 이행상태 확인

④ 탑승수속대 수속시 위해물품 반입관련 보안질의 여부 확인

⑤ 비행서류 보관 및 취급관리 실태 확인

⑥ 기내 보안점검 및 보안장비관리 · 인수인계 사항 등

⑦ 주기중 항공기 야간 경비관련 보안지침 이행여부

⑧ 테러위협정보 접수시 대응요령

⑨ 기내식 · 기용품 보안규정 및 절차 이행상태

⑩ 화물보안통제 및 검색절차, 일일보안점검 이행여부

⑪ 정비, 운송 등 조업사와의 보안관련 계약사항 확인 등

자. 점검방법 작성시 포함할 사항은 다음과 같다.

(1) 연간 보안점검계획 수립시 점검방법을 포함시키는 것은 어떤 방식으로 점검하겠다는 방법을 수검부서에서도 공유하도록 하는 것이다.

(2) 항공사의 점검활동 수행자가 적용하는 점검방법에는 현장관찰, 가상 상황 모의훈

련, 구술평가(질의응답식 인터뷰), 서류점검 등이 있다.

(3) 점검활동시에는 보안점검표를 활용하여 점검내용, 점검장소 및 상황에 적합한 점검방법을 적용하여야만 점검효과를 극대화할 수 있으며, 점검방법 및 절차에 관한 세부 내용은 제7장제3절 1항을 참고한다.

차. 대상 부서의 준비지침에 포함할 사항 다음과 같다.

(1) 연간 보안점검계획 수립시 준비지침을 명시해 주는 이유는 수검대상 부서로 하여금 사전 예고없이 발생될 수 있는 테러위협 상황에 대비해 항상 경각심을 갖도록 함과 동시에 자체 수준관리를 위한 보안점검 및 불시평가도 예고없이 실시한다는 것을 고지하는 것이며, 또한, 평소에 자체보안계획 등 항공보안 법규를 잘 준수해야 된다는 항공사 대표이사의 의지 표명을 강조하는 것이다.

(2) 수검대상 부서에서는 예고없이 진행되는 보안점검 및 불시평가에 대비하여 언제든지 점검을 받을 수 있도록 수검준비가 갖추어져 있어야 하며 항공보안감독관 등이 도착하면 준비된 수검자료를 활용하여 보안현황을 설명해 주어야 한다.

(3) 항공보안감독관 등의 점검활동 중에 자료제출 요청시에도 자료를 찾는다는 이유로 시간을 끈다든가 하는 등의 불필요한 행위가 발생하지 않도록 적극 협조를 강조하는 내용이 포함되어야 한다.

(4) 수검부서장은 항공보안감독관 등이 도착 이후부터 점검종료시까지 수검을 받아야 하며, 다른 업무나 선약을 이유로 수검을 기피하지 않도록 하여야 하고 또한, 소속 직원들만이 수검받는 경우가 발생하지 않도록 주지시키는 내용이 명시되어야 한다.

(5) 수검부서장의 보안의식 및 책임감이 부족하거나 수검은 부하직원이 받는 것이라는 잘못된 권위의식이 깔려있는 경우는 수검을 기피하는 경향이 있으므로 이러한 부서는 보안사고 발생확률이 높으므로 주의깊은 수준관리가 요구된다.

(6) OO항공사에서 실무에 적용하고 있는 수검대상부서의 준비지침에 관한 예문은 다음과 같다.

(예문) 수검대상 부서의 준비지침
○ 보안점검 및 불시평가는 불특정시기에 예상되는 테러위협에 대비하여 자체 보안계획의 이행여부와 취약점을 파악하고 비상시 우발상황에 대한 대처능력을 확인하고자 예고없이 암행으로 실시함에 따라 운항관련 부서장은 항상 항공보안태세를 유지하여야 함 ○ 수검자료는 보안점검 및 불시평가에 대비해 항상 갖추어져 있어야 하며 국토교통부 항공보안감독관 및 사내 점검요원이 요청시 원활한 진행을 위하여 제출에 적극 협조하여야 함 ○ 수검 부서장은 국토교통부 항공보안감독관 및 사내 점검요원 도착시부터 점검 종료시까지 점검에 협조하여야 하며, 특히, 외부업무 등을 이유로 수검을 피하거나 부재중인 상태에서 점검이 진행되지 않도록 하여야 함

카. 조치 및 보고지침 작성시 포함할 사항 다음과 같다.

(1) 점검수행자가 점검종료후 수검부서의 점검결과에 대한 조치사항과 수검부서의 개선결과를 접수후 조치절차와 적용할 관련 서식을 명시해 주어야 한다.

(2) 점검수행자는 수검부서에 대한 점검 종료후 점검결과에 대한 보고서를 작성하여 소속부서장과 대표이사에게 전자결재시스템에 의한 보고방법과 보고기한 등을 명시해 주어야 한다.

(3) 점검수행자는 소속부서장 및 대표이사에게 보고된 점검결과 보고서에 근거하여 점검결과에 대한 개선조치요구서를 전자결재시스템상의 협조전 양식으로 회신기한을 포함하여 수검부서에 통보해 주어야 한다.

(4) 점검결과에 대한 협조전 문서를 접수한 수검부서장은 미흡사항에 대한 개선계획 및 대책 등을 수립하여 소속 부서장을 경유하여 항공보안부서에 기한내 회신하여야 한다.

(5) 수검부서의 개선계획 및 대책을 접수한 항공보안부서에서는 이에 대한 실효성을 평가하고 분석하여 취약점이 발견되면 이를 보완하도록 수검부서에 이메일 등으로 통보해 주어야 한다.

(6) 항공보안부서에서는 당해 연도 수검부서에 대한 점검결과를 종합분석 후 다음연도 연간 보안점검계획수립에 반영하여 소속부서장 및 대표이사에게 보고 후 피드백이 되도록 보안 유관부서에 통보 해준다는 내용이 포함되어야 한다.

(7) 점검결과에서 중대한 지적 및 위규사항이 발생한 수검부서장은 대표이사가 주관하는 월간/분기/반기단위의 회의체에서 사례전파 및 개선책을 발표하고, 보안담당자는 분기단위로 개최하는 보안 담당자 회의시에 발표하도록 하여 다른 보안 유관부

서와 위규사례를 공유하도록 함으로써, 점검활동이 없는 평소에도 관련법규를 잘 준수하여 유사한 사례가 재발되지 않도록 하여야 한다.

(8) OO항공사에서 실무에 적용하고 있는 점검결과에 대한 조치 및 보고지침에 관한 예문은 다음과 같다.

(예문) 점검결과 조치 및 보고지침
○ 항공부안부서는 수검부서에 대한 점검결과를 점검종료 후 5일 이내에 자체보안계획의 운영지침 "자체 항공보안점검결과 보고서"에 따라 대표이사에게 전자결재시스템으로 보고하며, 동 계획의 운영지침 "개선조치 요구서"가 포함된 협조전으로 수검부서에 개선조치를 요청한다. ○ 대표이사의 결재를 득한 점검결과에 대한 협조전 문서를 접수한 수검 부서장은 10일 이내에 대한 개선계획 및 대책(개선조치요구서 포함) 등을 수립하여 소속 부서장을 경유하여 항공보안부서에 전자결재시스템으로 정식 회신하여야 하며, 개선계획 및 대책을 접수한 항공보안부서는 대표이사에게 종합보고 한다. ○ 수검부서의 개선계획 및 대책을 접수한 항공보안부서에서는 이에 대한 실효성을 평가하고 분석하여 취약점이 발견되면 이를 보완하도록 한다. ○ 항공보안 담당부서에서는 당해 연도 수검부서에 대한 점검결과를 종합분석하여 다음연도 연간 보안점검계획수립에 반영하여 대표이사에게 보고 후 보안 유관부서에 통보한다. ○ 중대한 지적사항이나 위규사항이 발견된 수검부서의 장은 대표이사가 주관하는 월간/분기/반기별 회의시에 개선책 및 사례를 전파하여야 한다.

타. 별지 참조에 포함할 사항은 다음과 같다.

(1) 항공기 점검표(운항 및 객실승무원, 정비사 사용)

(2) 항공기 보안점검 기록대장 및 보안장비 인계인수대장

(3) 주기중 항공기 야간경비관련 점검대장

(4) 폭발물위협 보고서(영, 일 포함)

(5) 공항 보안현황 확인표

(6) 각 분야별 보안점검표(점검 수행자용)

(7) 개선조치 요구서(서식)

3. 연간 보안점검계획 작성 실습

항공사의 연간 보안점검계획 작성에 대한 실습은 다음과 같은 절차에 따라 진행한다.

1) 실습과제 부여

항공사의 항공보안부서의 수준관리업무 담당자로써 업무를 수행 중에 항공보안팀장으로부터 OO년도 보안점검계획을 수립하여 대표이사에게 보고하도록 업무지시를 받았으며, 다음의 작성지침을 참고하여 연간보안점검계획을 수립 및 작성하여야 한다.

2) 작성지침(참고사항)

가. 연간 보안점검계획에 대한 목차 구성은 점검중점, 주요점검사항, 점검 방법, 대상부서 준비지침, 점검결과에 대한 조치 및 보고지침 등이 포함되어야 한다.

나. 점검방향 작성시 포함사항

(1) 국토부 등의 항공보안 감독활동에 대비

(2) 항공보안법령 등의 이행실태 확인

(3) 지방항공청 점검결과 시정 및 개선권고사항 이행여부 확인

(4) 사내 보안점검은 예고없이 정기 및 불시평가 암행 시행

(5) 해외지점 / 노선 보안점검은 신규 및 취약공항 우선 2년1회

(6) 우발상황에 대비한 대응능력 확인(모의훈련)

(7) 각 본부, 실/팀별 특성을 고려한 점검 및 현장지도 실시

(8) 점검결과에 대한 신상필벌 적용

- 우수부서 : 포상조치(상장 및 상금)
- 저조부서 : 개선책 보고 및 발표(본사회의), 재점검

다. 점검중점 작성시 포함할 부서는 다음과 같다.

(1) 해당부서 : 영업 및 운송본부, 운항본부, 객실본부, 정비본부 등

(2) 부서별 공통사항은 별도 정리

라. 주요 점검사항 작성시 포함사항

(1) 전년도 및 전전년도 국토교통부, 지방항공청, 국가정보원, 사내 보안점검 및 불시평가결과의 개선요구 및 권고사항에 대한 지속적인 이행 상태를 확인한다는 내용이 포함되어야 한다.

(2) 금년도 사내 보안점검 및 불시평가 미흡사항은 다음과 같으며 항목 말미에 이를 확인한다는 내용이 포함되어야 한다.

① 항공보안 사고(위규) 관련 보안지시 및 절차 준수 미이행
② 승객 및 수하물에 대한 일치여부 확인절차 미이행
③ 탑승수속대 승객수속시 위해물품 반입 여부에 대한 보안질의 미실시
④ 비행서류 보관함 잠금장치 방치
⑤ 기내 보안점검 대장 기록유지 미이행
⑥ 주기중 항공기 야간 경비관련 점검대장 기록유지 미이행
⑦ 폭발물위협 상황시 보고서 작성미숙
⑧ 기내식 및 저장품시설, 공급업체 등 출입통제 절차 미준수
⑨ 항공화물터미널 비인가자 및 차량출입통제 절차 미준수

마. 점검방법 작성시 포함사항

(1) 보안점검표에 의한 점검 수행
(2) 현장관찰
(3) 모의훈련
(4) 구술평가(인터뷰)
(5) 서류점검

바. 대상부서 준비지침 작성시 포함사항

(1) 수검대상 부서로 하여금 사전 예고 없이 발생 될 수 있는 테러 위협 상황에 대비해 항상 경각심을 갖도록 하는 내용으로 고지

(2) 평소에 자체 보안계획 등 법규를 잘 준수해야 된다는 항공사대표이사의 의지표명

(3) 수검대상 부서에서는 예고 없이 진행되는 보안점검 및 불시평가에 대비해 항공보안감독관 등이 도착시 보안현황 브리핑 실시

(4) 항공보안감독관 등의 점검활동 중에 자료제출 요청시 적극 협조 하도록 강조하는 내용

(5) 수검부서장이 주도적으로 수검에 참여하도록 강조하는 내용, 점검결과 조치 및 보고지침 작성시 포함사항

① 점검수행자의 보고 기일/절차 및 서식 안내

② 수검부서의 개선계획 및 대책에 대한 회신기일, 절차, 서식 안내

③ 항공보안부서에서 수검부서의 개선계획 및 대책을 접수시 실효성에 대한 평가 및 분석, 취약점 보완후 전파

④ 항공보안부서에서 당해 연도 수검부서에 대한 점검결과를 종합분석하여 다음연도 연간 보안점검계획수립에 반영하여 소속부서장 및 대표이사 보고 후 보안 유관부서로 통보해 준다는 내용

⑤ 점검결과중 중대한 지적 및 보안위규사항이 발생한 수검부서의 보안담당자와 수검부서의 장에 대한 사례전파 및 재발방지를 위한 각종 회의석상에서의 발표 및 절차 안내

3) 실습진행 방법 및 절차

실습시간, 팀편성, 발표 및 강평 등 실습 진행 방법 및 절차는 다음과 같다.

가. 실습시간 및 팀편성은 다음이 같이 실시한다.

(1) 연간 보안점검 계획 작성 및 발표는 4시간을 부여한다.

(2) 실습팀 편성은 1개 팀에 3~4명씩 구성하여 5~6개 팀으로 편성한다.

(3) 팀별 과제는 홀수팀과 짝수팀으로 구분하여 각각 다른 과제를 부여하고 작성 완료 후에는 팀별로 발표하고 상대팀에서는 강평을 실시하도록 한다.

나. 작성지침에 다른 연간 보안점검계획을 다음과 같이 팀별로 과제를 부여하여 작성 후 발표하도록 한다.

(1) A팀은 연간 보안점검계획 중 점검중점을 작성 및 발표한다.

(2) B팀은 연간 보안점검계획 중 주요점검사항을 작성 및 발표 한다.

(3) C팀은 연간 보안점검계획 중 대상부서 준비지침을 작성 및 발표한다.

(4) D팀은 연간 보안점검계획 중 점검결과에 대한 조치 및 보고 지침을 작성 및 발표

한다.

(5) E팀은 연간 보안점검계획 중 점검방향을 작성 및 발표한다.

(6) F팀은 연간 보안점검계획 중 점검방법을 작성 및 발표한다.

다. 팀별로 작성 및 발표한 연간 보안점검계획을 비교하여 다음과 같이 팀별로 강평하도록 한다.

(1) A팀이 작성한 점검중점을 B팀이 강평한다.

(2) B팀이 작성한 주요점검사항을 A팀이 강평한다.

(3) C팀이 작성한 대상부서 준비지침을 D팀이 강평한다.

(4) D팀이 작성한 점검결과에 대한 조치 및 보고지침을 C팀이 강평한다.

(5) E팀이 작성한 점검방향을 F팀이 강평한다.

(6) F팀이 작성한 점검방법을 E팀이 강평한다.

제2절 연간 보안점검결과분석 및 작성

항공사의 항공보안담당 부서에서는 자체 수준관리를 위하여 당해 연도에 대한 정부보안기관 및 사내 자체보안점검 및 불시평가 결과를 종합분석하여 매년 12월경 연간 보안점검계획과 함께 소속 부서장 및 대표이사에게 보고 및 결재 후 항공보안관련 유관부서와 공유하여 동일한 사항이 지적되지 않도록 피드백하는 것이며, 점검결과 분석목적, 목차별 포함사항, 점검결과 분석 및 작성방법에 관한 사항은 다음과 같다.

1. 점검결과 분석목적

항공사의 점검 수행부서에서는 당해 연도에 대한 점검결과를 종합분석하여 개선된 대책을 보안 유관부서에 전파하여 정부보안기관 및 사내 자체 보안점검 및 불시평가시에 유사한 지적사항이 발생하지 않도록 하여야 하며 연간 보안점검결과를 종합하여 분석하는 목적은 다음과 같다.

1) 정부보안기관 및 사내 보안점검결과를 연말에 종합하여 분석함으로써 공통적인 미흡 사항에 대한 발생원인과 취약점을 찾아내어 개선책을 마련하고자 하는데 있다.
2) 종합 분석을 통하여 나타난 취약점을 다음연도의 점검방향에 반영하여 중점적으로 확인점검이 이루어지도록 하는데 있다.
3) 점검결과 분석자료는 수검대상부서에서는 보안점검 및 불시평가에 대한 수검준비 지침서로 활용하도록 하는데 있다.
4) 연간 점검결과에 대한 분석을 통해서 우수 및 저조부서를 구별하여 신상필벌을 적용하는 근거자료로 활용하는데 있다.
5) 우수부서는 포상 및 근무평가에 반영하고, 저조부서는 저조원인분석 및 개선대책을 포함한 사례발표를 통하여 참석자들과 공유하도록 함으로서 유사한 보안위규가 재발되지 않도록 예방하는데 있다.
6) 모든 유관부서의 직원들에게는 테러위협 및 불법방해행위에 대비한 보안점검에 한 중요성을 부각시키면서 동기를 부여하는데 있다.
7) 항공보안사고 발생시 사고부서에 대한 평소의 보안실태를 확인할 수 있는 참고자료로 활용하는데 있다.

2. 작성방법 및 절차

연간 보안점검결과 분석시 구성요소로는 점검기간, 점검기준, 정부보안기관 및 사내자체 점검현황, 정부보안기관 점검결과, 사내자체 점검결과 등이 포함되어야 하며 사용양식, 목차 구성요소는 다음과 같다.

1) 점검결과 분석시 사용양식

연간 보안점검결과에 대한 분석시는 [부록 3] 별표 4의 연간 보안점검결과 분석 양식을 참고하여 작성한다.

2) 점검결과 분석시 목차 구성요소

연간 보안점검결과 분석시 목차 구성요소는 다음과 같다.

가. 점검기간

나. 기관별 점검기준

(1) 국토교통부 / 지방항공청/국가정보원

① 국내 공항지점

② 해외 취약노선

③ 기내식 및 저장시설

④ 화물 및 도심공항터미널

(2) 사내 자체점검

① 국내 공항지점 및 노선

② 해외 공항지점 및 노선

③ 기타 보안 유관부서

다. 점검실시 현황

(1) 국토교통부 / 지방항공청

① 보안점검

② 불시평가

③ 기내식 및 저장시설

(2) 국가정보원

① 노선점검

(3) 사내자체

① 보안점검

② 불시평가

③ 기내식 및 저장시설

라. 정부보안기관 보안점검 결과

(1) 본사 및 구내 외 지점

① 개선권고사항

② 개선조치사항

③ 진도

④ 분석 및 보완할 사항

마. 사내 자체 보안점검 결과

(1) 국내공항지점(정기점검)

① 개선요구사항

② 개선조치사항

③ 진도

④ 분석 및 보완할 사항

(2) 국내공항지점(불시평가)

① 개선요구사항

② 개선조치사항

③ 진도

④ 분석 및 보완할 사항

(3) 해외공항지점/노선

① 개선요구사항

② 개선조치사항

③ 진도

④ 분석 및 보완할 사항

(4) 본사 교육훈련 관리실태

① 개선요구사항

② 개선조치사항

③ 진도

④ 분석 및 보완할 사항

3) 점검결과 분석시 포함사항(작성요령 예시)

연간 보안점검결과 분석시 포함할 사항은 다음과 같다.

가. 점검기간은 연간 점검계획에 따른 점검활동 기간인 당해 연도 1월 1일부터 12월31 일까지의 기간으로 설정 해주면 된다.

나. 기관별 점검기준(점검 횟수)

(1) 국토교통부 / 지방항공청 / 국가정보원

① 국내 공항지점(예 : 보안점검 및 불시평가 연1회)

② 해외 취약노선(예 : 국가정보원 노선점검 연1회/오사카-청주)

③ 공항 기내식/저장시설(예 : 보안점검 및 불시평가 연 1회)

④ 화물 및 도심공항 터미널(예 : 보안점검 및 불시평가 연 1회)

(2) 사내 자체 보안점검

① 국내 공항지점/노선(예 : 보안점검 및 불시평가 연 2회)

② 해외 신규 및 취약지점 및 노선(예 : 보안점검 연 1회)

③ 기타 보안 유관부서(예 : 항공보안 교육훈련실태 점검 연 1회)

다. 정부보안기관 및 사내 자체점검 현황(총 횟수)

(1) 대상(점검 횟수)(예 : 각 본부/1회)

(2) 기관별 구분(예 : 국토부/지방항공청, 국정원, 사내자체)

(3) 보안점검/불시평가/기내식 각각 구분 집계

라. 정부보안기관 항공보안감독관의 보안점검 결과

(1) 본사 및 국내외지점

① 구분란 :

◦ 공통사항 : 2개부서 이상의 유사한 지적사항이 발견되어 공통적으로 개선이 요구되는 사항

◦ 점검대상부서 기록(예: 인천지점, 김포지점 등)

② 개선권고사항 : 개선 및 권고사항으로 지적된 사항 기록

③ 개선조치사항 : 개선권고에 대한 조치사항을 기록

④ 비고란 : 개선요구에 대한 조치완료 및 진행사항을 기록

⑤ 분석 및 보완할 사항 : 위규사항에 대한 문제점과 취약점을 도출하여 현장 적용이 가능한 보완사항으로 요약정리

마. 사내 자체점검결과

(1) 국내 공항지점(보안점검)

① 구분란 :

◦ 공통사항 : 2개부서 이상의 유사한 지적사항이 발견되어 공통적으로 개선이 요구되는 사항

◦ 점검대상부서 기록(예: 인천지점, 김포지점 등)

② 개선요구사항 : 보안위규에 대한 개선을 요구하는 사항 기록

③ 개선조치사항 : 개선 요청사항에 대한 조치사항을 기록

④ 비고란 : 개선요구에 대한 조치완료 등의 진행사항 진도 기록

⑤ 분석 및 보완할 사항 : 위규사항에 대한 문제점과 취약점을 도출하여 현장 적용이 가능한 보완사항으로 요약정리

(2) 국내 공항지점(불시평가)

① 구분란 :

◦ 공통사항 : 2개부서 이상의 유사한 지적사항이 발견되어 공통적으로 개선이 요구되는 사항

◦ 점검대상부서 기록(예: 인천지점, 김포지점 등)

② 개선요구사항 : 보안위규에 대한 개선을 요구하는 사항 기록

③ 개선조치사항 : 개선 요청사항에 대한 조치사항을 기록

④ 비고란 : 개선요구에 대한 조치완료 등의 진행사항 진도 기록

⑤ 분석 및 보완할 사항 : 위규사항에 대한 문제점과 취약점을 도출하여 현장 적용이 가능한 보완사항으로 요약정리

(3) 해외 공항지점 / 노선

① 구분란

◦ 공통사항 : 2개부서 이상의 유사한 지적사항이 발견되어 공통적으로 개선이 요구되는 사항

◦ 점검대상부서 기록(예: 인천지점, 김포지점 등)

② 개선요구사항 : 보안위규에 대한 개선을 요구하는 사항 기록

③ 개선조치사항 : 개선 요청사항에 대한 조치사항을 기록

④ 비고란 : 개선요구에 대한 조치완료 등의 진행사항 진도 기록

⑤ 분석 및 보완할 사항 : 위규사항에 대한 문제점과 취약점을 도출하여 현장 적용이 가능한 보완사항으로 요약정리

(4) 본사 교육훈련 관리실태

① 구분란 :

◦ 공통사항 : 2개부서 이상의 유사한 지적사항이 발견되어 공통적으로 개선이 요구되는 사항

◦ 점검대상부서 기록(예: 인천지점, 김포지점 등)

② 개선요구사항 : 교육훈련에 대한 개선을 요구하는 사항 기록

③ 개선조치사항 : 개선요사항에 대한 조치사항을 기록

④ 비고란 : 개선요구에 대한 조치완료 등의 진행사항 진도 기록

⑤ 분석 및 보완할 사항 : 미흡한 교육훈련 실태에 대한 문제점과 취약점을 도출하여 현장 적용이 가능한 보완사항으로 요약정리

3. 연간 보안점검결과 분석 및 작성 실습(실무)

항공사의 연간 보안점검결과 분석 및 작성에 대한 실습은 다음과 같은 절차에 따라 진행한다.

1) 실습과제 부여

항공사의 항공보안부서의 수준관리업무 담당자로써 업무를 수행 중에 항공보안팀장으로부터 OO년도 보안점검 및 보안평가 결과를 종합 분석하여 대표이사에게 보고하도록 업무지시를 받았으며, 다음의 작성지침을 참고하여 연간 보안점검결과를 분석 및 작성하여야 한다.

2) 작성지침(참고사항)

연간 보안점검결과 분석시는 정부보안기관 항공보안감독관의 본사 및 국내외지점 점검결과, 사내 자체 국내공항지점 보안점검 및 불시평가/해외공항지점 및 노선점점 결과에 대한 개선권고사항을 참고하여 분석 및 보완할 사항 위주로 작성한다.

가. 정부보안기관 점검결과에 대한 개선권고사항은 다음과 같다.

(1) 공통사항 : 기내식 출입인원 차량 보안통제에 대한 개선권고

(2) 인천지점 :

① 일반요원 보안교육 미실시

② 자체 보안점검수행자를 지정하고 점검여부에 대한 최종확인자를 구분할 수 있도록 점검표를 보완

(3) 제주지점 : 보호구역 출입증 관리대책 부재

(4) 케이터링 파트 :

① 인천파트 : 기내식 시설 방문자에 대한 임시출입증 발급시 방문자신원 확인 등 출입증 발급절차 미흡

② 청주파트 : 기내식 시설 방문자에 대한 임시출입증 발급시 방문자신원 확인 등 출입증 발급절차 및 기내식 봉인용 보안확인표시 발급 및 기록관리 미흡

나. 사내 자체 국내공항지점 보안점검결과에 대한 개선요구사항은 다음과 같다.

(1) 공통사항 : 탑승수속대 직원 보안질의 미실시

(2) 인천지점 :

① 지점 SOP에 항공보안 관련 매뉴얼 개정관리 미흡

② 탑승수속대 직원 보안질의 미실시

(3) 김포지점 :

① 개정된 일일보안 점검표 미사용

② 지점 자체 보안사고 및 위규 현황 관리부재

(4) 부산지점 :

① 탑승수속대 직원 보안질의 미실시

② 일반 및 탑승수속직원의 법정보안 교육 미실시

다. 사내 자체 국내공항지점 불시평가에 대한 개선요구사항은 다음과 같다.

(1) 공통사항 :

① 비행서류 방치 등 관리 미흡

② 교육훈련대장 관리 미흡

(2) 인천지점 :

① 비행서류(미 사용 탑승권 등) 방치 등 관리 미흡

② 화물조업사(AACT) 보안문제관련 미보고 등 관리미흡

(3) 김포지점 :

① 교육훈련대장 오기입 등 관리미흡

② 비행서류(미 사용 탑승권 등) 방치 등 관리 미흡

(4) 부산지점 :

① 일일보안점검 미실시

② 교육훈련대장 기록누락 등 정리 미흡

라. 사내 자체 해외공항지점 보안점검에 대한 개선요구사항은 다음과 같다.

(1) 공통사항 :

① 테러위협 접수시 대응능력 미흡

② 조업사간 협조 · 보고체계 미흡

(2) 오사카지점 :

① 비행서류(미 사용 탑승권 등) 방치 등 관리 미흡

② 테러위협 전화 접수시 대응요령 및 절차 미숙

(3) 방콕지점 :

① 교육훈련대장 기록누락 등 정리 미흡

② 당사 및 조업사간 연락 · 보고체계 미흡

(4) 블라디보스톡지점 :

① 테러위협 전화 접수시 대응요령 및 절차 미숙

② 현지 조업사와 협조체제 미구축으로 소통부재

마. 본사 법정 보안교육 실태에 대한 개선요구사항은 다음과 같다.

(1) 공통사항 :

① 항공보안 교육훈련 법정교육 미이행

② 항공보안 교육훈련대장 관리 미흡

(2) 종합통제실 :

① 전년도 항공보안 법정교육 미 실시

② 항공보안 교육훈련대장 기록정리 미흡

(3) 운송본부 :

① 전년도 항공보안 법정교육 미 실시

② 항공보안 교육훈련대장 기록정리 미흡

③ 전년도 관리자 교육훈련 평가 미실시

바. 기관별 점검기준과 점검현황은 다음과 같다.

(1) 기관별 점검기준은 국가항공보안계획 및 수준관리지침을 적용하여 작성한다.

(2) 정부기관 및 사내점검현황은 가항에서 마항에 예시된 수검부서를 취합하여 작성한다.

3) 실습진행 방법 및 절차

실습시간, 팀편성, 발표 및 강평 등 실습진행 방법 및 절차는 다음과 같다.

가. 실습시간 및 팀편성은 다음이 같이 실시한다.

(1) 연간 보안점검결과에 대한 분석 및 발표는 4시간을 부여한다.

(2) 실습팀 편성은 1개 팀에 3~4명씩 구성하여 5~6개 팀을 편성한다.

(3) 팀별 과제는 홀수팀과 짝수팀으로 구분하여 각각 다른 과제를 부여하고 작성 완료 후에는 팀별로 발표하고 상대팀에서는 강평을 실시하도록 한다.

나. 항공보안팀장의 작성지침에 다른 연간 보안점검결과에 대한 분석을 실시하여 다음과 같이 팀별로 작성하여 발표하도록 한다.

(1) A팀은 정부보안기관 보안점검결과에 대한 개선 권고사항을 참고하여 분석 및 보완할 사항을 작성 및 발표한다.

(2) B팀은 사내 자체 국내공항지점 보안점검결과에 대한 개선요구사항을 참고하여 분석 및 보완할 사항을 작성 및 발표한다.

(3) C팀은 사내 자체 국내공항지점 불시평가 결과에 대한 개선 요구 사항을 참고하여 분석 및 보완할 사항을 작성 및 발표한다.

(4) D팀은 사내 자체 해외공항지점 보안점검결과에 대한 개선요구사항을 참고하여 분석 및 보완할 사항을 작성 및 발표한다.

(5) E팀은 본사 보안교육실태 점검결과에 대한 개선요구 사항을 참고하여 분석 및 보완할 사항을 작성 및 발표한다.

(6) F팀은 기관별 점검기준과 점검실적을 참고하여 정부기관 및 사내점검현황을 작성 및 발표한다.

다. 팀별로 작성 및 발표한 분석 및 보완할 사항을 비교하여 다음과 같이 강평하도록 한다.

(1) A팀이 작성한 정부보안기관 보안점검결과에 대한 분석 및 보완할 사항을 B팀이 강평한다.

(2) B팀이 작성한 사내 자체 국내공항지점 보안점검결과에 대한 분석 및 보완할 사항을 A팀이 강평한다.

(3) C팀이 작성한 사내 자체 국내공항지점 불시평가결과에 대한 분석 및 보완할 사항을 D팀이 강평한다.

(4) D팀이 작성한 사내 자체 해외공항지점 보안점검결과에 대한 분석 및 보완할 사항을 C팀이 강평한다.

(5) E팀이 작성한 본사 보안교육실태 점검결과에 대한 분석 및 보완할 사항을 F팀이 강평한다.

(6) F팀이 작성한 정부기관 및 사내점검현황을 E팀이 강평한다.

4. 개선조치 요구서 작성

개선조치요구서는 국제항공사협회(IATA)의 표준서식으로써 국제적으로 통용되고 있는 서식이다. 항공사의 점검수행자는 보안점검 및 불시평가시 발견된 보안위규사항에 대하여 수검부서를 대상으로 시정하도록 개선조치를 요구하여야 한다. 이러한 개선조치에 필요한 개선조치 요구서의 작성 목적, 작성방법 및 절차에 관한 사항은 다음과 같다.

1) 작성 목적

항공보안 담당부서의 점검수행자가 보안점검 및 불시평가 중에 발견된 보안위규사항에 대하여 개선조치요구서를 발행하여야 한다. 이러한 개선조치요구서를 작성하는 목적은 점검활동 수행 중에 발견된 보안위규사항에 대한 개선조치를 요구하여 시정조치하도록 하는데 있으며, 또한, 수검부서의 위규사항에 대한 근거 자료로도 활용하고 있다.

2) 작성방법 및 절차

개선조치 요구서의 구성요소는 점검부서의 작성부분과 수검부서의 작성부분으로 구분하여 작성하도록 되어 있으며, 요구서의 서식과 작성방법은 다음과 같다.

가. 개선조치요구서 서식

점검 수행자 및 수검부서에서 작성하는 개선조치요구서에 대한 서식은 다음과 같다.

나. 작성방법 및 절차

개선조치 요구서는 서식 전체를 점검활동 수행자의 작성부, 수검부서 담당자 작성부 등 2부로 나누어 구분할 수 있으며, 개선조치요구서에 대한 세부적인 작성방법 및 절차는 다음과 같다.

(1) 점검수행자의 작성부

① 관리번호: 연도별 점검순서에 따라 일련번호 부여 (예 : OO-01)

② 심사기간 : 점검시작일로부터 종료일자 기록 (예 : 1월1일~1월 2일)

③ 회신기한 : 시정조치 소요기간 고려 10일내 부여 (예 : 1월10일)

④ 심 사 원 : 점검수행요원의 성명을 기록(예 : 한라산)

⑤ 수검부서 : 수검부서의 명칭을 기록(예 : 인천공항지점)

⑥ 심사분야 : 탑승수속, 항공화물, 기내식시설 등 보안위규사항을 발견한 보안통제점 및 보안동선 기록(예 : 탑승수속대)

⑦ 개선조치 주관부서 / 협조부서 :

◦ 주관부서는 점검수행요원이 발행한 시정요구사항을 직접 개선할 부서의 명칭 기재(예 : 인천공항지점)

◦ 협조부서는 주관부서에서 개선조치를 하는데 예산과 인력 지원이 필요한 경우에 지원업무를 담당하는 관리부서의 명칭을 기재(예 : 공항지점 지원팀, 재무팀 등)

⑧ 발견사실 구분 : 발견사실에 대한 시정종류 기록(예: 제도 미흡, 절차불이행, 검색장비 고장 등)

⑨ 발견사실 제목 : 화물터미널 인원 출입통제 실패

⑩ 발견사실 및 참고사항 : 상기 발견사실 제목에 대한 세부적인 위규내용과 법규근거를 명시(예 : 자체보안계획 제O조 위해물품 반입차단위한 보안검색 미이행)

⑪ 발견사실 근본원인 : 위규발생의 현상과 원인을 그대로 기록(예 : 경비요원의 형식적인 근무 및 보안의식 해이)

⑫ 개선 권고사항 : 발견사실 근본원인에 대한 시정을 요구하는 내용을 기록(예 : 경비요원에 대한 출입통제 절차 보안 교육실시)

⑬ 검토 및 회신란 : 수검부서 작성부 다음인 하단부이며 회신시 강조사항, 점검요원 성명/서명, 개선조치요구서의 발행 일자 등을 기록(예 : OO년 1월2일)

다. 수검부서 작성부

(1) 개선 조치사항 또는 계획 : 점검수행자가 작성한 개선 권고사항에 대한 구체적인 개선방법과 기한내 완료 불가시 추진기간을 포함한 추진계획을 명시(예 : 경비 및 보안검색요원에 대한 보안교육실시)

(2) 개선조치사항 담당자 : 수검부서에서 개선조치사항을 주무적으로 처리하는 담당자의 성명을 기록(예 : 보안담당자 OOO)

화물전용 항공기에 화물선적

화물전용 항공기 보잉747F 화물칸 내부

개선조치 요구서(Corrective Action Request)		
관리번호(CAR Number) :	심사기간(Audit Period):	회신기한(Response Due Date) :
심사원(Auditor) :	수검부서(Auditee) :	심사분야(Area Audited) :
개선조치 주관부서/ 협조부서 (Responsible Key Dept. /Suppoting Dept.) :		
발견사실 구분 (Finding Category) :		
발견사실 제목 (Finding Title) :		
발견사실 및 참고사항(Details & Reference)		
(점검수행자 작성부)		
발견사실의 근본원인(Root Cause Finding)		
개선 권고사항(Recommended Corrective Action)		
개선 조치사항 또는 계획(Corrective Action Taken or Planned) * 이행계획은 반드시 추진기한 명시		
(수검부서 담당자 작성부)		
개선조치사항 담당자(Responsible Person for Corrective Action)		
이하 품질심사원 기입(For Auditor use only) ‣ 검토 및 회신(Review & Response) CAP / CA : Acceptable Unacceptable **(점검수행자 작성부)** Comments : CAR : Open Close 품질심사원((Auditor) : 일자(Date) :		

개선조치요구서(서식)

제3절 항공보안 점검표 작성

항공사에서는 부서별로 수행하는 임무특성에 따라 점검요소가 상이함으로 점검표의 종류에 따른 점검방법도 다를 수 있다. 항공보안 담당부서에서는 자체수준관리를 위하여 국가항공보안계획 및 국가항공보안 수준관리지침에 따라 보안점검표를 작성하여 적용하여야 한다. 따라서 운항 및 객실승무원, 정비사, 공항지점 책임자 등은 자제보안계획에서 정해준 보안점검표를 사용하여야 하며 항공사에서 적용하고 있는 직무별 보안점검표의 종류와 항공보안 담당부서에서 수검부서를 대상으로 사용하는 수준관리 보안점검표 작성방법에 관한 사항은 다음과 같다.

1. 보안점검표의 종류

항공사에서 적용하고 있는 자체 수준관리용 보안점검표, 운항 및 객실승무원, 정비사 등의 항공기 보안점검표와 공항지점 책임자 등의 항공보안등급별 보안조치 확인표에 관한 사항은 다음과 같다.

1) 자체 수준관리용 보안점검표

가. 항공운송사업자의 보안점검표는 국토교통부 국가항공보안 수준관리지침의 제24조(점검항목)①의 2항에 따라 작성하며 자체수준관리를 위하여 적용한다.

나. 항공사의 점검수행자는 점검활동 수행 전에 보안점검표가 준비되어야 하며 수검부서에 도착하여서는 보안점검표에 따라 점검활동을 수행하여야 한다.

다. 자체 수준관리를 위한 보안점검표는 [부록 3] 별표 5의 보안점검표 양식을 참고한다.

2) 항공기 보안점검표

가. 항공기 보안점검표는 항공사의 운항 및 객실승무원, 정비사가 비행전·후에 사용하는 점검표이며, 국가항공보안계획 7.6.5에 따라 항공운송사업자는 항공기에 대한 보안점검 및 수색을 하는 경우에 대비하여 자체보안계획에서 정한 보안점검표를 비치·사용하여야 하며, 항공기 보안 점검표에는 다음과 같은 사항을 포함하여야 한다.

(1) 조종실, 객실, 화장실, 주방, 화물칸 등 항공기 점검 구역
(2) 항공기 최소폭발물위험위치 정보

나. 항공운송사업자는 항공기 출발 전 항공기에 대한 보안점검(외부점검) 또는 수색을 하는 경우 다음과 같이 실시하여야 한다.
(1) 「항공보안법 시행규칙」 제7조 제2항에 따라 점검
(2) 항공기 보안점검을 하는 사람은 「국가민간항공보안 교육훈련 지침」에 따라 보안교육을 이수하여야 하며, 보안점검표를 사용하여 점검
(3) 항공기 수색을 하는 경우 항공기 장비 · 부품 등에 폭발물 · 무기 등이 은닉되어 반입될 가능성에 대비하여 해당 정비사를 수색대상자에 포함
(4) 보안점검 또는 수색 기록은 24시간 이상 보관(다만, 운항시간이 24시간 이상인 경우에는 운항 종료 시까지 보관)

다. 항공기 보안점검표는 [부록 3] 별표 6의 항공기 보안점검표(운항/객실승무원)와 별표 7의 항공기 보안점검표(정비사) 양식을 참고한다.

3) 항공기 보안조치 확인표

항공사의 공항지점 책임자 등은 자체보안 수준관리 지침에 따라 '항공보안등급에 따른 항공기 보안조치 확인표'를 사용하여 다음과 같은 기준에 따라 보안점검을 실시하여야 한다.

가. 해외 취항국가에서 요구하는 항공기 보안점검 규정이 다음의 규정과 상이할 경우에는 해당국가의 규정에 따른다.

나. 항공기 보안조치 확인은 운항 전에 실시하는 점검으로 항공보안 등급 평시 및 관심경보 발령시 [부록 3] 별표 8의 평시 및 관심 보안등급시 항공기 보안조치 확인표 양식에 따라 주 1회 이상 점검하여야 한다.

다. 모든 승무원이 항공기를 5시간 이상 떠나 있다가 다시 운항을 위해 점검하는 경우 또는 항공보안등급 주의 발령시 [부록 3] 별표 9의 주의 보안등급시 항공기 보안조치 확인표 양식에 따라 주 2회 이상 점검하여야 한다.

라. 항공보안등급 경계 및 심각경보 발령시 [부록 3] 별표 10의 경계 및 심각 보안등급시 항공기 보안조치 확인표 양식에 따라 보안조치 확인표에 따라 주 3회 이상 점검하여야 한다.

2. 작성방법 및 절차

항공보안담당 부서에서 수검대상부서의 수준관리를 위한 보안점검표 작성시 고려사항 및 분야별 포함할 사항은 다음과 같다.

1) 작성시 고려사항

항공사에서는 보안동선에 따라 보안점검 및 평가활동을 수행하여야 하므로 점검수행자가 보안점검표 작성시 고려할 사항은 다음과 같다.

가. 보안동선 준수

점검수행자가 수검부서의 사무실에 도착하여 점검활동을 수행하기 전에 수검부서장과 소속 직원들에게 점검목적과 점검 기간 중에 확인할 사항에 대한 사전 브리핑을 실시하여야 하고 사무실에서 확인할 수 있는 보안서류 및 현황파악과 모의훈련을 실시한 후 탑승수속대 등으로 이동하여 보안동선상에 있는 현장 보안통제점에서의 보안실태를 확인하는 순서를 고려하여 작성하여야 한다.

나. 일관성 유지

점검수행자가 점검활동을 수행할 때에는 일관성이 없이 여기저기를 불규칙적으로 옮겨 다니면서 점검활동이 이루어지지 않도록 하여야 한다. 그 이유는 점검목적상 공항의 보호구역은 한번 출입하였던 곳을 점검차 다시 와서 출입하는 것이 쉽지 않으며, 특히, 해외공항은 거의 불가능하므로 시간 낭비와 피로도 증가 등으로 점검활동에 대한 효율성이 떨어지게 되므로 보안점검표 작성단계에서부터 가능한 한 일관성이 유지되도록 작성하여야 한다.

다. 최신 법규반영

보안점검표는 한번 수립 후 계속 사용하는 것이 아니라, 국가항공보안계획 및 자체보안계획 등이 개정되면 최신 개정내용을 반영하여 수정 후 현행화 된 보안점검표를 사용하도록 작성하여야 한다.

라. 재발방지

보안점검표는 형식적인 점검이 아닌 재발방지에 도움이 되는 점검항목을 포함하여 보안현장에서 꼭 필요한 점검이 되도록 작성하여야 한다.

2) 점검 분야별 포함사항

자체 수준관리 보안점검표는 점검수행자가 점검활동시 보안동선을 이동하면서 점검하도록 작성하였으므로 분야 및 항목 순서대로 점검활동을 수행하면 된다. 따라서, 보안점검표는 항공보안관련 법규 이행상태, 비행서류 보관 및 관리실태, 가상상황 모의훈련을 통한 테러위협 대응능력, 탑승수속대에서의 승객과 위탁수하물 보안통제상태, 탑승구의 보안통제상태, 항공기 보안통제상태, 화물터미널 보안통제상태, 정비시설 보안통제상태, 기내식제조 및 저장품시설 보안통제상태 등 9개 분야로 구분하여 점검할 수 있으며 분야별 포함사항은 다음과 같다.

가. 항공보안관련 법규 이행상태

점검수행자가 수검부서의 사무실에 도착하여 먼저 확인하는 분야이며 항공보안관련 법규 준수상태 확인시 포함할 내용은 다음과 같다.

(1) 자체보안계획(운영지침) 및 보안지시 숙지상태
(2) 항공보안지시 이행 및 보관관리상태
(3) 항공보안 교육훈련 이행상태
(4) 항공보안경보 단계별 조치사항 이행상태
(5) 정보 및 보안사고 보고계통 및 절차 숙지상태
(6) 업무종료 및 이석시 컴퓨터 잠금 상태
(7) 공항 출입증 및 사원증 패용 등 규정 이행상태(조업사 등)
(8) 보안담당자 운영지침 이행상태

나. 비행서류 보관 및 관리실태

비행서류 보관 및 관리실태 확인시 포함할 사항은 다음과 같다.

(1) 표준운영절차에 보안대책 수립 및 이행상태
(2) 비인가자 접근 통제상태
(3) 보관 및 관리상태
(4) 취급 및 배포규정 이행상태
(5) 보안담당자(정 · 부) 지정운영 이행상태

(6) 정기점검 이행상태
(7) 보존규정 이행상태

다. 테러위협 대응능력(가상상황 모의훈련 포함)

테러위협 대응능력은 가상상황 모의훈련 통하여 확인하는 것이며 포함할 사항은 다음과 같다.

(1) 항공기 등 폭발물위협 전화접수시 조치절차 숙지상태
(2) 테러위협 대비 발신자 표시/녹음장치 운영 및 관리상태
(3) 항공기 테러발생시 직원별 개인임무 숙지상태
(4) 탑승수속대 테러용의자 출현시 대응/보고절차 숙지상태
(5) 거동수상자 및 방치물품 발견시 조치절차 숙지상태

라. 탑승수속대 보안통제상태(승객 및 위탁수하물)

점검수행자가 수검부서의 사무실에서 항공보안관련 법규 준수사항에 대한 점검을 마치고 탑승수속대 및 탑승구로 이동하여 점검을 수행하며 탑승수속대에서는 일반적으로 관찰 및 질의응답으로 확인하는 것이며 포함할 사항은 다음과 같다.

(1) 여권/신분증 사진과 실물 대조절차 이행상태
(2) 위탁수하물 접수시 보안질의 등 조치절차 이행상태
(3) 물품, 우편물 등 접수 및 관리대장 분리운영 이행상태
(4) 승객·수하물 일치작업 및 조치절차 이행상태
(5) 무주수하물 운송방지 절차 숙지상태
(6) 기내반입 금지물품 안내판 및 안내직원 배치상태
(7) 단체승객에 대한 개별수속 절차 이행상태
(8) 장애인 승객에 대한 대리수속 절차 이행상태
(9) 수감자 호송시 조치사항 숙지상태
(10) 대통령경호원 무기의 기내 반입절차 숙지상태

마. 탑승구 보안통제상태

점검수행자가 수검부서의 탑승수속대의 보안통제상태에 대한 점검을 마치고 탑승구로 이동하여 점검을 수행하며 탑승구에서도 일반적으로 관찰 및 질의응답으로 확인

하며 탑승구 점검사항에 포함할 사항은 다음과 같다.

(1) 반입금지 액체류 물품 등 보안통제절차 이행상태

(2) 여권/신분증 사진과 실물 대조절차 이행상태

(3) 본인의 여권/신분증 및 탑승권 소지여부

(4) 탑승권 확인중 BGR 비음 표출시 보안조치 상태

(5) 부정 및 오탑승객 방지위한 근무규정 이행상태

(6) 승객 · 수하물 일치작업 및 조치절차 이행상태

(7) 출발전 미탑승객 발생시 위탁수하물 하기절차 이행상태

(8) 계류장 버스 탑승전 · 후 승객 이동동선 보안통제상태

바. 항공기 보안통제상태

탑승구가 오픈되기 전에 탑승구지역 창밖을 통하여 주기중인 항공기에 대한 보안통제상태를 관찰하며 기내에서의 보안통제상태를 다음과 같이 확인하여야 한다.

(1) 비인가자 접근시 접근통제 등 보안통제상태

(2) 기내식 및 기내용품 반입시 인계인수 절차 이행상태

(3) 항공기 출발전 보안점검 및 절차 이행상태

(4) 모든 출입문에 보안확인표시(Seal) 봉인조치 이행상태

(5) 공항도착 및 승객하기 후 잔류승객 및 방치물품 확인상태

(6) 기장 합동브리핑 절차 이행상태

(7) 조종실 출입 및 보안통제절차 이행상태

(8) 부정 및 오탑승객 방지위한 보안통제절차 이행상태

(9) 기내 불법행위 승객 대응 및 처리절차 숙지상태

(10) 운항중/이륙전/착륙후 폭발물발견시 조치절차 숙지상태

(11) 기내 비상벨 위치 및 사용방법 숙지상태

(12) 기내 보안장비 작동상태 및 운영방법 숙지상태

사. 화물터미널에 대한 보안통제상태

화물터미널은 승객의 보안동선과 달리 또다른 보안동선에 해당되며 포함할 사항은 다음과 같다.

(출입통제)

(1) 비인가자 및 차량 출입통제대책 수립 · 이행상태

(2) 출입통제 및 감시체계 운영상태

(화물 접수 · 보관시 보안통제)

(3) 항공화물 접수시 보안통제절차 이행상태

(4) 화물 처리장비에 대한 점검 및 보관규정 이행상태

(5) 항공기 탑재전 분류 · 포장 작업장의 보안조치상태

(6) 보안통제완료 항공화물 운송시 보안통제상태

(7) 검색완료 화물 보관절차 이행상태

(8) 검색완료 화물 이동시 보안통제 절차 이행상태

(9) 보호구역내 보안통제 및 각종 표지 관리상태

(검색장비 운용 및 절차)

(10) 검색장비 유지 및 관리절차 이행상태

(11) 화물검색장비 운영규정 이행상태

(12) 검색요원의 근무규정 이행상태

(13) 화물 검색절차 이행상태

(14) 화물검색중 위해물질 발견시 조치절차 이행상태

(15) 보안검색 실패시 보고절차 숙지상태

아. 정비시설에 대한 보안통제 상태

정비시설도 화물터미널의 보안동선과 달리 또 다른 보안동선에 해당되며 포함할 사항은 다음과 같다.

(출입통제)

(1) 비인가자 및 차량의 출입통제대책 수립 · 이행상태

(2) 출입통제 및 감시체계 운영상태

(작업중 및 종료후 보안통제)

(3) 작업중 보안통제절차 이행상태

(4) 작업후 항공기 출입문 보안조치상태

(5) 보안순찰 및 상황조치 절차 이행상태

(6) 현장 일일보안점검 이행상태
(7) 보안검색업무일지 및 검색대장 관리상태
(8) 정비위탁업체의 보안프로그램상 보안대책 수립여부

자. 기내식제조 및 저장품시설에 대한 보안통제상태

기내식제조 및 저장품시설에 대한 보안통제상태 확인시 포함할 사항은 다음과 같다.

(출입통제)

(1) 비인가자 및 차량 출입통제대책 수립 · 이행상태
(2) 기내식제조 시설내 구역별 출입통제상태
(3) 기내식 조리 및 보관창고 감시 및 경비상태

(반입시 보안통제)

(4) 기내식 및 기내품 반입시 위해물품 보안통제상태
(5) 기내식 보급품의 지속적인 감독수행상태
(6) 기내식 제조 사용장비 및 부품반입시 검색여부
(7) 외부 침입흔적 기내식 물품의 정밀검색 이행상태

(운반시 보안통제)

(8) 기내식 카트 항공기 탑재전 감독자 보안점검 이행상태
(9) 항공기 반입물품 운송 및 탑재시 보안절차 이행상태
(10) 기내식 운반차량 이동시 감독자 호위여부

(인원보안)

(11) 시설내 고용인의 신원조사 등 관리상태
(12) 시설내 근무직원의 보안교육 및 자격관리상태

3) 자체 수준관리용 보안점검표 양식

항공보안 담당부의 점검수행자가 수검부서를 대상으로 적용하는 보안점검표는 [부록 3] 별표 5의 보안점검표 양식을 참고한다.

4) 항공기 보안점검표 양식

운항 및 객실승무원, 현장정비사가 항공기에 대한 보안점검시 적용하는 보안점검표 서식은 다음과 같다.

가. 운항 및 객실승무원용 항공기 보안점검표는 [부록 3] 별표 6의 항공기 보안점검표(운항/객실승무원) 양식을 참고한다.

나. 정비사용 항공기 보안점검표는 별표 7의 항공기 보안점검표(정비사) 양식을 참고한다.

5) 항공기 보안조치 확인표 양식

공항지점에서 항공보안등급에 따라 보안조치상태를 확인하는 항공기 보안조치 확인표 서식은 다음과 같다.

가. 평시 및 관심 보안등급시 항공기 보안조치 확인표 [Green & Blue]는 [부록 3] 별표 8의 양식을 참고한다.

나. 주의 보안등급시 항공기 보안조치 확인표 [Yellow & Orange]는 [부록 3] 별표 9의 양식을 참고한다.

다. 경계 및 심각 보안등급시 항공기 보안조치 확인표 [Red]는 [부록 3] 별표 10의 양식을 참고한다.

제4절 항공기 보안점검 요령

1. 보안점검방법 및 절차

항공보안담당 부서에서 자체 수준관리를 위한 보안점검표와 운항 및 객실승무원, 현장 정비사 등이 보안점검시에 활용하는 항공기 보안점검표에 의한 점검방법 및 절차는 다음과 같다.

1) 자체 수준관리용 보안점검표

자체수준관리 보안점검표는 점검수행자가 점검활동시 보안동선를 이동하면서 점검하도록 작성하였으므로 분야 및 항목 순서대로 점검활동을 수행하며. 분야별 점검시 항목별 점검방법 및 착안사항은 다음과 같다.

가. 항공보안관련 법규 이행상태

점검수행자가 수검부서의 사무실에 도착하여 먼저 확인하는 분야이며 항공보안관련 법규 준수상태 확인시 포함할 내용은 다음과 같다.

(1) 자체보안계획(운영지침) 및 보안지시 숙지상태
① 최근 개정 자체보안계획을 숙지하는가?
② 최근 발행 보안지시 내용을 숙지하는가?
③ 표준운영절차내(SOP) 최신 보안지시 등을 반영했는가?

(2) 항공보안지시 이행 및 보관관리상태
① 최근 발행한 보안지시 문서를 보안문서(철)에 합철하는가?
② 소속/조업사 직원대상 교육실적이 있는가?(교육일지 확인)

(3) 항공보안 교육훈련 이행상태
① 초기 · 정기보안교육 이수 및 평가실적이 있는가?
② 교육실시내용이 교육이수대장에서 기록유지되는가?

(4) 항공보안경보 단계별 조치사항 이행상태
① 발령중인 항공보안경보등급이 보안상황판과 일치되는가?
② 발령중인 항공보안경보등급의 조치사항을 이행하는가?

(5) 정보 및 보안사고 보고계통 및 절차 숙지상태
① 현행화 된 비상연락망을 유지하는가?
② 테러 및 보안사고 보고계통과 절차를 숙지하는가?

(6) 업무종료 및 이석시 컴퓨터 잠금상태
① 사무실, 탑승수속대 등 PC OFF/잠금 조치를 하는가?

(7) 공항 출입증 및 사원증 패용 등 규정 이행상태(조업사 등)
① 본인 출입증/사원증을 상체에 노출되게 패용하는가?
② 출입증/사원증 관리규정을 숙지하는가?

(8) 보안담당자 운영지침 이행상태
① 정/부를 지정하여 운영하는가?
② 담당자 임무를 숙지하는가?
③ 담당자 교대시 보안업무를 인계인수하는가?

나. 비행서류 보관 및 관리실태

비행서류 보관 및 관리실태 확인시 포함할 사항은 다음과 같다.

(1) 표준운영절차에 보안대책 수립 · 이행상태

① 비행서류 보안대책이 수립되어 있는가?

② 수립된 비행서류 보안대책을 이행하는가?

(2) 비인가자 접근 통제상태

① 비인가자에 대한 접근통제를 하는가?

② 영업중 또는 종료후 비행서류를 방치하는가?

(3) 보관 및 관리상태

① 미사용 비행서류를 잠금장치 서류함에 보관하는가?

② 비행서류 관리책임자 정/부를 지정운영 하는가?

③ 비행서류 보관함 열쇠가 방치되어 있는가?

(4) 취급 및 배포규정 이행상태

① 항공사 직원 등이 취급 및 배포하는가?

② 취급 및 배포 규정을 숙지하는가?

(5) 보안담당자 지정운영 이행상태

① 비행서류 보안담당자 정/부를 지정운영 하는가?

② 비행서류 관리규정 및 절차를 숙지하는가?

(6) 정기점검 이행여부

① 보안담당자는 비행서류 정기점검을 하는가?

② 점검결과를 비행서류 관리대장의 기록유지 하는가?

(7) 비행서류 보존규정 이행상태

① 탑승권 등 각종 비행서류 종류를 숙지하는가?
(수하물꼬리표, 승객/화물탑재명세서, 무기운송/위험물보고서)

② 작성일 기준 실물 또는 전산 Data로 1년 이상 보존하는가?

다. 테러위협 대응능력(가상상황 모의훈련 포함)

테러위협 대응능력은 가상상황 모의훈련 통하여 확인하는 것이며 포함할 사항은 다음과 같다.

(1) 항공기 등 폭발물위협 전화접수시 조치절차 숙지상태
① 관계기관 신고절차를 숙지하는가?
② 폭발물위협 보고서를 작성하는가?
③ 협박자 리드요령 등 행동절차를 숙지하는가?
(2) 테러위협 대비 발신자 표시/녹음장치 운영 및 관리상태
① 사용법을 숙지하는가?
② 작동상태 확인 및 고장시 조치요령을 숙지하는가?
(3) 항공기 테러발생시 직원별 개인임무 숙지상태
① 개인별 임무카드를 휴대하는가?
② 임무카드에 부여된 임무를 숙지하는가?
(4) 탑승수속대 테러용의자 출현시 대응/보고절차 숙지상태
① 발권시 발급중지 등 대응방법을 숙지하는가?
② 보고계통 및 보고절차 숙지하는가?
(5) 거동수상자 및 방치물품 발견시 조치절차 숙지상태
① 공항내 거동수상자 발견시 조치절차를 숙지하는가?
② 공항내 방치된 물품 발견시 신고절차를 숙지하는가?

라. 탑승수속대 보안통제상태(승객 및 위탁수하물)

점검수행자가 수검부서의 사무실에서 항공보안관련 법규 준수사항에 대한 점검을 마치고 탑승수속대 및 탑승구로 이동하여 점검을 수행하며 탑승수속대에서는 일반적으로 관찰 및 질의응답으로 확인하는 것이며 포함할 사항은 다음과 같다.

(1) 여권/신분증 사진과 실물 대조절차 이행상태

정확한 실태를 파악하기 위해서는 질의응답식 보다는 현장관찰을 통하여 확인하는 것이 효과적이다.

① 승객 여권/신분증 사진과 본인 얼굴을 대조하는가?
② 유효한 신분증의 종류를 숙지하는가?
(2) 위탁수하물 접수시 보안질의 등 조치절차 이행상태
① 수하물 포장에 대한 보안질의를 하는가?
② 의심 및 거부 승객의 보안조치절차를 숙지하는가?

◦ 의심스럽거나 내용물을 알려주지 않는 승객은 개봉검색
◦ 개봉검색 거부시 탑승권 발권 중지 및 탑승거부 조치

(3) 물품, 우편물 등 접수 및 관리대장 분리운영 이행상태

① 탑재책임자 서명, 신분확인 후 접수하는가?

② 물품과 우편물을 분리하여 관리대장에 기록유지 하는가?

③ 냄새, 와이어노출 등 외관상태를 점검후 접수하는가?

(4) 승객·수하물 일치작업 및 조치절차 이행상태

① 승객 및 수하물 일치작업이 실시되는가?

② 수속시 접수수량과 실제 탑재수량을 비교하는가?

③ 위탁수하물 정보를 기장에게 통보하는가?

◦ W&B Sheet상 LMC(Last Minute Changes)란에 기재

(5) 무주수하물 운송방지 절차 숙지상태

항공기에 탑재된 위탁수하물이 실제 탑승한 승객 및 승무원의 위탁수하물과 일치하는지 여부를 확인하여야 한다.

① 불일치시 보안통제절차를 숙지하는가?

② 전체 수하물을 개별 확인작업 후 승인절차를 숙지하는가?

(6) 기내반입 금지물품 안내판 및 안내직원 배치상태

① 기내반입금지 물품 안내판이 잘 보이는 곳에 비치되었는가?

② 안내직원이 배치되어 대고객 안내를 실시하는가?

(7) 단체승객에 대한 개별수속 절차 이행상태

① 단체승객에 대한 개인수속 절차를 숙지하는가?

② 단체인의 대표가 대리수속 하는가?

(8) 장애인 승객에 대한 대리수속 절차 이행상태

① 자체보안계획의 대리수속절차를 숙지하는가?

(9) 수감자 호송시 조치사항 숙지상태

① 호송대상자 탑승전 호송사실을 기장 등에게 통보하는가?

② 특별승객명단에 기재하는 규정을 숙지하는가?

(10) 대통령경호원 무기의 기내 반입절차 숙지상태

① 탑승전 무기 반입절차를 숙지하는가?

② 도착지공항에 통보할 사항을 숙지하는가?

마. 탑승구 보안통제상태

점검수행자가 수검부서의 탑승수속대의 보안통제상태에 대한 점검을 마치고 탑승구로 이동하여 점검을 수행하며 탑승구에서도 일반적으로 관찰 및 질의응답으로 확인하며 탑승구 점검사항에 포함할 사항은 다음과 같다.

(1) 반입금지 액체류 물품등 보안통제절차 이행상태
① 휴대 승객 발견시 반입제지 등 보안통제를 하는가?
② 액체류보안봉투 개봉/훼손 발견시 보안통제 요령을 숙지하는가?

(2) 여권/신분증 사진과 실물 대조절차 이행상태
① 실물을 대조해 일치여부를 확인하는가?
② 사진과 승객 실물 미일치시 조치절차를 숙지하는가?

(3) 본인의 여권/신분증 및 탑승권 소지여부
① 여권/신분증과 탑승권의 인적사항 일치여부를 확인하는가?
② 인적 및 기록사항 미일치시 조치절차를 숙지하는가?

(4) 탑승권 확인중 BGR 비음 표출시 보안통제상태
① 해당 승객 진입차단 등 보안통제를 하는가?
② 진입차단 및 보고 등 보안통제 절차를 숙지하는가?

(5) 부정 및 오탑승객 방지위한 근무규정 이행상태
① 2명 근무요령을 이행하는가?(1명은 BGR 탑승권 확인, 다른 1명은 불법진입 감시)
② 부정/오탑승객 발견시 조치절차를 숙지하는가?

(6) 승객 · 수하물 일치작업 및 조치절차 이행상태
① 시스템과 실제 탑승객 숫자를 확인하는가?
② 탑승객 숫자가 미일치시 조치절차를 숙지하는가?

(7) 출발전 미탑승객 발생시 위탁수하물 하기절차 이행상태
① 해당 승객의 위탁수하물을 하기 조치하는가?
② 탑승 거부 및 미탑승객 위탁수하물 하기절차를 숙지하는가?

(8) 계류장 버스 탑승전 · 후 승객 이동동선 보안통제상태
① 감시직원을 배치하여 이탈승객을 감시하는가?

② 이탈승객 발생시 보고 등 조치절차를 숙지하는가?

바. 항공기 보안통제상태

탑승구가 오픈되기 전에 탑승구지역 창밖을 통하여 주기 중인 항공기에 대한 보안통제상태를 관찰하며 기내에서의 보안통제상태를 다음과 같이 확인하여야 한다.

(1) 비인가자 접근시 접근통제 등 보안통제상태

① 항공기경비요원이 배치되어 감시임무를 수행하는가?

② 접근자 발견시 출입증 확인, 제지 등 보안통제를 하는가?

③ 접근자 및 비인가자에 대한 보안통제절차를 숙지하는가?

(2) 기내식 및 기내용품 반입시 인계인수 절차 이행상태

① 상호 입회하에 카트의 보안확인표시 훼손여부를 확인하는가?

② 주방용품 인계인수시 상호 입회하 개봉 검색 후 반입하는가?

③ 액체류보안봉투 인수자는 STEB 훼손여부를 확인하는가?

④ STEB 사용/재고현황을 인계인수대장에 기록하는가?

(3) 항공기 출발전 보안점검 및 절차 이행상태

① 승무원, 정비사는 점검표에 따라 절차대로 점검하는가?

② 항공기 보안점검기록대장에 점검결과를 기록하는가?

(4) 모든 출입문에 보안확인표시(Seal) 봉인조치 이행상태

주간에 5시간이상 주기 및 당일 비행종료 항공기에 대한 탑승장비 제거 전에 보안확인표시에 대한 조치 확인절차는 다음과 같다.

① 보안확인표시 부착 위치에 따라 봉인조치 하는가?

② 야간 경비관련 점검대장에 기번별 봉인조치를 기록하는가?

③ 최초 점검자가 보안확인표시 훼손 유무를 확인하는가?

(5) 공항도착 및 승객하기후 잔류승객 및 방치물품 점검상태

① 기내에 잔류승객 및 선반 등에 방치물품을 확인하는가?

② 수상한 물품 발견시 보안기관 등 신고절차를 숙지하는가?

(6) 기장 합동브리핑 절차 이행상태

① 기장 브리핑시 조종실 출입통제절차가 포함되는가?

② 최근 기내불법행위 사례 등이 포함되는가?

(7) 조종실 출입 및 보안통제절차 이행상태

① 조종실 출입시 출입절차를 준수하는가?

② 조종실 접근시도 승객 발견시 보안통제절차를 숙지하는가?

(8) 부정 및 오탑승객 방지위한 보안통제절차 이행상태

① 항공기 출입문에서 입장 승객을 카운팅 하는가?

② 부정/오탑승객 발견시 조치 및 절차를 숙지하는가?

(9) 기내 불법행위 승객 대응 및 처리절차 숙지상태

불법행위 발생시 대응 및 처리절차는 다음과 같이 확인한다.

① 객실승무원이 불법행위를 휴대전화 등으로 녹화하는가?(증거)

② 중대한 불법행위 승객 처리절차를 숙지하는가?(제압, 구금조치)

③ 경미한 불법행위 승객 처리절차를 숙지하는가?(중단 경고조치)

④ 불법행위 승객의 처리절차를 숙지하는가?(신고, 경찰인계 등)

(10) 운항중/이륙전/착륙후 폭발물발견시 조치절차 숙지상태 운항중/이륙전/착륙후 폭발물발견시 운항 및 객실승무원의 조치 사항을 다음과 같이 행동 및 질의응답으로 확인한다.

① 최소 폭발물 위험위치를 정확히 지정하는가?

② 폭발물발견시 보고절차를 숙지하는가?

③ 운항중 발견시 조치절차를 숙지하는가?

- 사무장은 즉시 기장에게 보고한다.
- 폭발물의 종류, 형태 등 자세한 정보를 기장에게 보고한다.
- 폭발물 주위의 승객을 신속히 대피시켜야 한다.
- 전 승객을 좌석 등받이나 좌석 아래로 대피하도록 안내한다.
- 사무장은 방탄자켓 착용 후 방폭담요로 폭발물을 덮는다.
- 기장은 관제기관에 상황통보, 무여압 상태로 비행이 유지되도록 강하할 것을 추천하여야 한다.
- 기장은 종합통제실과 협의, 적절한 공항으로 빨리 비상 착륙 후 비상사태 선포 후 소방 및 구급차량을 대기 요청한다.

④ 이륙전 및 하기전 발견시 조치절차를 숙지하는가?

- 사무장은 즉시 기장에게 보고하여야 한다.

◦ 폭발물 주위의 승객을 신속히 대피시켜야 한다.
◦ 전 승객을 좌석 등받이나 좌석 아래로 대피하도록 안내한다.
◦ 사무장은 방탄자켓 착용 후 방폭담요로 폭발물을 덮는다.
◦ 폭발물 처리반 도착시까지 폭발물에 대한 접촉을 금지한다.
◦ 전 승객을 신속, 질서정연하게 하기하도록 안내하고 항공기로부터 100m이상 대피시켜야 한다.
◦ 승무원 또는 승객의 휴대물품을 필요시 재검색을 실시한다.

⑤ 착륙 후 발견시 조치절차를 숙지하는가?

◦ 우선 폭발물 하단에 이동방지 장치가 있는지 얇은 책받침으로 확인하며, 이동방지장치가 있으면 이동을 금지하여야 한다.
◦ 폭발물에 장치된 전선, 끈 또는 테이프 등은 접촉하면 폭발할 위험이 있으므로 절단을 금지하여야 한다.
◦ 폭발물의 외부 용기 개방을 금지한다.
◦ 폭발물 이동시는 면밀한 계획을 세우고 이에 따라 천천히 가능한 한 발견시 높이를 유지하여 이동하여야 한다.
◦ 기내물품으로 비상도어 중간높이까지 단을 쌓고 그 위에 폭발물을 놓고 방폭담요를 덮고 공간은 젖은 모포 등으로 채운다.
◦ 기내 소화기와 산소통을 준비해 필요시 즉시 사용하도록 한다.

(11) 기내 비상벨 위치 및 사용방법 숙지상태

① 비상벨 위치를 지정하는가?
② 사용시기 및 방법을 숙지하는가?

(12) 기내 보안장비 작동상태 및 운영방법 숙지상태

① 전자충격기 등 보안장비의 정상 작동상태를 점검하는가?
② 장비별 사용시기 및 방법을 숙지하는가?

사. 화물터미널에 대한 보안통제상태

화물터미널은 승객의 보안동선과 달리 또다른 보안동선에 해당되며 포함할 사항은 다음과 같다.

(출입통제)

(1) 비인가자 및 차량 출입통제대책 수립 · 이행상태

① 접근금지 등 문서화된 출입통제 대책이 수립되어 있는가?

② 출입증 패용 및 주의사항 안내 등 경비원이 엄격히 통제하는가?

③ 출입 허용시 출입대장에 기록하는가?(성명, 일시, 목적 등)

④ 위해물품 반입차단 위한 엑스선검색기 등으로 검색하는가?

⑤ 방문자를 건물 내에서 책임자가 인솔하는가?

(2) 출입통제 및 감시체계 운영상태

① CCTV, 보안경비등, 경비요원 등 24시간 감시하는가?

② 비운영시간에 출입구 폐쇄 또는 잠금장치로 조치하는가?

(화물 접수 · 보관시 보안통제)

(3) 항공화물 접수시 보안통제절차 이행상태

① 화주/운송업체 화물 접수시 의뢰인의 신분을 확인하고 접수하는가?

② 외관상 불법훼손, 전선노출, 내용물의 유출여부 등을 확인하는가?

③ 적절한 보안검색 미수행 경우에 화물운송 규정을 숙지하는가?

(4) 화물 처리장비에 대한 점검 및 보관규정 이행상태

① 화물 작업전 컨테이너, 팔레트 등에 위해물질 여부를 점검하는가?

② 비인가자의 출입이 통제되는 보안구역에 보관하는가?

(5) 항공기 탑재전 분류 · 포장 작업장에 대한 보안조치상태

① 화물의 분류 및 포장작업이 지정된 장소에서 이루어지는가?

② 작업 직원의 신원조사 및 적격자가 근무하는가?

③ CCTV를 설치하여 모든 작업과정을 관찰하는가?

④ 은닉방지 위해 컨테이너 또는 밀폐된 포장 용기에 포장하는가?

(6) 보안통제완료 항공화물 운송시 보안통제상태

① 보세운송사업자나 화물자동차운송사업자의 차량으로 운송하는가?

② 운전자는 화물운송종사자자격증 취득 및 보안교육 이수자인가

(7) 검색완료 화물 보관절차 이행상태

① 외부침입으로부터 보호되고 접근통제되는 장소에 보관하는가?

② 감시 불가지역에 방치된 화물이 있는가?

③ 방치된 화물이 발견시 보안조치 절차를 숙지하는가?

(8) 검색완료 화물 이동시 보안통제 절차 이행상태

① 외부로부터 공항/보안구역 이동시 감시되는가?

② 이동중 위해물품 발견시 보안통제를 시행하는가?

(9) 보호구역내 보안통제 및 각종 표지 관리상태

① 각종 표지가 보안통제 규정대로 표기되었는가?

② 변색, 퇴색, 식별이 불분명한 표지가 방치되고 있는가?(재도색)

(검색장비 운용 및 절차)

(10) 검색장비 유지 및 관리절차 이행상태

① 검색장비의 유지·보수책임은 누구에게 있는가?

② 검색대 설치된 모든 장비가 정상으로 운영되는가?(사용연한 등)

③ 유지보수 주체/횟수를 포함한 유지보수 관련사항을 숙지하는가?

(11) 화물검색장비 운영규정 이행상태

① 인가된 검색장에서 보안장비에 의한 검색을 받는가?

② 장관이 고시한 요건을 준수하는 검색장비를 사용하는가?

(12) 검색요원의 근무규정 이행상태

① 근무 및 교대시간을 준수하는가?

② 교육일지나 교육이수증으로 유자격 여부 등을 확인

(13) 화물 검색절차 이행상태

① 화물을 포장단위별로 나누어 검색하는가?(단, 전체를 검색할 수 있는 장비가 있는 경우는 예외)

② 화물 내용물과 신고된 선적서류와 일치여부를 확인하는가?

③ 검색된 화물수 등 검색기록은 60일간 유지·보관되는가?

④ 화물내 위해물품 은닉여부를 확인하는 절차가 수립되어 있는가?

(14) 화물검색중 위해물질 발견시 조치절차 이행상태

① 폭발물 등 위해물질이 포함된 화물은 통제 및 격리조치 하는가?

② 비상연락망으로 관련기관 통보절차를 숙지하는가?

(15) 보안검색 실패시 보고절차 숙지상태

① 실패한 화물이 탑재된 사실 인지시 보고절차를 숙지하는가?(항공사 보안감독자 및 책임자, 관계기관 등 통보)

② 검색 실패의 경우를 숙지하는가?
- 검색장비가 비정상 상태로 검색 또는 미흡한 사실 알게 된 경우
- 비인가자 및 물품이 보호구역 또는 항공기 안으로 들어간 경우
- 검색에 필요한 교육훈련 미이수자로 보안검색이 이루어진 경우
- 무기 · 폭발물 등에 의하여 항공기에 대한 위협이 증가하는 경우

아. 정비시설에 대한 보안통제 상태

정비시설도 화물터미널의 보안동선과 달리 또다른 보안동선에 해당되며 포함할 사항은 다음과 같다.

(출입통제)

(1) 비인가자 및 차량 출입통제대책 수립 · 이행상태

① 접근금지 등 문서화된 출입통제 대책이 수립 되어있는가?
② 출입증 패용 및 주의사항 안내 등 경비원이 엄격히 통제하는가?
③ 출입 허용시 출입대장에 기록하는가?(성명, 일시, 목적 등)
④ 위해물품 반입차단 위한 엑스선검색기 등으로 검색하는가?

(2) 출입통제 및 감시체계 운영상태

① CCTV, 보안경비등, 경비원 등 24시간 감시하는가?
② 비운영시간에 출입구 폐쇄 또는 잠금장치로 조치하는가?
③ 24시간 미운영시 경비원 배치 등 보안대책 이행하는가?

(작업중 및 종료후 보안통제)

(3) 정비 작업중 보안통제절차 이행상태

① 조업요원에 대한 보안책임자의 업무감독을 하는가?
② 불필요한 인원출입 및 물품반입을 감시 및 통제하는가?
③ 비인가자 및 위해물품 발견시 조치절차를 숙지하는가?

(4) 정비작업 종료후 항공기 출입문 보안조치상태

① 잠금장치, 스텝카제거 등을 격리조치하는가?
② 보안확인표시 부착 위치에 따라 봉인하는가?
③ 봉인조치를 야간 경비관련 점검대장에 기록유지하는가?
④ 최초 점검자가 보안확인표시 훼손 유무를 확인하는가?

(5) 보안순찰 및 상황조치 절차 이행상태

① 순찰자가 항공기 보안 및 경비원 근무상태를 점검하는가?

② 항공기 외부침입 흔적 발견시 상황조치절차를 숙지하는가?(내부 수색, 비정상 상황시 관계기관 신고 등)

③ CCTV 감시중 이상발견시 상황조치절차를 숙지하는가?(경비원 연락, 점검반 투입, 관계기관 신고 등)

(6) 현장 일일보안점검 이행상태

① 점검 담당자가 지정되어 점검하는가?

② 점검결과를 기록유지하는가?

(7) 보안검색업무일지 및 검색대장 관리상태

정비시설에서 사용되는 보안검색업무일지 및 보안검색대장은 1년 이상 보관하여야하며 확인사항은 다음과 같다.

① 보안검색 업무일지를 기록유지하는가?

◦ 항공보안검색요원 및 감독자의 성명 및 근무시간

◦ 항공보안장비의 점검 및 운용에 관한 사항

◦ 보안검색 업무 수행중 발생한 특이사항

② 보안검색대장을 기록유지하는가?

◦ 검색된 물품의 수, 검색방법 및 일시, 검색자 성명 등

(8) 정비위탁업체의 보안프로그램상 보안대책 수립여부

① 탑승교/스텝카 항공기로 부터 이격, 야간 경비인력 배치

② 정비완료 항공기 출입문 잠금 및 보안확인표시 봉인

③ 외부로부터 위해물질 반입금지 대책(기어, 엔진덮개 등)

④ 접근 및 침입자 감시 보안대책(조명시설,CCTV 설치 등)

⑤ 국토교통부 등 최신 개정내용의 자체보안계획에 반영상태

자. 기내식제조 및 저장품시설에 대한 보안통제상태

기내식제조 및 저장품시설에 대한 보안통제상태를 확인할 사항은 다음과 같다.

(출입통제)

(1) 비인가자 및 차량 출입통제대책 수립 · 이행상태

① 접근금지 및 보안검색 등이 포함된 출입통제 대책이 있는가?

② 출입증패용 및 주의사항 안내 등 경비원이 엄격 통제하는가?

③ 출입 허용시 출입대장에 기록하는가?(성명, 일시, 목적 등)

④ 위해물품 반입차단을 위해 엑스선검색기 등으로 검색하는가?

⑤ 방문자를 건물 내에서 책임자가 인솔하는가?

(2) 기내식제조 시설내 구역별 출입통제상태

① 물품납품, 처리, 반출포장지역 등 구역별로 출입통제하는가?

② 주방은 통제된 출입문을 통해 인가된 직원만 출입하는가?

(3) 기내식 조리 및 보관창고 감시 및 경비상태

① 조리된 음식, 운반카트 등이 탑재전 보관되는 냉동보관 시설에 대하여 잠금장치나 보안확인표시로 봉인하는가?

② CCTV카메라나 적정한 경비요원을 배치운영하는가?

(반입시 보안통제)

(4) 기내식 및 기내물품 반입시 위해물품 보안통제상태

① 기내 유입 방지위한 보안통제대책이 문서화되었는가?

② 항공기 탑재 편의용품과 장비품 등을 보안검색하는가?

(5) 기내식 보급품의 지속적인 감독수행상태

① 음식 컨테이너와 부피가 큰 보급품을 감독하는가?

② 반입 금지된 물품이 투입되는 것을 방지하도록 조치하는가?

(6) 기내식 제조에 사용되는 장비 및 부품반입시 검색여부

① 개봉 또는 분해해 반입금지물품 여부를 검색하는가?

② 사용되는 장비 및 부품반입시 검색규정을 숙지하는가?

(7) 외부 침입흔적 기내식 물품의 정밀검색 이행상태

① 기내식 물품을 개봉을 실시하는가?

② 기내식 물품에 대한 조치절차를 숙지하는가?

(운반시 보안통제)

(8) 기내식 카트 항공기 탑재전 감독자 보안점검 이행상태

① 항공기로 이동전 반입금지 물품여부를 감독자가 점검하는가?

② 물품서류(기내식주문)를 점검후 서명하는가?

③ 위협 고조시 해당 노선에 대한 봉인 등 추가 조치를 하는가?

(9) 항공기 반입물품 운송 및 탑재시 보안절차 이행상태

① 기내식 및 저장품 운송차량 미사용시 잠금상태를 점검하는가?

② 보안담당자가 적재함에 위해물품 탑재 여부를 검사하는가?

③ 물품 탑재후 보안절차를 숙지하는가?(적재함 봉인 등)

(10) 기내식 운반차량 이동시 감독자 호위여부

① 기내식 운반차량이 항공기로 이동시 감독자가 호위하는가?

② 특별요청 및 위협고조시 감독자가 적재과정을 감독하는가?

(인원보안)

(11) 시설내 고용인의 신원조사 등 관리상태

① 시설내 고용인의 신원조사 및 적격자가 근무하는가?

② 고용인에 대한 신원조사 결과를 보관유지하는가?

(12) 시설내 근무직원의 보안교육 및 자격관리상태

① 공항 및 항공사 보안절차 준수에 대한 교육을 이수했는가?

② 교육실적 및 기록유지를 확인하는가?

③ 운반차량 운전자는 화물운송종사 자격증 소지자인가?

차. 자체 수준관리용 보안점검표는 [부록 3] 별표 5의 보안점검표 양식을 참고한다.

2) 항공기 보안점검표

항공운송사업자는 「항공보안법」 제14조 ④항에 따라 항공기의 보안확보를 위하여 운항 전·후에 보안점검을 하여야 한다. 운항 및 객실승무원, 정비사가 항공기 보안점검시 사용하는 보안점검표는 항공보안경보등급에 따라 상황별로 적용하며, 직무에 따른 항공기 보안점검표에 대한 항목별 점검방법 및 절차는 다음과 같다.

가. 운항 및 객실승무원용 항공기 보안점검표는 [부록 3] 별표 6의 항공기 보안점검표 양식을 참고하며 점검순서 및 방법은 다음과 같다.

(1) 직무별 보안점검사항

① 운항승무원 : 조종실(좌석, 각종 보관장소, 바닥/천장/벽면 등)

② 객실승무원 : 객실, 주방, 화장실 및 승무원 휴게실(배전실포함) 등 승객 은신가능

장소

(2) 운항전 보안점검사항

항공기가 운항하기 전에 실시하는 항공기의 보호대책으로는 항공기의 외부에 대한 외부침입흔적, 항공기의 내부에 대한 보안점검으로는 기내의 좌석, 수하물보관 선반, 화장실, 저장품 창고, 주방, 옷 보관 장소 등에 대한 보안점검을 실시하여야 하며, 항공기 내부에 대한 운항전 보안점검절차에서 다음과 같은 요령으로 위해물품 은닉여부를 확인하여야 한다.

① 객실에 대하여서는 천정에 설치된 선반, 외투보관함, 조명시설 부착부분, 산소마스크 보관대 등 확인

② 객실좌석은 좌석상태, 좌석에 부착된 주머니, 쿠션, 구명 자켓 보관 등 확인

③ 음식을 조리하는 주방, 저장품 보관함, 냉장고, 온장고, 오븐, 음식용기, 선반 등 확인

④ 화장실은 종이타월 보관함, 개수통, 변기, 선반 등 확인

(3) 운항 전·중·후 보안점검 절차

항공기 기내의 운항 전·중·후 보안점검 절차는 다음과 같다.

① 승객 탑승전 보안점검(기내청소 등 완료 후)

- 승무원은 각 업무 위치에서 보안점검표에 따라 보안점검을 실시
- 운항승무원은 운항교범(POM)에 명시된 조종실내 보안점검을 실시하고 해당 운항에 영향을 미칠 수 있는 사항은 추가점검 실시
- 객실승무원은 승객 탑승 시작전 기내 방치된 물품, 수하물, 밀수품 등 여부를 확인하며 이러한 물품은 반드시 항공기 출발 전에 하기조치
- 수하물을 체크인한 승객이 항공기에 탑승하지 않거나 탑승 후에 출발전 하기하는 상황발생시 운송직원은 체크인한 수하물을 하기 조치후 객실사무장을 통하여 기장에게 통보

② 운항중 보안점검

- 운항중 발생되는 항공안전 및 보안에 관한 비정상 상황에 유의하며, 난폭하거나 통제 불응승객은 안전 및 보안에 위협 요인임
- 운항중 적절한 기내 순찰(Walk Around)을 통하여 승객의 동태를 살피고 업무수행을 방해하거나 승객 및 항공기의 위협행위에 대비

- 승객의 비정상적인 행위에 대하여 객실승무원은 사무장 및 기장에게 보고하여 조치할 수 있도록 하여야 함

③ 경유지 공항 보안점검

- 기내에 비인가자 출입 또는 반입금지 품목의 기내반입방지를 위하여 보안활동을 다시 실시
- 승무원의 감독없이 기내에 승객을 방치하여서는 아니 되며, 특별한 사유 없이 승무원의 기내 이탈금지
- 승무원이 교대할 시는 승무원 상호간 인계인수 철저
- 경유지에서 기내 보안장비 및 보안점검을 다시 실시

④ 착륙 및 승객 하기 후 보안점검

- 객실승무원은 기내 확인이 되지 않는 물품 및 수하물 또는 다음 운항 안전에 영향을 미치는 의심 품목이 있는지 확인하고 발견시는 사무장에게 보고
- 특히 선반(Overhead Bin), 좌석 밑, 기내 화장실에 방치된 물품이 있는지 주의하여 확인

나. 정비사에 의한 항공기 보안점검에 대한 점검순서 및 방법은 [부록 3] 별표 7의 항공기 보안점검표 양식에 따라 다음과 같이 실시한다.

(1) 직무별 보안점검사항

① 정비담당 : 항공기 동체, 항공기 외부, 화물칸 내부

② 지정된 대리인 : 화물칸 또는 필요시 객실, 화장실 및 승무원 휴게실 등 승객 은닉 가능 장소 등 지정된 대리인에 의해 항공기 보안점검이 실시되는 경우 해당구역 점검 총괄책임자에 의해 점검 중 감독 및 점검 후 최종 확인이 시행되어야 한다.

(2) 운항전 항공기 외부 보안점검사항

항공기가 운항하기 전에 실시하는 항공기의 보호대책으로는 항공기의 외부에 대한 외부침입흔적, 항공기의 바퀴부분과 출입문에 대한 보안 점검 등으로 이루어지고, 운항전 보안점검은 다음과 같은 요령으로 실시되어야 한다.

① 주기된 항공기에 외부에 침입흔적이 있는지 알아보기 위하여 출입문의 봉인상태와 개방된 흔적여부 확인

② 항공기의 랜딩 기어부위와 바퀴의 타이어 및 바퀴 보관대 기어의 상태를 점검하

고, 외부의 침입여부 확인

③ 지상의 전원이나 공기연결 패널에 대한 점검과 엔진의 공기흡입구 및 배기구 등 확인

④ 항공기의 날개부분과 보조날개의 가장자리 플랩부분에 대한 확인

3) 보안점검시 조치사항

항공기 보안점검시 기장, 객실승무원 등이 수행하여야 하는 조치사항은 다음과 같다.

가. 객실승무원은 항공기 운항전에 무기, 폭발물, 기타 위해물품 및 의심스러운 물건이 있는지 보안점검을 수행하고, 의심이 되는 경우에는 선임 승무원이나 기장에게 지체없이 보고하여야 하며, 승객이 모두 하기한 경우에는 잔류승객, 잔류물품(Left Behind Item)에 대하여 확인하고 특이사항 발견시 즉시 선임승무원 및 기장에게 보고하고 필요한 경우 관계기관에 신고하여야 한다.

나. 모든 승무원이 항공기를 5시간 이상 떠나 있다가 다시 운항을 위해 점검하는 경우 또는 항공보안등급 주의 발령시 [부록 3] 별표 9의 보안조치 확인표 양식에 따라 주 2회 이상 점검하여야 한다.

다. 위협 증가 등으로 항공보안등급이 상향된 노선의 운항편은 별도 지침을 정해 항공보안등급 기준보다 상향된 항공기 보안점검을 실시할 수 있다.

라. 기장은 승무원 및 정비사로부터 항공기 보안점검이 완료되었음을 통보 받은 후 승객을 탑승시켜야 한다.

부 록

[부록1] 국가항공보안 수준관리지침 점검양식

[부록2] 공항운영자 자체수준관리지침 점검양식

[부록3] 항공사 자체수준관리지침 점검양식

[부록4] ICAO 항공보안평가프로그램 상시평가 점검항목

[부록 1]

국가항공보안 수준관리지침 점검양식

[별표 1] 항공보안감독관 서약서(양식)

항공보안감독관 서약서

소 속 :

성 명 :

상기 본인은 국토교통부 소속 항공보안감독관으로서 아래 사항을 준수할 것을 서약하면서 이 서약서를 제출합니다.

1. 항공보안점검활동을 성실하고, 신중하며, 양심적으로 수행한다.
2. 항공보안 점검활동 시 최선의 역량을 발휘한다.
3. 공평하고 정직하게 점검활동을 수행한다.
4. 항공보안감독관의 권한을 남용하지 않는다.
5. 점검활동과 관련하여 타인으로부터 금품 등을 받지 않는다.
6. 점검 대상자에 대한 편견을 가지지 않고 존중한다.
7. 점검활동 과정 중에 알게 된 기밀 정보를 누설하지 않는다.
8. 다음 각 호의 경우에는 즉시 소속기관장에게 보고한다.
   가. 불법적 또는 비윤리적인 방식으로 점검하도록 요구된 경우
   나. 「항공보안법」, 「항공보안법 시행규칙」, 「국가항공보안 수준관리지침」 및 「항공보안감독관 업무규정」등 관련규정을 위반하여 점검하도록 요구된 경우

20 . . .

항공보안감독관 (성명) (서명)

국토교통부장관 귀하

[별표 2] 확인서(양식)

확 인 서

1. 건명 :

2. 내용 :

위 사실을 확인합니다.
년 월 일

확인자 소속 :
직위 :
성명 : (서명 또는 인)

국토교통부 항공보안감독관 귀하

[별표 3] 시정조치서(양식)

<table>
<tr><td rowspan="2" colspan="2">시 정 조 치 서</td><td>명령서번호 :</td></tr>
<tr><td>발행일자 :</td></tr>
<tr><td colspan="3">대상분야(예, 보호구역, 보안검색 등) :
대상회사 :
항공기(필요시, 기종/기번/편명) :
시정종류(예, 제도미흡, 절차불이행, 검색장비고장 등) :</td></tr>
<tr><td>시정조치기한 :</td><td colspan="2">법적근거 :</td></tr>
<tr><td colspan="3">지적사항(Non-conformity):

수검자(확인 서명) :</td></tr>
<tr><td colspan="3">개선지시 권고사항(Correction Order Recommended)

감독관(확인 서명) :</td></tr>
<tr><td colspan="3">시정조치한 내용(Corrective Action Taken)

조치자(확인 서명): 부서장(확인 서명):</td></tr>
<tr><td colspan="3">조치사항 확인 □ 만족/확인 □ 재시정 요구(사유기록)

감독관: 년 월 일</td></tr>
</table>

[별표 4] 항공보안감독관 증표(견본)

항공보안감독관 증표

(앞 쪽)

<table>
<tr><td colspan="2">

항공보안감독관증

(AVIATION SECURITY INSPECTOR CERTIFICATE)

</td></tr>
<tr><td>사진
2.5㎝×3㎝</td><td>성명(Name) :
성별(Sex) :
생년월일(Date of Birth) : 년(y) 월(m) 일(d)
소속(Employed by) :
증명서 번호(Certi No) :
유효기간(Date of Expire) : 년(y) 월(m) 일(d)
서명(Signature of Holder) :
20 . . . 국토교통부장관 직인</td></tr>
</table>

86㎜×54㎜(PVC(비닐 980.4g/㎡)

(뒷 쪽)

이 사람은 「항공보안법」 제33조에 따라 국토교통부장관으로부터 항공보안감독관으로 지정된 자로서, 항공보안에 관한 점검업무 수행을 위하여 항공기 및 공항시설에 출입하여 검사할 수 있으며, 개선에 필요한 시정조치를 할 수 있는 권한이 있습니다. This person can enter and inspect the aircraft and airport facilities to conduct inspection on aviation security and has the power to take corrective and other protective measures as an aviation security Inspector designated by the Minister of Land, Infrastructure and Transport in accordance with Article 33 of Aviation Safety and Security Act.

[별표 5] 시정조치서 관리대장(양식)

시정조치서 관리대장

※ 종결여부는 "V"로 표시한다.

일련번호	조치서 번호	해당 회사	발행 일자	조치사항	종결일시		비고
					종결	미결	

[별표 6] 공항 현장조사표(양식)

공항 현장조사(Survey)표

공항명 : ______________________________

조사일시 : ______________________________

조사자 명단 :
(이름, 직위, 임무)

국제선 · 국내선 항공사 리스트

운항항공기 종류

(S : 정기, NS : 부정기)

항공사	정기	부정기	항공기

□ 출발 승객수

비수기 일자
성수기 교통량
비수기 교통량

항공기 체류(년중)

비수기

수	종류

성수기

수	종류

공항특성 :

환승/터미널
연 화물 운송량 :

공항개항일 :

도표/스케치/공항지도(가능하면 공항 사진 첨부)

전도 :
여객청사, 화물청사, 기내식, 주 공항 업무지역(교통관제소, 독립 전원공급장치, 화재구조 업무시설 등), 정비시설, 일반 주차시설 등

□ 준수사항

1. 공항보안 책임기관	
정부	예/아니오
지방단체	예/아니오
개인	예/아니오
기타	________
2. 공항외부에서의 체크인 절차	예/아니오
	보안절차 기술
(a) 공항터미널	
________________________________	
(b) 기타	
________________________________	
(c) 승무원 수하물	
________________________________	
3. 승객 체크인(위탁수하물)	보안절차
검색	예/아니오
X-Ray에 의한 검색	예/아니오
물리적 수색	예/아니오
승객 사전 자료 조사	예/아니오
폭발물 입자탐지기	예/아니오
기타	
________________________________	
________________________________	
체크인 데스크의 보안 표지유무	예/아니오
사용가능장비	장비명/수
체크인 지역 X-Ray	________
체크인 데스크 X-Ray	________
이동지역	________
램프	________
기타	________
X-Ray 검색대의 직원유형	직원수
남성	________
여성	________
자판기	________

4. 수하물 처리

(a) 항공기내로 이송되는 수하물 및 컨테이너의 보안통제	예/아니오
봉인여부	예/아니오
(b) 체크인/램프지역/선적시	
에스코트 여부	예/아니오
기타사항	________
(c) 위탁수하물의 검색율	
100%	예/아니오
기타사항	________
(d) 수하물 일치(부속서 17.4.3.1)	예/아니오
정부규정	예/아니오
자동	예/아니오
수동	예/아니오
기타	________
(e) 통과수하물의 일치	예/아니오
100%	예/아니오
기타사항(명확히 기술)	________
(f) 통과수하물의 검색	예/아니오
X-Ray 기계	예/아니오
기타	________
검색장소	________
	절차 서술

(g) 수하물분류지역/접근통제

____

____

(h) 특송수하물

____

____

____

X-Ray	예/아니오
물리적검색	예/아니오
기타	________

(i) 찾아가지 않은 수하물

____

____

(j) 시뮬레이션 방 사용여부	예/아니오
(k) 압력방 사용여부	예/아니오

5. 탑승전 사전 승객 검색
(a) 책임(부속서 17,4.1.1)
공항보안대 예/아니오
경찰 예/아니오
군 예/아니오
사설보안기관 예/아니오
항공사 예/아니오
기타 ________
(b) 기검색자 및 미검색자의 섞임,
출국보안검색후 도착승객과 출발승객 섞임여부(부속서 17,4.2.2) 예/아니오
(c) 승객검색종류
문형탐지기 예/아니오
휴대용 금속탐지기 예/아니오
물리적 검색 예/아니오
승객사전 자료검색 예/아니오
(d) 기내휴대용 수하물 검색 종류
X-Ray 예/아니오
- 종류 ________
- 수량 ________
물리적 검색 예/아니오
폭발물 입자탐지기 예/아니오
특수장비/기타 예/아니오

(e) 검색대 직원 수
남성 ________
여성 ________
지원시스템 예/아니오
- 내용 요약기술

____

(f) 검색통제소 위치
청사 예/아니오
검색완료 라운지 예/아니오
탑승동 예/아니오
위성 예/아니오
특별지역 검색-고위협 항공기 예/아니오
- 위치기술

____

6. 보안검색 완료지역의 접근 통제 예/아니오
공항보안대 예/아니오

경찰	예/아니오
군	예/아니오
세관	예/아니오
보안기관/기타	예/아니오
(a) 라운지 검색	
검색종류(예 : 물리적 검색)	________
- 검색기관 :	________
폭발물입자 탐지기/탐지견/기타	________
- 검색기관	________
__라운지로 들어가는 모든 승객은 검색을 받았는가?	예/아니오
면제자들이 있는가?	예/아니오
성명	________
(b) 직원 접근	
에어사이드 출입하는 모든 직원이 검색을 받는가?	예/아니오
(c) 면세품/기타 물품	
보안검색 완료지역에 있는 라운지로 반입되기 전 검색받는가?	예/아니오
검색 퍼센트?	________
검색 책임기관?	________
(d) 버스 검색	
책임기관?	________
(e) 추가 승객 자료 검색	
어느 장소?	________
검색 책임기관?	________
(f) 제한물품	
책임 및 처리절차	________
처분 및 기록 유지	예/아니오
(g) 보안표지판 설치	예/아니오
종류	________
7. 보안 비용 부담 책임	
정부	예/아니오
공항	예/아니오
항공사	예/아니오
승객부과	예/아니오
기타	________
8. 검색 면제 절차	예/아니오
대상자(VIP/외교관/추방자/세관/군/경찰/기타)	________

9. 검색요원	
정복요원	예/아니오
사복요원	예/아니오
남성(명)	________
여성(명)	________
착용한 ID 카드	예/아니오
검색대	________
10. 검색대에서의 검색 및 불시평가	예/아니오
승객 휴대수하물	예/아니오
승객 위탁수하물	예/아니오
사용 시스템	________
횟수	________
11. 추방자 및 구금되어 있는 자	
문서화된 절차 여부	예/아니오
항공사에 사전 통보여부	예/아니오
항공사 책임/에스코트 없을 경우 거부 여부	예/아니오
책임분장 명확화	예/아니오
12. 필요 전화번호	
공항당국	________
경찰	________
세관	________
군	________
출입국관리	________
대응팀	________
기타	________
13. 비밀직통 통신 시스템(부속서 17.3.1.13)	
(a) 대응팀의 책임	
공항보안대	예/아니오
기타	________
(b) 비밀 통신 사용 장비	예/아니오
(c) 대응시간	________
(d) 백업시스템/통신 장애 - 기술하시오	________
(e) 대응팀은 독립적인 콜사인을 보유하고 있다.	예/아니오
(f) 관할 범위 - 서술	________
(g) 불시평가 일정 - 표준	________
(h) 게이트/ CCTV - 전화번호	________

14. 무장순찰(부속서17.3.1.13 3.1.15)
   (a) 책임
      경찰 예/아니오
      군 예/아니오
      세관 예/아니오
      공항보안대 예/아니오
      기타 ________
   (b) 재원조달방법은? ________
      어느 기관이 비용 부담하는가?
      정부/군 예/아니오
      지방정부 예/아니오
      민간 예/아니오
      기타 ________
   (c) 순찰횟수/순찰범위 - 기술하시오 ________
      남성/여성 ________
   (d) 순찰시 사용가능 차량
      일반차량 예/아니오
      탱크 예/아니오
      장갑차 예/아니오
      헬리콥터 예/아니오
      기타 ________
   (e) 무기 사용가능 예/아니오
      종류 ________
   (f) 교육훈련 횟수(부속서 17,3.1.16) ________
   (g) 경비
      관제탑 예/아니오
      급유시설 예/아니오
      발전소 예/아니오
      기타 ________

15. 접근통제
   (a) 접근통제 표시/유형 - 기술하시오(부속서 17,4.4.1) ________
   (b) 에어사이드 출입증 발급 기관
      직원/업체/방문자/기타 사람들에 대한 출입증 발급 ________
      경찰 ________
      공항 ________
      세관 ________
      기타 ________
   (c) 에어사이드 출입증 예/아니오
      유효 대상 : 직원 ________
      방문자 ________

임시 출입자/업체	______
조사여부	예/아니오
(d) 책임	
공항	예/아니오
경찰	예/아니오
군	예/아니오
세관	예/아니오
기타	______
(e) 직원 접근통제	
경비원	예/아니오
전자카드	예/아니오
기타	______
에어사이드에 출입증을 반드시 패용하여야 하나?	예/아니오
미착용시 벌금여부 - 기술하시오	______
관련 규정여부	______
가짜출입증 식별여부/출입증일자통제여부-기술하시오	______
(f) 직원 검색에 대한 표준절차 - 기술하시오	______
(g) 방문자에 대한 에스코트 여부	예/아니오
(h) 제한지역 - 기술하시오	______
(i) 차량	
공항	예/아니오
경찰	예/아니오
군	예/아니오
세관	예/아니오
기타	______
차량출입증이 부착되어 있는가?	______
차량출입증 유효기간	______
VIP 차량에 대한 특별 조치	예/아니오
접근통제 타입	
- 경비원	______
- 장벽	______
- 자동화	______
- 전자카드	______
- 기타	______
차량 수색/종류 - 기술하시오	______
직원 검색	예/아니오
16. 물리적 장벽(부속서 17,4.3.5)	
ICAO 표준지침에 의거 외곽 울타리	예/아니오
자연 울타리 - 기술하시오	______
침입자 감지장치 - 기술하시오	______

항공기 운항지역과 울타리 간의 거리 - 기술하시오	________
CCTV / 중앙통제실	예/아니오
울타리 조명	예/아니오
양쪽울타리 시계가 확보되었나?	________
일반 순찰 및 차량 순찰 - 기술하시오	________
17. 청사 보안	
랜드사이드에서 에어사이드로의 접근 통제	
공항당국	예/아니오
경찰	예/아니오
세관	예/아니오
군	예/아니오
기타	
직원에 대해서도 수색을 하는가?	예/아니오
접근통제/수	________
차량보안 검색 - 기술하시오	________
CCTV	예/아니오
18. 화물	
상용화주 개념이 시행되고 있는가?	예/아니오
화물청사가 랜드사이드에 있는가?	예/아니오
화물청사가 에어사이드에 있는가?	예/아니오
접근통제 - 기술하시오	
경비원	예/아니오
기타	________
출입증 부착여부	예/아니오
조명에 대한 표준 지침 - 기술하시오	________
사용되지 않을시 출입문이 시건되어 있는가?	예/아니오
경보시스템	예/아니오
직원 주차시 청사와의 거리 - 기술하시오	________
세관/경찰 상주여부	예/아니오
X-Ray/ETD / 기타 화물 검색장비	예/아니오
귀중품 보관시설	예/아니오
손실된 포장/손상된 화물	예/아니오
필요 서류/화물경비	예/아니오
제한지역 - 기술하시오	________
공항화물범죄에 대한 통계 - 기술하시오	________
CCTV 장착여부	예/아니오
고가 화물 취급 시설	예/아니오

- 기술하시오 ________
- 경보 여부 예/아니오

19. 우편물 취급소
    취급 장소 - 기술하시오 ________
    경비표준지침(예 : 심야의 경우) ________
    책임자 ________
    우편시설로의 접근통제 책임 ________
    운전사는 출입허가 권한이 있는가? 예/아니오
    X-Ray 시설이 있는가? 예/아니오
    우편물취급소는 운송시 안전한 보안조치 취하나? 예/아니오
    귀중한 우편물에 대한 특별 운송조치 있는가? 예/아니오
    특별 에스코트 우편물 예/아니오
    환승/통과 우편물에 대한 표준지침 ________

20. 특송우편
    운송회사명 ________
    랜드사이드 에어사이드의 시설/특수 건물 등 예/아니오
    X-Ray 시설 예/아니오
    접수절차(상용화주/물리적검색/X-Ray) ________
    특송화물에 꼬리표가 붙는가? 봉해졌는가? 용기보관 되었나?/서류일치?
    /기타사항 기술하시오. ________
    특송우편에 경비원이 붙어 운송되는가? 예/아니오
    일반화주가 있는 화물인가 별송화물인가? 예/아니오
    특송우편 표준절차/ 근무요원이 파트타임/전일근무인지 등을 기술하시오
    ____
    세관 통제/기타사항 ________

21. 항공사 /기내식 시설(부속서 17,4.3.5)
    랜드사이드와 에어사이드 - 장착수 및 위치를 기술하시오. ________
    CCTV 장착 예/아니오
    접근통제 예/아니오
    보안/일치 지역 예/아니오
    직원표준절차/검색 ________
    보세보관물 표준절차 ________
    울타리/조명/접근통제장치 - 기술하시오 ________
    ID 카드 부착 예/아니오
    차량 및 열쇠에 대한 보안 예/아니오
    차량에 스티커를 부착하나? 예/아니오
    직원/차량에 대한 불심 검문 예/아니오

보안검색/항공기내식 예/아니오

22\. 회사 저장품/엔지니어링
절차 - 기술하시오 ________
서류기록/파견상세내용 - 기술하시오 ________
보안검색 예/아니오

23\. 전망대/일반지역
개방/폐쇄 예/아니오
이지역 접근전 검색하는가? 예/아니오
개인검색 예/아니오
기내휴대품 검색 예/아니오
시설 - X-ray/전자문 등 예/아니오
전망대에서 항공기주기장으로 접근통로가 어느 것인가? ________

24\. 항공기 주기장 지역
이 지역에 조명이 충분한가? 예/아니오
보안순찰 횟수 및 주체 ________
경찰 예/아니오
공항보안대 예/아니오
군 예/아니오
기타 ________

항공사는 항공기에 대하여 정식 경비원을 배치하는가? 예/아니오
누가 경비를 제공하는가? ________
비용을 지불하여야 하는가? 예/아니오
기내탑승 되는 승무원 및 그들의 물품 검색시설은? ________
계류장에서 ID를 착용하고 있는가? 예/아니오
무장순찰 차량이 있는가? 예/아니오
운항전 항공기 검색을 하는가? 예/아니오
항공기 정비지역의 표준 보안 절차는 어떠한가? ________
CCTV가 장착되어 있는가? 예/아니오

25\. 위기관리/우발계획(부속서 17 3.1.15)
위기관리 프로그램이 있는가? 예/아니오
위기관리센터가 있는가? 예/아니오
시설에 대한 접근통제 시스템이 갖추어져 있는가? 예/아니오
위기관리센터에 전화선 등 필요시설이 갖추어져 있는가? ________
훈련은 실시하는가? 예/아니오
우발계획에 대한 훈련 기술하시오. ________

26. 폭탄위협 처리절차	
절차가 있는가?	예/아니오
항공기 보안 주기장이 있는가?	예/아니오
승무원이 항공기 화물 탑재, 하역, 수색 등을 할 수 있는가?	예/아니오
항공사에 이러한 절차들을 통지하였나?	예/아니오
이러한 절차를 수행하기 전에 항공사와 상의 하였나?	예/아니오
폭탄 위협 분석책임자는 누구인가?	________
폭발물 처리반이 있는가?	예/아니오
휴지기간이 강제적인가?	예/아니오
명확한 책임분장이 되어있는가?	예/아니오
27. 항공기 피납방지 절차	
항공기 보안 주기장이 있는가?	예/아니오
항공사에 이러한 절차들을 통지하였나?	예/아니오
이러한 절차를 수행하기 전에 항공사와 상의하였나?	예/아니오
명확한 책임분장이 되어있는가?	예/아니오

[별표 7] 검색장비 운용실태 점검표(양식)

<table>
<tr><td colspan="4" align="center">항공보안감독관 점검표</td></tr>
<tr><td>점검분야</td><td colspan="2">검색장비운용실태</td><td>감독관</td><td></td></tr>
<tr><td>점 검 일</td><td>. . .</td><td>수검자 및 기관</td><td colspan="2"></td></tr>
<tr><td colspan="5">Y : Yes, N: No, R/C : Required Correction, N/A : Not Applicable</td></tr>
</table>

<table>
<tr><td>1. 검색장비</td><td>Y</td><td>N</td><td>R/C</td><td>N/A</td></tr>
<tr><td>가. 검색장비의 유지·보수책임은 누구에게 있는가?</td><td>☐</td><td>☐</td><td>☐</td><td>☐</td></tr>
<tr><td>나. 검색대 설치된 모든 장비가 정상적으로 운영되는가?</td><td>☐</td><td>☐</td><td>☐</td><td>☐</td></tr>
<tr><td>다. 공항운영자는 검색대 장비가 정상 운영되는지 불시평가하는가?</td><td>☐</td><td>☐</td><td>☐</td><td>☐</td></tr>
<tr><td colspan="5">라. 만약 그러할 경우 불시평가 절차 및 횟수에 대하여 기술하라.</td></tr>
<tr><td colspan="5"></td></tr>
<tr><td colspan="5">마. 검색장비의 수</td></tr>
<tr><td colspan="5">X-ray :
문형탐지기 :
휴대용금속탐지기 :
폭발물 흔적탐지기 :
폭발물 탐지장비 :</td></tr>
<tr><td colspan="5">바. 장비 모델명, 업체, 소프트웨어 종류, 장비 감도, 장비사용연수 등에 대하여 기술하라.</td></tr>
<tr><td colspan="5">☞ 별지 사용</td></tr>
<tr><td colspan="5">사. 누가 장비세팅을 통제하는가?</td></tr>
<tr><td colspan="5"></td></tr>
<tr><td colspan="5">아. 이 절차를 지원하기 위하여 어떠한 장비가 사용되는가?</td></tr>
<tr><td colspan="5"></td></tr>
<tr><td colspan="5">자. 불시평가 실시주체, 횟수 등을 포함한 일반 불시평가 관련 사항을 기술하여라.</td></tr>
<tr><td colspan="5"></td></tr>
<tr><td colspan="5">차. 유지보수 주체 및 횟수를 포함한 유지보수 관련 사항을 기술하여라.</td></tr>
<tr><td colspan="5"></td></tr>
</table>

[별표 8] 화물보관창고/검색절차 점검표(양식)

항공보안감독관 점검표			
점검분야	화물보관창고/검색절차	감독관	
점 검 일	. . .	수검자 및 기관	
Y : Yes, N: No, R/C : Required Correction, N/A : Not Applicable			

1. 화물, 우편물, 저장품 및 항공사 공급품의 보안통제	Y	N	R/C	N/A
가. 보안통제 책임부서가 지정되어 있는가?	□	□	□	□
나. 보안통제을 위한 표준 지침이 수립되어 있는가?	□	□	□	□
다. 보안요원의 교육훈련은 충족하였는가?	□	□	□	□
라. 보안통제 방법에 대하여 서술하라				

2. 쿠리어 및 기타 특급소포 보안통제	Y	N	R/C	N/A
가. 보안통제 책임부서가 지정되어 있는가?	□	□	□	□
나. 보안통제을 위한 표준 지침이 수립되어 있는가?	□	□	□	□
다. 보안요원의 교육훈련은 충족하였는가?	□	□	□	□
라. 보안통제 방법에 대하여 서술하라				

3. 검색절차	Y	N	R/C	N/A
가. 항공사 또는 대리인이 자체 보유한 보안장비를 사용하여 인가된 검색수행장에서 검색을 받는가?	☐	☐	☐	☐
나. "가"항의 보안검색장비는 장관이 고시한 요건을 준수하는 장비를 사용하는가?	☐	☐	☐	☐
다. 검색대상 화물은 포장단위별로 나누어 검색하는가? 단, 전체를 검색할 수 있는 장비가 있는 경우는 예외	☐	☐	☐	☐
라. 화물의 내용물과 신고된 선적서류와 일치여부를 확인하는가?	☐	☐	☐	☐
마. 보안검색을 실시 중 신고된 화물과 일치하지 않거나 검색을 실시할 수 없는 화물은 개봉검색을 실시하는가?	☐	☐	☐	☐
바. 항공사와 정규적으로 거래를 하지 않은 화주 또는 운송업체의 화물 접수시 반드시 신분 확인 후 접수하는가?	☐	☐	☐	☐
사. "가"항의 보안검색장비는 장관이 고시한 요건을 준수하는 장비를 사용하는가?	☐	☐	☐	☐
아. 운송장 번호, 검색된 화물수, 검색방법, 검색자의 성명 및 검색일자 등 검색기록은 60일간 유지 · 보관되는가?	☐	☐	☐	☐
자. 화물내에 비인가된 폭발물, 발연성물질 또는 위해물품 은닉여부를 확인하는 절차가 수립되어 있는가?	☐	☐	☐	☐
차. 기타 사항은 위탁수하물 검색에 준용하여 실시하는가?	☐	☐	☐	☐
4. 화물보관 및 이동	**Y**	**N**	**R/C**	**N/A**
가. 항공사는 접수된 화물, 특송화물, 우편물 등을 항공기 탑재 전까지 인가자외 접근이 통제되는 지역에 보관하는가?	☐	☐	☐	☐
나. 화물 또는 위탁수하물 등을 보관장소 외 다른 장소나 항공사 직원이 감시를 하지 않는 지역에 방치하는가?	☐	☐	☐	☐
다. 보안검색이 완료된 수하물, 화물, 특송화물, 특급소포 · 우편물, 기내물품, 소모품 등을 외부로부터 공항 또는 보안구역으로 이동시키는 경우 적절한 보안대책이 수립 · 시행되고 있는가?	☐	☐	☐	☐
라. 화물처리 구역을 비인가자의 출입으로부터 보호하기 위한 적절한 보안대책이 수립되어 있는가?	☐	☐	☐	☐
마. 콘테이너, 화물처리장비, 단위화물탑재용기(ULD) 보안과 관련한 보안대책이 수립 · 시행하고 있는가?	☐	☐	☐	☐

5. 상업서류 송달	Y	N	R/C	N/A
가. 항공사는 상업서류송달업자가 항공운송을 목적으로 접수하는 물품에 대하여 위탁수하물과 같은 방법으로 검색을 하는가?	□	□	□	□
나. 항공사는 COB 물품을 접수 할 경우 국토교통부장관이 지정한 업체의 직원 또는 인가된 대리인으로부터 서류 확인 후 접수하는가?	□	□	□	□
6. 환적화물	Y	N	R/C	N/A
가. 항공사는 여객기에 의해 운송되는 환적 화물의 경우 단위화물탑재용기로 이동되거나, 동일 항공사 항공기로 환적되는 경우를 제외하고는 출발화물 접수시와 동일한 보안검색을 하는가?	□	□	□	□
나. 항공사는 통과 환적 화물에 대하여 통과하는 동안에 불법접근 또는 방해행위로부터 보호대책이 수립되어 있는가?	□	□	□	□

[별표 9] 환승/통과승객 검색 점검표(양식)

항공보안감독관 점검표			
점검분야	환승/통과승객 검색	감독관	
점 검 일	. . .	수검자 및 기관	
Y : Yes, N: No, R/C : Required Correction, N/A : Not Applicable			

1. 일반사항	Y	N	R/C	N/A
가. 위해물품이 항공기내로 반입되는 것을 차단하기 위한 통과 및 환승승객에 대한 보안 대책이 공사 자체 보안계획에 포함되었나?	□	□	□	□
나. 공사는 환승 및 통과승객 또는 환승, 통과 승객의 휴대 물품 및 위탁수하물에 대하여 항공기 탑승 또는 탑재 전에 검색을 실시하는가?	□	□	□	□
다. 항공사는 항공기가 공항에 도착시 환승 및 통과승객이 항공기 기내에 잔류할 수 없도록 하는 조치를 취하는가?	□	□	□	□
라. 항공사는 통과승객이 공항 도착시 모든 소지품을 가지고 하기한 후 재탑승토록 하는가?	□	□	□	□
2. 보안검색	**Y**	**N**	**R/C**	**N/A**
가. 통과승객이 기 검색된 승객과 섞이지 않도록 하는 절차가 수립되어 있는가?	□	□	□	□
나. 환승승객도 출발승객과 동일한 검색을 받는가?	□	□	□	□
다. 환승/통과승객에 대한 보안검색절차에 대하여 기술하라				
라. 환승 위탁수하물에 대하여 보안통제를 하도록 하는가?	□	□	□	□
마. 환승 위탁수하물의 보안통제절차에 대하여 기술하라				

[별표 10] 기내식 시설 점검표(양식)

항공보안감독관 점검표			
점검분야	기내식 시설	감독관	
점 검 일	. . .	수검자 및 기관	
Y : Yes, N: No, R/C : Required Correction, N/A : Not Applicable			

1. 보안통제 대책	Y	N	R/C	N/A
가. 무기, 폭발물 및 기타 위해물품 등이 여객기 기내식 또는 기내물품을 통하여 기내로 유입되는 것을 방지하기 위한 적절한 통제 및 대책이 문서화 되어 시행되고 있는가?	□	□	□	□
나. 공항외부에서 공항지역내로 기내식을 운반하는 차량 등에 대하여 잠금장치를 설치하여 비인가자의 접근을 통제하는가?	□	□	□	□
다. 외부 침입흔적이 있는 기내식 물품에 대하여 정밀 검색 실시하는가?	□	□	□	□
2. 기내식 운반	**Y**	**N**	**R/C**	**N/A**
가. 음식 컨테이너와 부피가 큰 기내식 보급품은 기내식 감독자의 지속적인 감독하에 있는가? ※ 처리과정에서 반입이 금지된 물품이 투입되는 것을 방지토록 조치	□	□	□	□
나. 음식과 음료수 운반수레를 항공기로 옮기기 전에 기내식 감독자가 점검하여 반입 금지된 물품이 없는지 항상 확인하는가? ※ 위협이 고조될 때에는 해당 노선에 봉인 등의 추가 조치	□	□	□	□
다. 기내식 운반차량이 항공기로 이동시 기내식 감독자에 의해서 호위를 받고 있는가? ※ 특별 요청이 있을 경우나 위협고조 상황에서는 공항보안 부서의 요원에 의해 적재과정 감시	□	□	□	□
라. 승무원은 기내식의 품목을 인수받기 전에 항공기에 탑재될 기내식 보관함의 봉인장치 파손 및 훼손되었는지 확인하는가?	□	□	□	□

3. 인원보안	Y	N	R/C	N/A
가. 기내식과 관련된 특정 보조품목과 비행중 판매 물품에 대한 정보는 해당 업무담당자 최소인원으로 제한하는가?	□	□	□	□
나. 모든 기내식 시설내 고용인은 고용전 신원조사 실시하는가?	□	□	□	□
다. 기내식 시설에 근무하는 모든 직원은 공항 보안 절차 및 해당 항공사 보안절차를 준수하도록 교육을 받는가?	□	□	□	□
4. 기내식 제조시설	Y	N	R/C	N/A
가. 항공사 또는 기내식 제조업체는 기내식 시설로 비인가자 또는 차량의 접근 금지 및 보안검색을 포함한 문서로 된 출입통제 대책을 수립 · 시행하는가?	□	□	□	□
나. 항공사가 기내식 업체와 기내식 제조 등에 대한 계약을 체결할 경우 공항으로 운송되는 기내식 물품에 대한 보안사항이 포함되어 있는가?	□	□	□	□
다. 기내식 제조업자는 제조시설과 주방은 통제가 된 출입문을 통해 인가된 직원만 출입토록 하는가?	□	□	□	□
라. 기내식 제조시설에서는 모든 직원이 자체 출입증을 소지하고, 상반신 눈에 뜨이는 곳에 패용토록 하는가?	□	□	□	□
마. 기내식 제조업자는 기내식제조 시설을 물품납품구역, 처리지역, 반출포장지역으로 구분하고, 각 구역별로 출입통제를 실시하는가?	□	□	□	□

[별표 11] 출입증 발급/패용실태 점검표(양식)

항공보안감독관 점검표			
점검분야	출입증 발급/패용실태	감독관	
점 검 일	. . .	수검자 및 기관	
Y : Yes, N: No, R/C : Required Correction, N/A : Not Applicable			

1. 출입증 발급	Y	N	R/C	N/A
가. 인원 및 차량 출입증발급을 위한 문서화된 지침이 수립되어 있는가?	□	□	□	□
나. 공사는 공항상주 직원에 한하여 출입증을 발급하여야 하며 비상주직원 등에 발급하는 경우 출입사유가 합당한지를 충분히 검토한 후 발급하고 있는가?	□	□	□	□
다. 출입증 발급전 공항보안 현황 및 출입증 소지자의 책임 등에 대한 교육을 받은 자에게 출입증을 발급하는가?	□	□	□	□
라. 인원 및 차량출입증의 유효기간은 ?	인원: 년/차량: 년			
마. 인원 및 차량출입증의 점검 주기는?				
바. 발급된 출입증 수는?	인원: 개/차량: 개			
사. 분실, 도난, 기타 회수되지 않은 출입증 수는?	인원: 개/차량: 개			
아. 이러한 출입증은 어떻게 회수되는가?				
자. 인원/차량 출입증 발급절차에 대하여 자세히 기술하라				
- 발급서류: - 발급절차:				

2. 출입증 패용	Y	N	R/C	N/A
가. 공사는 모든 근무자들에게 외부에 잘 보이는 곳에 출입증을 패용하도록 요구하는가?	□	□	□	□
나. 보호구역에서 출입증을 패용하지 않은 자를 발견시 공사는 어떠한 제재조치를 취하는가? 문서화된 규정이 있는가?				
다. 점검팀의 점검결과 몇 퍼센트가 출입증을 패용하는가?	%			

3. 신원조회	Y	N	R/C	N/A
가. 출입증을 발급하기 전 신원조회를 실시하고 있는가?	□	□	□	□
나. 신원조회의 실격요건은 무엇인가?				
다. 신원조회기록은 유지되는가?	□	□	□	□
라. 누구에 의해? 얼마 기간동안 유지되는가?				
마. 신원조회내용에는 범죄기록조회 및 신용조회도 확인되는가?	□	□	□	□

[별표 12] 비행서류 보관실태 점검표(양식)

<table>
<tr><td colspan="4">항공보안감독관 점검표</td></tr>
<tr><td>점검분야</td><td colspan="2">비행서류 보관실태</td><td>감독관</td><td></td></tr>
<tr><td>점 검 일</td><td>. . .</td><td>수검자 및 기관</td><td colspan="2"></td></tr>
<tr><td colspan="5">Y : Yes, N: No, R/C : Required Correction, N/A : Not Applicable</td></tr>
</table>

1. 보안대책	Y	N	R/C	N/A
가. 항공사는 비인가 물품 반입 및 탑승권의 위조를 방지하기 위하여 탑승권 · 수하물 꼬리표 등 승객 및 수하물 운송에 관계되는 서류에 대한 문서화된 보안대책을 수립 · 시행하는가?	□	□	□	□
나. 항공사는 모든 비행서류를 비인가자가 접근하지 못하도록 조치하여야 하며 영업 종료 후 비행서류 방치여부를 확인하는가?	□	□	□	□
다. 항공사는 사용하지 아니하는 비행서류는 잠금장치가 있는 용기에 보관하는가?	□	□	□	□
2. 취급 및 배포	**Y**	**N**	**R/C**	**N/A**
가. 비행서류의 취급 및 배포는 항공사 직원 또는 지정된 항공사 대리인만이 할 수 있는가?	□	□	□	□
나. 비행서류의 안전 및 보안관리를 위하여 보안담당자 및 취급자를 지정 운영하는가?	□	□	□	□
다. 보안담당자는 비행서류에 대한 정기적인 점검을 실시하는가?	□	□	□	□
라. 항공사는 탑승권 발급기에 보안조치를 하고 비인가자가 접근하지 못하도록 조치하는가?	□	□	□	□
3. 보관	**Y**	**N**	**R/C**	**N/A**
가. 탑승권, 수하물꼬리표, 승객탑승명세서, 화물탑재명세서, 위험물 보고서, 무기운송보고서 그밖에 장관이 정하는 비행서류를 작성한 날로부터 실물 또는 전산 Data로 1년 이상 보존하는가?	□	□	□	□

[별표 13] 보호구역출입통제 점검표(양식)

항공보안감독관 점검표			
점검분야	보호구역출입통제	감독관	
점 검 일	. . .	수검자 및 기관	
Y : Yes, N: No, R/C : Required Correction, N/A : Not Applicable			

1. 일반	Y	N	R/C	N/A
가. 공사는 보호구역의 출입에 관한 규정을 수립·시행하고 있는가?	□	□	□	□
나. 공사는 모든 검색통제지점에서 최신 출입금지자 명부를 제공하는가?	□	□	□	□
다. 공항 전역에 열쇠 통제시스템을 운영하는가?	□	□	□	□
2. 터미널, 관제탑 등에 대한 보안통제	**Y**	**N**	**R/C**	**N/A**
가. 터미널 일반지역에서 보안지역으로 진입하는 통제지점에서 적절한 보안통제가 이루어지고 있는가? (문, 수하물벨트 개방지역, 탑승구 및 비상구)	□	□	□	□
나. 관제탑, 동력동 등에 대한 보안통제가 적절하게 이루어지고 있는가?	□	□	□	□
3. 입주업체/화물/게이트 접근통제	**Y**	**N**	**R/C**	**N/A**
가. 터미널 이외 지역에서 보호구역으로 연결되는 곳 에 대하여 적절한 보안통제가 이루어지고 있는가? (화물지역, 유지보수시설, 경항공기시설, 기내식시설, 인원 및 차량 출입문)	□	□	□	□
나. 접근통제 지점을 통과하는 인원 및 차량에 대한 문서화된 검색절차가 수립되어 있는가?	□	□	□	□
다. 접근통제지점을 통과하는 인원 및 차량에 대한 검색절차를 기술하라				
라. 접근통제지점에 대하여 기술하라				
- 게이트의 종류 - 배치인원 및 근무시간 - 장비 - 통신시스템 등				

3. 입주업체/화물/게이트 접근통제(계속)	Y	N	R/C	N/A
마. 화물지역, 유지보수시설, 인원 및 차량 게이트 지역에 야간조명 시설이 설치되어 있는가?	□	□	□	□
바. 야간조명 시설에 대하여 자세히 기술하라				

4. 외곽통제	Y	N	R/C	N/A
가. 일반지역에서 보호구역으로 불법적인 접근을 방지하기 위한 울타리 또는 기타 적절한 방어벽이 설치되어져 있는가?	□	□	□	□
나. 울타리 위치, 종류, 길이, 높이 등에 대하여 기술하라				
다. 개방구역 및 울타리 조명에 대하여 기술하라				
라. 외곽지역에 대한 불규칙적인 시간대의 이동순찰이 실시되는가?	□	□	□	□
마. 외곽지역에 대한 이동순찰의 횟수 및 주체에 대하여 기술하라				
바. 하수구, 도관, 터널 및 일반도로를 지나는 활주로 등으로부터 비인가자의 접근을 방지하기 위한 대책은 수립되어 있는가?	□	□	□	□
사. 보안검색완료구역 또는 항공기 주기지역을 볼 수 있는 전망대 또는 기타 지역에 대한 보안대책에 대하여 기술하라				

[별표 14] 항공기 보안통제 점검표(양식)

항공보안감독관 점검표			
점검분야	항공기 보안통제	감독관	
점 검 일	. . .	수검자 및 기관	
Y : Yes, N: No, R/C : Required Correction, N/A : Not Applicable			

1. 주기 중 항공기 보호	Y	N	R/C	N/A
가. 항공사는 야간에 항공기를 주기하거나 주간에 5시간 이상 주기가 예상되는 경우 비인가자가 항공기에 접근하거나 항공기 안으로 진입할 수 없도록 하는가?	□	□	□	□
나. 항공사는 항공기를 탑승교에 주기하는 경우 항공기 안으로 비인가 직원이 진입하지 못하도록 조치하는가?	□	□	□	□
다. 항공사는 항공기 위협이 증가할 경우 항공기 출입문에 봉인조치를 하거나 경비원을 배치하는가? 그렇지 않은 경우 대체 보안대책을 수립하였는가?	□	□	□	□
라. 항공사는 체약국이 자국으로 운항하는 항공기에 대해 주기하는 동안 경비를 요구하는 경우 경비원 등을 배치하는가?	□	□	□	□
마. 항공사는 출발 전 비인가자의 침입 및 위해물품의 탑재 여부 등을 점검하기 위해 항공기내 점검 또는 수색을 실시하는가?	□	□	□	□
바. 항공사는 항공기 보안점검 및 수색 시 보안점검표를 사용하는가?	□	□	□	□
2. 운항 중 항공기 보안	**Y**	**N**	**R/C**	**N/A**
가. 항공사는 승객 탑승 후 모든 항공기 문이 닫혀지는 시점부터 승객 하기를 위해 출입문을 여는 시점까지 조종실 출입문 잠금장치를 유지하고, 비인가자의 접근을 통제하는가?	□	□	□	□
나. 항공사는 승객이 탑승하는 항공기에 자사 소속 항공기내보안요원을 탑승시키는가?	□	□	□	□
다. 항공사는 위협이 예상되는 노선 또는 정부가 지정하는 노선을 운항하는 항공기에 최소 1명 이상의 자사 소속 남성 항공기내 보안요원을 탑승시키는가?	□	□	□	□

라. 항공사는 자사 소속 항공기내보안요원을 탑승시키기 전에 국토교통부장관의 승인을 받았는가?	□	□	□	□
마. 항공사는 호송 대상자가 탑승하는 경우 해당 항공기의 기장 및 객실승무원에게 호송 대상자의 수 및 좌석 위치 등을 통보하는가?	□	□	□	□
바. 항공사는 호송 대상자를 탑승시키는 경우 적절한 보안조치를 하는가?	□	□	□	□
사. 항공사는 기내 무기 반입 또는 휴대 허가 사실을 통보받은 경우 해당 항공기 기장 및 객실승무원에게 무장 탑승인원 · 좌석 및 무기의 종류 등 관련 정보를 통보하는가?	□	□	□	□
아. 항공사는 기내로 반입되는 무기(위탁수하물로 운송되는 무기 포함)의 실탄 분리를 확인하는 직원을 지정하고 있는가?	□	□	□	□
3. 운항 종료 후 항공기 보안	Y	N	R/C	N/A
가. 항공사는 항공기가 공항에 도착하면 통과 · 환승 승객을 포함한 모든 승객이 항공기 안에 잔류하지 않도록 조치하는가?	□	□	□	□
나. 항공사는 도착 승객이 휴대물품을 가지고 내렸는지 확인하기 위하여 적절한 교육을 받은 사람으로 하여금 기내 보안점검을 실시하는가?	□	□	□	□
다. 항공사는 수상한 물품이 발견된 경우 즉시 공항상주 보안기관 또는 경찰에 통보하는 등 적절한 조치를 취하는가?	□	□	□	□

[별표 15] 보안검색절차 점검표(양식)

항공보안감독관 점검표			
점검분야	보안검색절차(신체 · 수하물)	감독관	
점 검 일	. . .	수검자 및 기관	
Y : Yes, N: No, R/C : Required Correction, N/A : Not Applicable			

1. 일반사항	Y	N	R/C	N/A
가. 항공기탑승 전에 모든 승객 및 휴대물품에 대한 문서화된 검색 절차가 수립되어 있는가?	□	□	□	□
나. 보안검색 책임은 누구에게 있는가?				
2. 검색요원의 선발 및 교육	**Y**	**N**	**R/C**	**N/A**
가. 공사는 보안검색요원 채용시 선발기준을 준수하는가?	□	□	□	□
나. 검색요원의 교육훈련에 대하여 기술하여라.(최초교육, 재교육, 현장교육, 불시평가 등)				
다. 검색요원에 대한 효율성 불시평가가 실시되는가?	□	□	□	□
라. 이에 대한 사항을 기술하여라.(불시평가 종류, 횟수, 불시평가 실패시 등)				
3. 일반절차	**Y**	**N**	**R/C**	**N/A**
가. 검색대에 바이패스가 허용되는가?	□	□	□	□
나. 어떠한 절차가 적용되는가?				
다. X-ray 또는 수검색을 통하여 발견된 수상한 물품에 대한 상세 처리 절차가 수립되어 있는가?	□	□	□	□
라. 어떠한 절차가 적용되는가?				

3. 일반절차(계속)	Y	N	R/C	N/A
마. 금속탐지기 경보 발생시 또는 승객 및 물품에서 금지물품 발견시 조치절차가 수립되어 있는가?	☐	☐	☐	☐
바. 어떠한 절차가 적용되는가?				
사. 남자 및 여자에 적용되는 검색방법이 규정되어 있는가?	☐	☐	☐	☐
아. 어떠한 검색방법이 적용되는가?				
자. 검색대 압수물품에 대한 처리절차가 수립되어 있는가?	☐	☐	☐	☐
차. 어떠한 처리절차가 적용되는가?				
카. 2차검색 대상 퍼센트는?				
타. X-Ray에 의해 검색된 수하물의 몇 퍼센트가 수검색 되어지는가?				
파. 검색제외 대상(예 : 국가원수, 외교관 등)이 있는가?	☐	☐	☐	☐
하. 검색제외 대상은 누구인가?				
거. 어떤 종류의 법 집행 지원이 제공되는가?				
너. 법 집행 지원이 검색대에 배치되어 있지 않을 경우 검색대 까지 대응시간은?				
더. 법 집행조직은 어느 곳에 위치하고 있는가?				
러. 검색대에 경찰을 요청할 수 있는 경보장치가 설치되어 있는가?				

3. 일반절차(계속)	Y	N	R/C	N/A
머. 개별검색시설이 있는가?	□	□	□	□
버. 있을 경우 위치는?				
서. VIP 검색대에 있는가?	□	□	□	□
어. VIP검색절차에 대하여 기술하여라.				
저. 승객 이외의 사람(상주직원 및 승무원) 및 휴대물품에 대해서도 승객과 동일한 방법으로 검색하는가?	□	□	□	□
4. 위탁수하물	Y	N	R/C	N/A
가. 접수된 위탁수하물이 항공기 탑재되기 전까지 비인가자 접근을 방지하기 위한 절차가 수립되어져 있는가?	□	□	□	□
나. 터미널 체크인지역 이외 지역에서 수하물이 접수되는가?	□	□	□	□
다. 만약 그러할 경우 해당 지역 위치 및 수하물 접수, 처리 보관 및 운송 관련 수립된 절차에 대하여 기술하라.				
5. 쿠리어 운송	Y	N	R/C	N/A
가. 쿠리어 운송자도 일반승객과 같은 보안통제를 받는가?	□	□	□	□
나. 만약 그러하지 않을 경우 어떠한 보안통제를 받는가?				
다. 위탁수하물에 대한 보안통제가 쿠리어에도 적용이 되는가?	□	□	□	□
라. 현재 실시되고 있는 보안대책에 대하여 기술하여라.				
마. 쿠리어 운송자에 의해 위탁수하물로 접수된 물품이 보안통제를 받도록 확인하는 책임기관은 어디인가?				
바. 쿠리어는 어디서 접수되는가? (예 : 티켓카운터 또는 분리된 화물청사지역).				

6. 승객 및 수하물 일치작업	Y	N	R/C	N/A
가. 승객 및 수하물 일치 작업이 실시되는가?	☐	☐	☐	☐
나. 승객 및 수하물 일치 수행 주체 및 절차를 기술하라?				
다. 환승, 통과승객의 경우 적용절차에 대하여 기술하라.				
라. 승객/수하물 일치가 이루어지지 않았을 경우 보안통제대책이 수립되어져 있는가?	☐	☐	☐	☐
마. 만약 그러할 경우 수립된 절차에 대하여 기술하라.				

7. 오처리 수하물	Y	N	R/C	N/A
가. 오처리 수하물 보관지역이 설정되어 있는가?	☐	☐	☐	☐
나. 설정되어 있을 경우 위치 및 보안성 유지방법은?				
다. 오처리 수하물이 보관지역에 보관되기 전에 검색을 받는가?	☐	☐	☐	☐
라. 검색방법 및 시행주체는?				
마. 오처리 수하물에 대한 처리 책임부서는?				

8. 예외절차	Y	N	R/C	N/A
가. 거동불편 승객에 대한 검색절차가 수립되어 있는가?	☐	☐	☐	☐
나. 어떠한 검색절차가 적용되는가?				

8. 예외절차(계속)	Y	N	R/C	N/A
다. 외교행낭에 대한 검색을 실시하는가?	□	□	□	□
라. 어떠한 검색요건이 적용되는가?				
마. 법적통제하에 있는 승객에 대하여 검색을 실시하는가?	□	□	□	□
바. 어떠한 검색절차가 적용되는가?				
사. 승무원 및 공항근무 요원에 대하여 검색을 실시하는가?	□	□	□	□
아. 어떠한 검색절차가 적용되는가?				
자. 종교물품에 대하여 검색을 실시하는가?	□	□	□	□
차. 어떠한 검색절차가 적용되는가?				
카. 의료물품, 생명물품 또는 과학물품 및 유해 등에 대하여 검색을 실시하는가?	□	□	□	□
타. 어떠한 검색절차가 적용되는가?				
파. 검색대 정전시 어떠한 절차가 적용되는가?				

[별표 16] 지방항공청 위임업무 점검표(양식)

<table>
<tr><td colspan="4">항공보안감독관 점검표</td></tr>
<tr><td>점검분야</td><td colspan="2">지방항공청 위임업무</td><td>점검관</td><td></td></tr>
<tr><td>점 검 일</td><td>. . .</td><td>기관명</td><td colspan="2"></td></tr>
<tr><td colspan="5">Y : Yes, N: No, R/C : Required Correction, N/A : Not Applicable</td></tr>
</table>

1. 일반 위임업무	Y	N	R/C	N/A
가. 소형항공운송사업자, 외국인 국제항공운송사업자 및 공항 상주 업체 등의 자체 보안계획의 승인 또는 변경승인업무를 적절하게 수행하는가?	□	□	□	□
나. 공항시설 보호구역과 임시 보호구역의 지정 승인 및 취소업무를 적절하게 수행하는가?	□	□	□	□
다. 보안검색 위탁업체의 지정 및 취소업무를 적절하게 수행하는가?	□	□	□	□
라. 공항운영자 등으로부터 보안검색 실패 보고를 접수한 경우 적절하게 처리하는가?	□	□	□	□
마. 공항운영자 등의 우발계획을 자체 보안계획과 별도로 승인 받는 경우 적절하게 검토 및 승인하는가?	□	□	□	□
바. 민간항공에 대한 위협에 신속한 대응이 필요한 경우 공항운영자 등에게 법 제33조에 따른 보안조치를 적절하게 하였는가?	□	□	□	□
사. 국토교통부장관이 위임업무에 대한 점검결과 지적한 사항에 대한 개선조치를 이행하였는가?	□	□	□	□
2. 항공보안 감독활동	**Y**	**N**	**R/C**	**N/A**
가. 지방항공청 연간 항공보안 감독 활동 계획에 따라 점검활동을 차질 없이 수행하는가?	□	□	□	□
나. 점검 실시 후 점검결과를 기한 내에 보고하는가?	□	□	□	□
다. 점검결과 시정지시한 사항에 대한 개선조치 이행여부를 확인하는가?	□	□	□	□
라. 시정조치서 관리대장에 시정지시한 사항을 적절하게 기록하고 관리하는가?	□	□	□	□
마. 점검활동 시 항공보안감독관 증표를 소지하고, 평상시 이를 적절하게 관리하는가?	□	□	□	□

[별표 17] 항공교통관제기관 점검표(양식)

항공보안감독관 점검표			
점검분야	항공교통관제기관 항공보안업무	점검관	
점 검 일	. . .	기관명	
Y : Yes, N: No, R/C : Required Correction, N/A : Not Applicable			

항공교통관제기관 항공보안업무	Y	N	R/C	N/A
가. 자체 보안계획을 수립하여 시행하고 있는가?	☐	☐	☐	☐
나. 항공보안업무 담당 조직 구성 · 세부업무가 적절하게 구분되어 있는가?	☐	☐	☐	☐
다. 항공보안업무 책임자가 지정되어 있는가?	☐	☐	☐	☐
라. 항공교통관제사 등에 대한 항공보안 교육이 국가민간항공 교육훈련지침에 따라 실시되고 있는가?	☐	☐	☐	☐
마. 항공보안정보의 전달체계 및 보고절차가 수립되어져 있는가?	☐	☐	☐	☐
바. 해당 관제시설에 대한 경비보안 대책이 수립되어져 있는가?	☐	☐	☐	☐
사. 해당 관제시설 내 경비보안을 위한 항공보안장비의 관리 및 운용이 적절하게 수행되고 있는가?	☐	☐	☐	☐
아. 관제시설 내 종사자에게 발급된 공항 보호구역 출입증의 관리가 적절하게 이행되는가?	☐	☐	☐	☐
자. 항공교통관제기관에 대한 불법방해행위 방지를 위한 통신수단 등 보안대책이 수립되어져 있는가?	☐	☐	☐	☐
차. 항공기에 대한 불법방해행위 발생시 관제기관간 협조체계가 수립되어져 있는가?	☐	☐	☐	☐
카. 항공고시보(NOTAM) 등 항행안전정보 전파체계에 대한 보안대책이 수립되어져 있는가?	☐	☐	☐	☐
타. 해당 관제시설 방문자에 대한 기록관리가 이루어지고 있는가?	☐	☐	☐	☐

[별표 18] 자율신고 분야별 신고사항(견본)

자율신고 분야별 신고사항

■ 전 분야 공통분야

1. 법 제2조제8호에 따라 불법행위가 시도되거나 발생 가능성이 있는 경우
2. 법 제10조제2항에 따른 자체 보안계획을 승인받지 않거나 승인받은 자체보안계획을 이행하지 아니한 경우
3. 법 제27조제1항에 따라 국토교통부장관이 고시한 항공보안장비를 사용하지 아니한 경우
4. 법 제28조제4항에 따라 국토교통부장관의 지정을 받은 교육기관에 대하여 지정 취소 기준에 해당하는 경우
5. 법 제31조제3항에 따라 자체 우발계획을 승인받지 않거나 승인받은 자체우발계획을 이행하지 아니한 경우
6. 법 제32조에 따라 보안조치를 이행하지 아니한 경우
7. 항공보안 관련 법령, 규정 등 위반사항을 인지한 경우나 국민불편 해소 및 항공보안 제도개선이 필요한 사항 등

■ 항공보안검색분야

1. 법 제11조제2항에 따라 보안검색 완료승객과 미완료 승객이 접촉한 경우
2. 법 제11조제3항에 따라 보안검색을 거부하거나 무기, 폭발물 등 항공보안에 위협이 되는 물건을 휴대한 승객 등이 보안검색 완료된 구역으로 진입한 경우
3. 법 제14조제5항에 따라 국토교통부장관이 정하여 고시한 액체, 겔(gel) 류 등 항공기내 반입금지 물질이 보호구역 안으로 반입된 경우
4. 법 제15조제1항 및 제2항, 법 제16조제1항 및 제2항, 법 제17조제2항에 따라 사람, 휴대, 위탁수하물, 항공화물 등의 보안검색이 이루어지지 않은 경우
5. 법 제28조제2항에 따른 교육훈련을 이수하지 아니한 사람에 의해 보안검색이 이루어진 경우
6. 법 제29조에 따라 보안검색에 관한 기록을 유지하지 아니한 경우

■ 보호구역 출입통제 분야

1. 법 제12조에 따라 공항 시설의 보호를 위하여 필요한 구역을 보호구역으로 지정하지 않은 경우
2. 법 제13조제1항에 따라 공항운영자의 허가를 받지 아니하고 보호구역에 진입한 경우 또는「항공보안법 시행규칙」제6조 제4항에 따라 출입증을 패용하지 않은 경우
3. 법 제21조제1항에 따라 국토교통부장관이 정하여 고시한 위해물품이 허가 없이 보호구역 안으로 반입된 경우

■ 항공기 보안분야

1. 법 제14조제2항에 따라 항공기내보안요원을 탑승시키지 않거나 제4항에 따라 항공기에 대한 보안점검을 실시하지 않은 경우
2. 법 제14조제5항에 따라 국토교통부장관이 정하여 고시한 액체, 겔(gel) 류 등 항공기내 반입금지 물질이 항공기 안으로 반입된 경우
3. 법 제20조제1항에 따라 비행서류에 대한 보안관리가 이행되지 않은 경우
4. 법 제21조제1항에 따라 국토교통부장관이 정하여 고시한 위해물품이 허가 없이 항공기 안으로 반입된 경우
5. 법 제23조에 따라 항공기 안의 보안 협조의무를 이행하지 아니한 경우

[부록 2]

공항운영자 자체수준관리지침 점검양식

[별표 1] 항공경비분야 자체 일일 보안점검표(양식)

부서장

항공경비분야 자체 일일 보안점검표

20 년 월 일 요일 [주간 : 09시~18시] 점검자 : (서명)

[야간 : 18시~09시] 점검자 : (서명)

1. 항공보안장비의 운영관리 적정성(정상작동 여부 등)

구 분	장 비 명	주 간	야 간	비 고 (장애 등 주요내용)
		확인결과	확인결과	
상주 직원용	엑스선 검색장비			
	문형금속탐지장비			
	휴대용금속탐지장비			
	폭발물흔적탐지장비			
	기타 항공보안장비			

2. 보안검색 업무수행 적정성 및 보호구역 출입통제 적정성 등 보안경비 실태

주요 점검내용	주간	야간	비고
	확인결과	확인결과	
출입초소 및 순찰구역 등 적정인원 배치여부			
근무위치 준수여부			
처리절차 준수여부			
기타 업무수행 적정성			

3. 기타 이벤트 처리 및 확인사항 등

시 간	주요 업무 내용	비 고

[별표 2] 항공보안검색분야 자체 일일 보안점검표(양식)

부서장

항공보안검색분야 자체 일일 보안점검표

20　년　월　일　요일 [주간 : 09시~18시] 점검자 :　(서명)
[야간 : 18시~09시] 점검자 :　(서명)

1. 보안검색용 장비의 정비 · 운용실태 (정상작동 여부)

구 분	장 비 명	주간		야간		비 고 (장애 등 주요내용)
		양호	미흡	양호	미흡	
휴대 · 위탁	엑스선 검색장비					
	문형금속탐지장비					
	휴대용금속탐지장비					
	폭발물흔적탐지장비					
	폭발물탐지장비					
	액체폭발물탐지장비					
	원형검색장비					

2. 휴대 및 위탁에 대한 검색운영 실태

점 검 내 용	주간		야간	
	양호	미흡	양호	미흡
휴대 및 위탁수하물 보안검색요원의 적정한 배치 준수 여부				
X-RAY나 개봉검색 시 발견된 의심물품 처리절차 준수 여부				
보안검색대의 반입금지물품 처리절차 준수 여부				
X-RAY검색 시 의심스러운 경우 개봉검색 또는 폭발물 탐지기를 이용하여 검색 실시 여부				
승무원 및 공항 상주직원에 보안검색 절차 준수 여부				
경보음 발생승객에 대한 검색 절차 준수 및 적절성 여부				

3. 세부 점검사항

시 간	주요 업무 내용	비 고

[별표 3] 공항운영자 보안 자체 현장조사표(양식)

공항운영자 보안 자체 현장조사표

Ⅰ. 중점사항

가. 인원의 적절성
나. 장비의 적절성
다. 절차서 적정성
라. 자체 수준관리 계획시행여부
마. 보안사건발생시 시정조치여부

Ⅱ. 공항 출입증 분야

가. 인원출입증
1) 현황
2) 신원조사시 적절성
3) 인원 출입증 발급절차 및 개선사항
4) 출입증 패용에 대한 현황 및 개선사항
5) 기타 문제점 및 개선사항

나. 차량출입증
1) 현황
2) 문제점 및 개선사항

Ⅲ. 항공보안검색분야

가. 승객검색
1) 승객검색 요원현황
2) 승객 검색 적절성

3) 문제점 및 개선사항

나. 수하물 검색

1) 수하물검색 요원현황
2) 수하물 검색 적절성
3) 문제점 및 개선사항

다. 항공보안장비

1) 장비현황
2) 장비테스트 현황
3) 장비 유지보수 현황
4) 문제점 및 개선사항

Ⅳ. 항공경비 분야

가. 여객터미널 경비

1) 여객터미널 순찰에 대한 적절성 및 개선점
2) 방치수하물 처리
3) 터미널 주차지역에 대한 보안대책
4) 출입초소 보안상태 및 표지판 부착
5) 출입초소에 대한 감독자 감독여부
6) 비상시 조치 적절성
7) 출입초소 비상시 대응대책 적절성
8) 랜드사이드와 에어사이드 경계지역에 대한 보안성 유지

나. 외곽경비주요시설에 대한 현장조사

1) 항공교통관제시설 경비현황 및 개선점
2) 항행보조시설 경비현황 및 개선점
3) 주요 핵심시설(전력시설, 정보통신동 등) 경비현황 및 개선점
4) 최근 관련 보안사건 발생여부 및 기 대응조치내용
5) 기타 개선점

다. 외곽울타리 및 초소

1) 출입초소 보안상태 및 표지판 부착
2) 출입초소에 대한 감독자 감독여부
3) 비상시 조치 적절성
4) 출입초소 비상시 대응대책 적절성
5) 랜드사이드 에어사이드 경계 지역에 대한 보안성 유지
6) 항공안전보안장비 테스트 및 관리 적절성

라. 폭발물 위협대책

1) 절차 수립 여부
2) 폭발물 위협분석자에 대한 교육
3) 폭발물 위협훈련

마. 공항운영자의 보안책임이 있는 기타시설 경비업무의 적절성 및 개선점

V. 기타

가. 공항보안에 대한 전반적인 의견 및 개선
나. 출입증 보안에 대한 의견 및 개선
다. 승객 및 위탁수하물 검색에 대한 의견 및 개선
라. 경비업무 전반에 대한 의견 및 개선[별표 3] 보안점검 등에 대한 문제점 분석표(양식)

[별표 4] 자체 공항보안 점검표(양식)

자체 공항보안 점검표

1 보안검색 분야

1) 승객 및 휴대물 검색

항목	점검사항	적절	부적절	기타
1) 승객 보안검색요원 현황	o 출국장			
	o 환승장			
	o 보안업체 관리자			
2) 승객보안 검색 적절성	o 승객 통제(안내) 적절성여부			
	o 경보 발생승객 검색 적절성여부			
	o 무작위 촉수검색 지정비율 및 현장시행			
	o 수상한 물건 발견 시 처리절차 적절성			
3) 휴대물품 보안검색 적절성	o 수상한 수하물 검색 적절성 여부			
	o 무작위 검색 지정비율 및 현장시행현황			
	o 수상한 물건 발견 시 조치 적절성 여부			
	o ETD, BLS 검색 적절성 여부			
4) 문제점 및 개선 사항				

2) 위탁수하물 검색

항목	점검사항	적절	부적절	기타
1) 위탁수하물 보안 검색 요원 현황	o T1 출발, 환승 통합판독실 근무인원			
	o T2 개장실 근무인원			
	o T2 수하물검사실 근무인원			
	o 보안업체 관리자			
2) 위탁수하물 보안 검색 적절성	o 수상한 수하물 검색 적절성 여부			
	o 무작위 검색 지정비율 및 현장시행현황			
	o 수상한 물건 발견 시 조치 적절성 여부			
	o ETD 검색 적절성여부			
3) 문제점 및 개선 사항				

2 테러대응 분야

항목	점검사항	적절	부적절	기타
1) 근무지인원 배치 적절성	o EOD요원 근무위치에서 근무 여부			
	o 비상 출동 상태 여부			
2) 폭발물처리 절차 적절성	o 최신 폭발물 처리 절차서 보유여부			
	o 폭발물 처리 절차서 적절성			
	o 폭발물 적발 및 발견 시 조치사항 이행 여부			
3) EOD 보안 장비 점검 여부	o X-Ray, 폭발물 처리 장비, 생화학 처리 장비 점검 여부			
	o 장비점검 결과 기록 유지 여부			
4) 폭발물처리 훈련/교육	o 정기적인 폭발물 처리 훈련 여부			
	o 교육훈련 적절성 여부			

3 보안경비분야

1) 공항시설 경비대책

항목	점검사항	적절	부적절	기타
1) 보안시설물 설치의 적정성	o 외곽 울타리 및 CCTV 운영 실태			
	o 불법 진입인원 및 장비통제 시설물 운영의 적절성			
2) 보안경비요원 배치	o 초소별 적정한 근무인원 배치 여부			
	o 보안시설물 운영에 대한 이해 여부			
	o 보안시설물에 대한 실제상황 발생 또는 불시 테스트에 대한 처리절차 준수 여부			
3) 출입인원 및 장비 통제	o 위해물품 관리대장 작성 상태			
	o 위해물품 보관함 관리 여부			
	o 수상한 물건 발견 시 조치 적절성 여부			
	o ETD검색 및 위해물품 통제의 적절성			
4) 문제점 및 개선사항				

2) 보호구역 출입통제 절차

항목	점검사항	적절	부적절	기타
1) 초소 출입통제 적절성	o 출입증 본인 여부 점검			
	o 신체 은닉 위해물품 적발			
	o 1차 적발 후 추가 검색 여부			
	o 근무 일지 점검			
2) 휴대물품보안 검색 적절성	o 촉수검색, 개장검색 지정비율 준수 여부			
	o 폭발물의심물체 발견시 관련절차 준수여부			
3) 문제점 및 개선사항				

4 보안장비분야

1) 항공경비장비

항목	점검사항	적절	부적절	기타
1) 보안장비 관리 실태	o 보안장비 일일점검 요령 숙지 여부			
	o 장비 점검실시 및 기록유지 여부			
2) 보안장비 운영	o 초소 근무자 보안장비 운영 능력			
	o 보안 장비 운영 목적의 이해			
	o 보안장비 작동 불량시 조치능력			
3) 문제점 및 개선사항				

2) 항공보안검색장비

항목	점검사항		적절	부적절	기타
1) 장비테스트 현황 확인	휴대	o H/D : 일일점검 수행(HD시편) o W-M/D : 일일점검 (OTP) 여부 o X-Ray : 일일점검(CTP, STP) 여부 o ETD 및 BLS o 전신검색장비 : 유지보수업체 점검여부			
	위탁	o X-Ray : 일일점검(CTP, STP) 여부 o EDS : 점검 수행 여부 o ETD : 일일, 주간, 월간 점검 및 기록유지 여부			

항목	점검사항	적절	부적절	기타
2) 장비유지 보수 현황	정기적 유지보수 실시			
3) 문제점 및 개선사항				

5 공항출입증 분야

항목	점검사항	적절	부적절	기타
1) 보호구역지정 및 출입증 관리	o 보호구역 지정현황, 출입증발급 및 관리현황점검			
2) 출입증패용 실태 점검	o 보호구역내 출입증 패용실태 점검			
3) 문제점 및 개선사항				

6 공항보안계획 분야

항목	점검사항	적절	부적절	기타
1) 우발계획수립	o 우발계획 수립 현황 및 관리			
2) 교육 및 훈련 실시 현황	o 공항보안책임자, 감독자 등 법정교육 실시현황			
3) 보안관리자지정/관리현황	o 보안책임자, 감독자, 보안검색 감독자, 항공경비감독자 등 지정 및 관리현황 점검			
4) 항공보안정보 전달/보고절차	o 내부 보고절차(ASC, TCC, PCC)			
	o 보안관련 기관 보고절차			
	o 항공보안 정보 공유 현황			
5) 보호구역외 공항 상주업체의 보안 관리실태	o 일반구역 상주업체의 시설보안 등 점검			
6) 문제점 및 개선사항				

[별표 5] 보안점검 등에 대한 문제점 분석표(양식)

보안점검 등에 대한 문제점 분석표

구분	세부사항	문제점 지적건수	전년대비 증감소율(%)
인적분야	o 교육이수 유무, 근무 경력		
	o 숙련도		
	o 인적관계(신원조사 결과 및 이전 근무경력)		
	o 훈련실시 및 참여 유무		
장비분야	o 장비의 내구 연수		
	o 장비의 유지 보수 실태		
	o 장비의 성능		
	o 장비의 운용실태(장비 활용도)		
규정, 조직 분야	o 규정, 지침의 제 · 개정 여부		
	o 보안 조직 운용의 적절성 여부		
	o 규정 이행 등의 현실 적합 여부		
	o 규정 등의 이행 여부		
기타 환경 분야	o 시설 개선 등이 불가능한 경우		
	o 예산 부족		
	o 공사, 항공사 등의 기본 방침과 국토교통부 장관의 방침이 상이한 경우		

[별표 6] 시정조치서(양식)

시정조치서

<table>
<tr><td colspan="2" rowspan="2">시 정 조 치 서</td><td>명령서번호 :</td></tr>
<tr><td>발행일자 :</td></tr>
<tr><td colspan="3">대상분야 : 대상기관 :
시정종류 :</td></tr>
<tr><td>시정조치기한 :</td><td colspan="2">법적근거 :</td></tr>
<tr><td colspan="3">지적사항(Non-conformity):

수검자(확인 서명) :</td></tr>
<tr><td colspan="3">개선지시 권고사항(Correction Order Recommended)

점검관(확인 서명)</td></tr>
<tr><td colspan="3">시정조치한 내용(Corrective Action Taken)

조치자(확인 서명) : 부서장(확인 서명) :</td></tr>
<tr><td colspan="3">조치사항 확인 □ 만족/확인 □ 재시정 요구(사유기록)

점검관: 년 월 일</td></tr>
</table>

[부록 3]

항공사 자체수준관리지침 점검양식

[별표 1] 항공사 자체 점검활동결과(양식)

항공사 자체 점검활동 결과

□ 점검일자 : 20 . . □ 수검부서 : □ 점검자 :

구 분		문제점 / 분 석
분야	세부사항	
인적	1) 교육이수 유무, 근무경력	
	2) 숙련도	
	3) 인적관계(신원조사결과 근무경력)	
	4) 훈련실시/참여여부	
장비	1) 장비의 내구 연수	
	2) 장비의 유지 보수실태	
	3) 장비의 성능	
	4) 장비의 운용실태(활용도)	
규정 조직	1) 규정/지침의 제 · 개정여부	
	2) 보안조직 운용의 적절성여부	
	3) 규정이행 등 현실성 부합여부	
	4) 규정 등의 이행 여부	
기타 환경	1) 시설개선 등이 불가능경우	
	2) 예산 부족	
	3) 국토부 기본방침과 상이한 경우	

총 평

[별표 2] 폭발물 위협보고서(양식)

접수자 성명:			시간:	일자:	
위협내용:(위협자가 실제 사용한 정확한 표현)					
◆ 폭발물(폭탄)은 어디에 있습니까?					
터미널 □	급유시설 □	화물지역 □	사무실 □	기타 □	
항공기 □	편명:	출발지:	목적지:		
위협자가 위치를 묘사할 때 항공기나 건물을 잘 알고 있었는가? 예□ 아니오□					
◆ 언제 폭발합니까?					
시각:			일자:	요일	
운항중여부: 예□ 아니오□			옮기는 순간: 예□ 아니오□	기타:	
◆ 폭발물은 어떻게 생겼습니까?					
서류가방 □	쇼핑백 □	여행용 가방 □			
소포/상자 □	기타(서술하시오)				
◆ 전화 주시는 분은 누구십니까					
성명:	소속(조직):				
현재 위치:					
◆ 왜 이런 행위를 하십니까?					
◆ 발신지					
동일지역 □	장거리 □	내부전화(건물내) □	공중전화/휴대폰 □		
◆ 발신지 확인 또는 음성 녹음이 되었는가? 예□ 아니오□					
◆ 협박자의 신분					
성별:	추정나이:	사용언어:			
◆ 목소리 특징					
큰 □	부드러운 □	고음의 □	굵은 저음의 □		
신경질적인 □	즐거운 □	기타			
◆ 말씨					
빠른 □	또렷한 □	더듬는 □	또렷하지 않은 □		
느린 □	비뚤어진 □	콧소리의 □	기타		
◆ 배경소리					
시끄러운 □	조용한 □	기차소리 □	항공기소리 □	길거리소리 □	타 음성 □
사무기기 □	공장기계 □	부엌 □	동물소리 □	음악소리 □	기타
◆ 억양					
현지억양 □	타지방 □	일상회화체의 □	사투리의 □	외국말투의 □	
◆ 태도					
화난 □	조용한 □	이성적인 □	비이성적인 □	일관된 □	두서없는 □
신중한 □	감정적인 □	술 취한 □	즐거운 □	당당한 □	지겨운 □
기타(서술하시오)					
◆ 언어구사력					
뛰어난 □	양호한 □	그저 그런 □	서투른 □		

위협정보 보고서(양식)

[별표 3] 연간 보안점검계획(양식)

OO년 보안점검 및 불시평가 계획(양식)

1. 점검목적
2. 관련법규
3. 점검방향
4. 점검기간
5. 점검대상
6. 점검부서
7. 점검중점

구 분	점 검 중 점
공통사항	
영업/운송	
운항	
객실	
정비/기내식	

8. 주요점검사항
9. 점검방법
10. 대상부서 준비지침
11. 점검결과 조치 및 보고지침
12. 별지 참조

[별표 4] 연간 보안점검결과 분석(양식)

OO년 보안점검 및 불시평가 결과/분석

1. 기 간 : OO년 1.1~12.31
2. 기관별 점검기준
   ○ 국토교통부/지방항공청/국가정보원
   - 국내 공항지점 :
   - 해외 취약노선 :
   - 기내식 및 저장시설 :
   - 화물 및 도심공항터미널 :

   ○ 사내 자체
   - 국내 공항지점 및 노선 :
   - 해외 공항지점 및 노선 :
   - 기타 보안 유관주서 :

3. 정부보안기관 및 사내자체점검 실시현황

대상	국토부/지항청			국정원	사내자체			비고
	보안	불시	기내식	노선	보안	불시	기내식	
본사								
인천								
김포								
합계								

4. 정부보안기관 보안점검결과

   가. 본사 및 국내 · 외 지점

구분	개선 · 권고사항	개선조치사항	진도
공통	•	•	
본사	•	•	
지점	•	•	
지점	•	•	

■ 분석 및 보완할 사항

5. 사내자체 보안점검 결과

가. 국내공항지점(정기점검)

구분	개선요구사항	개선조치사항	진도
공통	•	•	
지점	•	•	
지점	•	•	
지점	•	•	

■ 분석 및 보완할 사항

구분	개선요구사항	개선조치사항	진도
공통	•	•	
지점	•	•	
지점	•	•	
지점	•	•	

나. 국내공항지점(불시평가)

■ 분석 및 보완할 사항

다. 해외 공항지점 / 노선

구분	개선요구사항	개선조치사항	진도
공통	•	•	
지점	•	•	
지점	•	•	
지점	•	•	

■ 분석 및 보완할 사항

라. 본사 교육훈련 관리실태

구분	개선요구사항	개선조치사항	진도
공통	•	•	
본부	•	•	
본부	•	•	
본부	•	•	

■ 분석 및 보완할 사항

[별표 5] 보안점검표(양식)

보 안 점 검 표(수준관리)

▸ 점검일시 : 20 년 월 일 ▸점검부서 : ▸ 점검자 :

1. 항공보안관련 법규 이행상태

점 검 항 목	점검자평가		
	우수	보통	미흡
1 - 1. 자체보안계획(운영지침) 및 보안지시 숙지상태			
1 - 2. 항공보안지시 이행 및 보관 관리상태(보안문서철 등)			
1 - 3. 항공보안 교육훈련 이행상태(이수/평가실적 등)			
1 - 4. 항공보안경보 단계별 조치사항 이행상태(상황판 등)			
1 - 5. 정보 및 보안사고 보고계통 및 절차 숙지상태(연락망 등)			
1 - 6. 업무종료/이석시 컴퓨터 잠금상태(탑승수속대, 사무실 등)			
1 - 7. 공항 출입증/사원증 패용 및 규정 이행상태(조업사 등)			
1 - 8. 보안담당자 운영지침 이행상태(지정, 임무, 인계인수 등)			

2. 비행서류 보관 및 관리실태

점 검 항 목	점검자평가		
	우수	보통	미흡
2 - 1. 표준운영절차(SOP)에 보안대책 수립 및 이행상태			
2 - 2. 비인가자 접근 통제상태			
2 - 3. 보관 및 관리상태(잠금장치, 관리책임자, 보존규정 등)			
2 - 4. 취급 및 배포규정 준수상태(항공사직원, 대리인 등)			
2 - 5. 보안담당자(정 · 부) 지정운영 상태			
2 - 6. 정기점검 이행상태(담당자점검, 관리대장 기록 등)			
2 - 7. 보존규정 이행상태(종류, 서류 보존방법 등)			

3. 테러위협 대응능력(가상상황 모의훈련 포함)

점 검 항 목	점검자평가		
	우수	보통	미흡
3 - 1. 항공기 등 폭발물위협 전화접수시 조치절차 숙지상태			
3 - 2. 테러위협 대비 발신자 표시/녹음장치 운영 및 관리상태			
3 - 3. 항공기 테러발생시 직원별 개인임무 숙지상태			
3 - 4. 탑승수속대 테러용의자 출현시 대응/보고절차 숙지상태			
3 - 5. 거동수상자 및 방치물품 발견시 조치절차 숙지상태			

4. 탑승수속대 보안통제상태(승객 및 위탁수하물)

점 검 항 목	점검자평가		
	우수	보통	미흡
4 - 1. 여권/신분증 사진과 실물 대조절차 이행상태			
4 - 2. 위탁수하물 접수시 보안질의 등 조치절차 이행상태			
4 - 3. 물품, 우편물 등 접수 및 관리대장 분리운영 이행상태			
4 - 4. 승객·수하물 일치작업 및 조치절차 이행상태(실셈, 통보)			
4 - 5. 무주수하물 운송방지 절차 숙지상태			
4 - 6. 기내반입 금지물품 안내판 및 안내직원 배치상태			
4 - 7. 단체승객 개별수속 절차 이행상태(개별수속 등)			
4 - 8. 장애인승객 대리수속 절차 이행상태(대리수속 등)			
4 - 9. 수감자 호송시 조치사항 숙지상태(탑승전 통보 등)			
4 - 10. 대통령 경호원 무기의 기내 반입절차 숙지상태			

5. 탑승구 보안통제상태

점 검 항 목	점검자평가		
	우수	보통	미흡
5 - 1. 반입금지 액체류 물품 등 보안통제절차 이행상태			
5 - 2. 여권/신분증 사진과 실물 대조절차 이행상태			
5 - 3. 본인의 여권/신분증 및 탑승권 소지여부			
5 - 4. 탑승권 확인중 BGR 비음 표출시 보안통제상태(진입차단)			
5 - 5. 부정 및 오탑승객 방지위한 근무규정 이행상태(2명 감시)			
5 - 6. 승객·수하물 일치작업 및 조치절차 이행상태(실셈, 통보)			
5 - 7. 출발전 미탑승객 발생시 위탁수하물 하기절차 이행상태			
5 - 8. 계류장 버스 탑승전·후 승객 이동동선 보안통제상태(감시)			

6. 항공기 보안통제상태(운항/객실승무원, 정비사)

점 검 항 목	점검자평가		
	우수	보통	미흡
▶ 주기중 및 운항후 보안통제			
6 - 1. 비인가자 접근시 접근통제 등 보안통제상태			
6 - 2. 기내식 및 기내용품 반입시 인계인수 절차 이행상태			
6 - 3. 항공기 출발전 보안점검 및 절차 이행상태			
6 - 4. 모든 출입문에 보안확인표시(Seal) 봉인조치 이행상태			
6 - 5. 공항도착 승객하기후 잔류승객 및 방치물품 확인상태			
▶ 항공기내 보안통제			
6 - 6. 기장 합동브리핑 절차 이행상태(조종실 출입통제 등)			
6 - 7. 조종실 출입 및 보안통제절차 이행상태			
6 - 8. 부정/오탑승객 방지위한 보안통제절차 이행상태			
6 - 9. 기내 불법행위 승객 대응 및 처리절차 숙지상태			
6 - 10. 운항중/이륙전/착륙후 폭발물발견시 조치절차 숙지상태			
6 - 11. 기내 비상벨 위치 및 사용방법 숙지상태			
6 - 12. 기내 보안장비 작동상태 및 운영방법 숙지상태			

7. 기내식제조 / 저장품시설 보안통제상태

점 검 항 목	점검자평가		
	우수	보통	미흡
▶ 출입통제대책			
7 - 1. 비인가자 및 차량 출입통제대책 수립 · 이행상태			
7 - 2. 기내식제조 시설내 구역별 출입통제상태			
7 - 3. 기내식 조리 및 보관창고 감시 및 경비상태(CCTV 등)			
▶ 보안통제대책			
7 - 4. 기내식 및 기내품 반입시 위해물품 보안통제상태			
7 - 5. 기내식 보급품의 지속적인 감독수행상태			
7 - 6. 기내식 제조에 사용장비 및 부품반입시 검색여부			
7 - 7. 외부 침입흔적 기내식 물품의 정밀검색 이행상태			
▶ 운반시 보안통제			
7 - 8. 기내식카트 항공기 탑재전 감독자 보안점검 이행상태			
7 - 9. 항공기 반입물품 운송 및 탑재시 보안절차 이행상태			
7 - 10. 기내식 운반차량 이동시 감독자 호위여부			
▶ 인원보안			
7 - 11. 시설내 고용인의 신원조사 등 관리상태			
7 - 12. 시설내 근무직원의 보안교육 및 자격관리상태			

8. 화물터미널 보안통제상태

점 검 항 목	점검자평가		
	우수	보통	미흡
▶ 출입통제대책			
8 - 1. 비인가자 및 차량 출입통제대책 수립 · 이행상태			
8 - 2. 보호구역 출입통제 및 감시체계 운영상태			
▶ 화물 접수 · 보관시 보안통제대책			
8 - 3. 항공화물 접수시 보안통제절차 이행상태			
8 - 4. 화물 처리장비에 대한 점검 및 보관규정 이행상태			
8 - 5. 항공기 탑재전 분류 · 포장 작업장에 대한 보안조치상태			
8 - 6. 보안통제완료 항공화물 운송시 보안통제상태			
8 - 7. 검색완료 화물 보관절차 이행상태			
8 - 8. 검색완료 화물 이동시 보안대책 이행상태			
8 - 9. 보호구역내 보안통제 및 각종 표지 관리상태			
▶ 보안검색장비 운영 및 절차			
8 - 10. 검색장비 유지 및 관리절차 이행상태			
8 - 11. 화물검색장비 운영규정 이행상태			
8 - 12. 검색요원의 근무규정 이행상태			
8 - 13. 화물 검색절차 이행상태			
8 - 14. 화물 검색중 위해물질 발견시 조치절차 이행상태			
8 - 15. 보안검색 실패시 보고절차 숙지상태			

9. 정비시설 보안통제상태

점 검 항 목	점검자평가		
	우수	보통	미흡
9 - 1. 비인가자 / 차량 출입통제대책 수립 및 이행상태			
9 - 2. 출입통제 및 감시체계 운영상태(CCTV, 경비원, 잠금장치 등)			
9 - 3. 정비작업중 보안통제절차 이행상태(감독, 위해물품 통제)			
9 - 4. 정비작업 종료후 항공기 출입문 보안조치상태(봉인 등)			
9 - 5. 보안순찰 및 상황조치 절차 이행상태(내부수색, 신고 등)			
9 - 6. 현장 일일보안점검 이행상태(담당자지정, 기록유지 등)			
9 - 7. 보안검색 업무일지 및 검색대장 관리상태(특이사항 등)			
9 - 8. 정비위탁업체의 보안프로그램에 보안대책 수립여부			

[별표 6] 항공기 보안점검표(양식)

항공기 보안점검표(운항 및 객실승무원)

Date　　　　A/C No. HL　　　　A/C TYPE　　　　Flight NO.

Station(From/To)　　　　/

Purser : Name　　　　Signature

P I C : Name　　　　Signature

Current Alert Level

□평시(Green)　□관심(Blue)　□주의(Yellow)　□경계(Orange)　□심각(Red)

구분	점 검 내 용	상 황		
		A	B	C
조종실	- 좌석 상하부, 파우치 및 바닥부분	○	○	○
	- 각종 운항관련 매뉴얼 보관 장소	○	○	○
	- 승무원용 산소마스크 보관 장소	○	○	○
	- 바닥전체, 천장 부분 및 후방 벽면 부분	○	○	○
	- 승무원 코트룸 등 휴대품 보관 장소	○	○	○
	- 러더 페달 및 브레이크 주변 부분	○	○	○
	- 운항승무원 휴식 공간 및 기타 모든 보관 공간	○	○	○
	- 비상탈출 로우프 보관 공간	○	○	○
객실	- 좌석 상단	○	○	○
	- 객실 바닥 부분 및 좌우측 벽면과 창가	○	○	○
	- 모든 오버헤드 빈	○	○	○
	- 출입구 및 주변 기계 장치	○	○	○
	- 항공기 폭발물 피해 최소 위치구역	○	○	○
	- 코트 보관 장소	○	○	○
	- 비상장비 보관 장소	＼	○	○
	- 잡지·인쇄물 Rack과 보관장소, 좌석 전후면 파우치	＼	○	○
	- Life Vest, Seat 쿠션, 하단	＼	○	○
	- 승무원 좌석 및 구명대, 각종 구명장비 보관 장소	＼	＼	○
	- 승무원 휴식 공간(Bunker)	＼	＼	○
	- 기타 천장 공간	＼	＼	○

구분	점 검 내 용	상 황		
		A	B	C
주방	- 오븐, 냉장고, Bar, 주방 내 비치된 각종 비상장비	○	○	○
	- 벽면, 천장 및 바닥 부분	○	○	○
	- 주방 서비스 도어 및 경첩주변, 주방내 모든 보관공간	○	○	○
	- 쓰레기 함, 제반 용기나 통, 오븐을 빼내어 점검		○	○
	- 상단 부분의 산소마스크 보관 장소 및 기타 부분			○
화장실	- 화장실 문, 벽면 및 천장 외부	○	○	○
	- 변기 주변, 휴지/화장지 보관함	○	○	○
	- 개수대 및 하단 용기		○	○
	- 산소마스크 보관 장소			○

※ Security Grade A(평시, 관심) : Green, Blue / B(주의) : Yellow / C(경계, 심각) : Orange, Red

[별지 7] 항공기 보안점검표(양식)

항공기 보안점검표(정비사)

Date　　A/C No. HL　　A/C TYPE　　Flight NO.

Station(From/To)　　/

Purser : Name　　Signature

P I C : Name　　Signature

Current Alert Level

□평시(Green)　□관심(Blue)　□주의(Yellow)　□경계(Orange)　□심각(Red)

구분	점 검 내 용	상 황		
		A	B	C
항공기동체	- 동체상의 함몰 공간 및 개폐구	○	○	○
	- 에어컨 및 수압장치 관련 함몰 공간	○	○	○
	- 식수 및 화장실 용수 보급관련 Panel	○	○	○
항공기 외부	(주기시간 4시간 이하시)			
	- 엔진의 Inlet 및 Outlet 부분	○	○	○
	- Door-side와 주변부분	○	○	○
	(주기시간 4시간 이상시)			
	- Leading 및 Trailing edge flap, aileron 부분	○	○	○
	- 엔진의 Inlet 및 Outlet 부분	○	○	○
	- 연료 주입구(Fuel Servicing Panels)	○	○	○
	- Landing gear wheel well 부위	○	○	○
	- Stabilizer 및 Rudder 하부	○	○	○
	- APU Door의 잠금 상태 확인	○	○	○
	- Emergency Exit Door의 잠금 상태 확인	○	○	○
화물칸	- 컨테이너 탑재 전 화물칸 내 천장, 바닥, 벽면부분	○	○	○
	- Bulk Area 부분 내 천장, 바닥, 벽면 부분	○	○	○
	- Door-Side와 주변 기계 장치 부분	○	○	○

※ Security Grade　A(평시, 관심) : Green, Blue / B(주의) : Yellow / C(경계, 심각) : Orange, Red

[별표 8] 평시 및 관심 보안등급시 항공기 보안조치 확인표(양식)

평시 및 관심 보안등급시 항공기 보안조치 확인표[Green & Blue]

점 검 내 용	상 황		
	S	U	N
□ 운항 준비항공기 보안조치			
ㅇ 항공기로 들어가는 승객 감시			
ㅇ 승무원 및 승무원 수하물 검색			
ㅇ 기내식에 대한 기본 검색			
ㅇ 탑재전 항공기내 검색			
ㅇ 항공기내 보안점검표 "A"에 의거 보안점검 실시			
□ 주기된 항공기 기본보안조치실시			
ㅇ 출입문 닫음, 계단·브릿지 제거			

※ 상황별 점검기준에 따라 하기의 검색항목을 체크하여 주시기 바랍니다.
(S : Satisfactory U : Unsatisfactory N/A : Not Applicable)

20 . .

점 검 자 :
확 인 자 :

[별표 9] 주의 보안등급시 항공기 보안조치 확인표(양식)

주의 보안등급시 항공기 보안조치 확인표[Yellow & Orange]

점 검 내 용	상 황		
	S	U	N
□ 운항 준비항공기 보안조치			
ㅇ 승무원에 대한 보안 브리핑			
ㅇ 항공사 자체우편물 모두 검색(X-ray 또는 적법한 검색)			
ㅇ 항공기내 보안점검표 "B"에 의거 보안점검 실시			
□ 보안위협증가 시 항공기 업무 직원에 대한 브리핑			
□ 주기항공기 외부 순찰 강화			
□ 운항 중 30분마다 기내점검 실시			
□ 위협노선 항공기 탑승구 앞 추가검색(Random) 10% 이상 실시			
□ 고위협 항공편 승무원, 조업직원 항공기 입장시 신분증 확인			
□ 수하물 작업지역 감독자 배치			
□ 특정 지역 노선 야간주기(Lay Over)항공기 출입문 봉인 실시 또는 경비원 배치			
□ 기내식 운반차량 escort 실시			

※ 상황별 점검기준에 따라 하기의 검색항목을 체크하여 주시기 바랍니다.
(S : Satisfactory U : Unsatisfactory N/A : Not Applicable)

20 . .

점 검 자 :
확 인 자 :

[별표 10] 경계 및 심각 보안등급시 항공기 보안조치 확인표(양식)

경계 및 심각 보안등급시 항공기 보안조치 확인표[Red]

점 검 내 용	상 황		
	S	U	N
□ 항공기내 보안점검표 "C"에 의거 보안점검 실시			
□ 기내식 및 항공기내 저장물품에 대한 종합 보안 검색			
□ 선적될 때까지 기내식 내용물 검사 및 이에 대한 보호			
□ 기내 청소하는 동안 감독자 배치, 감시			
□ 승무원, 조업직원 항공기 입장시 신분증 확인			
□ 해당 항공사직원에 위협 및 보안요건에 대한 검색사항 주지			
□ 항공기 도착후 기내보안점검실시 또는 항공기 도착 후 기내 잔류 승객 및 수하물 확인			
□ 남자 보안승무원 탑승(위협노선)			
□ 위협노선 항공기 탑승구앞 추가검색(Random) 15% 이상 실시			
□ 위협지역 운항 항공기에 경비원 배치			
□ 고위협 항공편 화장실 compartment내부점검 및 일반도구를 사용하여 열 수 있는 compartment도 점검후 봉인 실시			
□ 모든 meal/음료 cart, 기용품, 기판품에 대한 육안검색 실시			
□ 주기 항공기에 경비원을 배치			
□ 항공기 출입구에서 항공기에 출입하도록 허가된(항공사 정규 직원 제외) 모든 청소, 기내식 및 서비스 담당자 검색			
□ 고 위협 또는 특정항공편 탑승구앞 추가검색(continually)			
□ 남자보안승무원 탑승(국제선)			
□ 기내 청소하는 동안 경비원 배치, 감시			
□ 필요시 기내 항공보안요원 탑승			
□ 조종실 쪽 화장실 사용금지			
□ 위협 항공편에 대하여 화장실 compartment 내부점검 및 일반 도구를 사용하여 열 수 있는 compartment도 점검 후 봉인실시			
□ 모든 meal/음료 cart, 기용품, 기판품에 대한 육안 검색실시 및 각 cart 당 최소 25% tray를 꺼내어 검색			

※ 상황별 점검기준에 따라 하기의 검색항목을 체크하여 주시기 바랍니다.
(S : Satisfactory U : Unsatisfactory N/A : Not Applicable)

20 . .

점 검 자 : 확 인 자 :

[부록 4]

ICAO 항공보안평가프로그램 상시평가점검항목 (USAP-CMA)

ICAO 항공보안평가프로그램 상시평가(USAP-CMA)

이행점검표

이행점검표는 ICAO 부속서 17(보안) 불법방해행위에 대한 국제 민간항공의 보호, 부속서 9(출입국간소화) 보안관련 조항을 근거로 작성되었으며, 체약국은 부속서 17의 국제 표준 및 권고사항(SARPs)과 부속서 9의 보안 관련 조항의 이행실태를 확인하여 주는데 도움을 주기 위함입니다.

이행점검표는 국가 규정 및 이행실태의 차이점을 확인하고 이를 ICAO에 통보하여 이에 상응하는 기준을 수립하도록 할 것이며, 항공보안평가 프로그램 중에 상시평가(UASP-CMA)의 주요도구의 하나이며 체약국은 해당 국가 규정의 이행실태를 다음과 같은 범주를 기반으로 차이점을 확인하여야 합니다.

a) ICAO 조문보다 많은 것을 요구하거나 훨씬 엄격한 경우(Category A)

해당 범주는 국가 법규가 이에 상응하는 조문보다 훨씬 엄격하거나, 혹은 조문이 커버하지 못하는 부속서 범위 내에서 의무를 부과하는 경우입니다. 이러한 경우는 자국내에서 운용하는 타 체약국의 항공기로 하여금 체약국이 더욱 높은 기준을 요구하는 경우 특히 중요합니다.

b) 상황상 ICAO 조문과 다른 경우(Category B)

해당 범주는 국가 법규가 부가적인 의무를 필수적으로 부과하지 아니하고 이에 상응하는 ICAO 조문과 상황상 상이한 경우, 또는 성격, 형태 또는 시스템상 상이한 경우입니다. 이러한 경우는 다른 수단을 이용하여 ICAO 조문에 상응하는 동일한 목적을 성취하고자 하는 경우와 Category A 또는 C로 범주화할 수 없는 경우가 해당합니다.

c) ICAO 조문과 비교시 국내 규정이 없거나 부분적일때 (Category C)

해당 범주는 국가 법규가 이에 상응하는 조문보다 부분적인 경우, 혹은 국내 규정이 없는 경우가 해당합니다.

해당사항 없음

해당 범주는 체약국의 일반적인 활동이 항공기, 인원 혹은 기타 제반사항 관련 ICAO 조문에 해당하지 않는 경우에 적용합니다.

문서에서 사용되는 약어

ACP	공항비상계획(Airport Contingency Plan)
AOSP	항공기 운용자 보안프로그램 (Aircraft Operator Security Programme)
API	사전 승객 정보(Advanced passenger information)
ASP	공항 보안 프로그램(Airport Security Programme)
ASTP	항공보안 교육/훈련 프로그램 (Aviation Security Training Package)
ATC	항공 교통 통제(Air traffic control)
ATM	항공 교통 관리(Air traffic management)
ATS	항공 교통 서비스(Air traffic service)
CE	핵심요소(Critical element)
CMC	승무원 증명서(Crew member certificate)
COMAIL	Company mail
COMAT	Company material
IAPP	Isolated aircraft parking position
IFSO	기내보안요원(In-flight security officer)
MRTD	기계 판독형 여행 문서(Machine readable travel documents)
NCASP	국가 민간항공보안프로그램 (National Civil Aviation Security Programme)
NCASTP	국가 민간항공보안 교육/훈련프로그램 (National Civil Aviation Security Training Programme)
NQCP	국가 민간 항공 보안 감독 프로그램 (National Civil Aviation Security Quality Control Progrmme)
PAXLST	승객명부(Passenger List Message)
PQ	세부평가항목(Protocol question)
SRA	보안제한구역(Security restricted area)
WCO	세계관세기구(World Customs Organization)

ICAO 부속서 17(SECIURITY)

제1장 정의(Definitions)

불법방해행위(Acts of Unlawful Interference) 민간항공의 안전을 위협할 수 있는 아래의 행위 또는 이러한 행위를 시도하는 것을 말하지만 그것에 국한되지 않는다.

a) 운항중인 항공기 불법점유
b) 운항중인 항공기 파괴
c) 기내 또는 비행장에서 인질극
d) 항공기, 공항 또는 항행안전시설에 대한 무력 불법 침입
e) 범죄를 저지를 목적으로 기내 또는 공항으로 무기, 위험장치 또는 물품을 반입하는 행위
f) 사망, 중상에 이르게 하거나 재산이나 환경에 심각한 피해를 끼칠 목적으로 운항중인 비행기를 사용하는 행위
g) 공항 또는 민간항공 시설 내에 있는 운항 또는 주기 중인 항공기, 승객, 승무원, 지상 조업요원, 일반인의 안전을 위협하는 거짓정보를 제공하는 행위

항공기 사용사업(Aerial Work) 농업, 사진촬영, 조사, 순찰, 구조, 광고 등의 특정한 서비스를 제공하기 위한 항공기 운영

항공기 보안점검(Aircraft Security Check) 수상한 물품, 무기, 폭발물 또는 기타 위험한 물품, 물체를 발견하기 위하여 승객이 접근할 수 있는 항공기 내부 및 화물칸 점검하는 것

항공기 수색(Aircraft Security Search) 항공기 내부 및 외부를 대상으로 철저히 수색하는 보안점검으로, 의심스러운 물품, 무기, 폭발물, 위험물품, 물건, 물질 등을 탐색하는 행위

에어사이드(Airside) 공항의 이동지역, 인접된 지형 및 건물 또는 그 일부로서 일반인의 출입이 통제되어 있는 지역

신원조회(Background check) 법규상 허용되는 범죄 경력 조사를 포함한, 인원의 정체성

과 기존 경험에 대한 확인 절차로서, 해당 인원이 보안통제를 제대로 수행할 수 있는지 또는 보안통제구역에 인솔자 없이 출입해도 무방한지를 확인하는 행위

행동탐지(Behavior check) 항공보안 환경에서 민간항공에 대한 위협을 야기할 수 있는 자를 식별하기 위하여 비정상적인 행동을 나타내는 몸짓을 포함한 행동특성을 파악하는 기법

화물(Cargo) 우편물, 기내저장품, 동반수하물, 오처리 수하물이외에 항공기로 운송되는 모든 물품

인증(Certification) 항공보안을 담당하는 적합한 기관으로부터 또는 기관을 대신해서 보안요원을 공식적으로 평가하는 행위로서, 해당 보안요원은 기관이 설정한 수준을 보유하고 있음을 인정하는 행위

상업용 항공(Commercial air transport operation) 보수를 받거나 고용되어서 승객, 화물, 우편을 운송하는 목적을 가진 항공운영

기업 항공(Corporate Aviation) 비상업용 항공운영이거나, 고용된 조종사에 의해 기업의 사업목적상 승객 또는 짐을 운송하기 위한 목적을 가진 항공 운영

불량 승객(Disruptive Passenger) 공항 또는 운항중인 항공기에서 공항직원 · 승무원이 제시한 규칙을 위반하여 공항 또는 운항중인 항공기의 규율상태를 깨뜨리는 승객

일반항공(General Aviation Operation) 상업용 항공과 기타 항공기 사용사업을 제외한 항공운영

고위험 화물 및 우편물(High-risk cargo or mail) 등록되지 않은 화주에 의해 접수되거나 이상한 징후가 보이는 화물 및 우편물 또는 아래의 사항에 적용될 경우 고위험 화물 및 우편물로 간주된다.

a) 화물 및 우편물이 민간항공에 위협이 된다는 첩보가 있을 경우, 또는

b) 화물 및 우편물이 의심하기에 충분히 비정상적으로 보일 경우,

c) 화물 및 우편물의 형태로 인해 항공기에 위협을 가할 수 있는 기내반입금지 물품을 기본적인 보안 대책을 통해 확인할 수 없는 경우 화물 및 우편물 위탁 화주의 등록여부와 상관없이 국가가 입수한 위탁화물에 대한 특정 첩보는 관련 화물 또는 우편물을 고위협으로 간주할 수 있다.

인적요소원칙(Human Factor Principles) 인적수행능력을 고려하여 인간과 기타 시스템 요소간의 상호 연계를 위하여 장비설계, 인원 인증, 인원교육 및 운영에 적용되는 원칙

인적 수행능력(Human Performance) 항행 운영의 안전성, 보안성 및 효율성에 영향을 미칠 수 있는 인적 능력 및 제한사항

항공기내보안요원(In-flight security officer) 불법방해행위로부터 항공기 및 탑승객을 보호할 목적으로 항공기 운영국 및 등록국 정부에 의해 항공기에 배치되도록 인가받은 사람. 다만 사설 경호요원처럼 한명 또는 그 이상의 특별 탑승객에 대한 전용 개인보호를 위해 배치된 사람은 항공기내보안요원이 아님

상용화주(Known consignor) 모든 항공기에 화물 · 우편물 운송을 하는데 충분한 일반 보안규정과 기준을 충족하는 절차를 가지고 있으며 자체 책임 하에 화물 또는 우편물을 발송하는 화주

등록대리점(Regulated Agent) 공항운영자와 업무를 하고 관련 당국으로 인가받아 화물 및 우편물 등에 대하여 보안통제를 실시하는 대리인, 화물업자 및 기타 관련 조직

보안검색(Screening) 불법행위에 사용될지 모르는 무기, 폭발물 또는 다른 위험한 장치를 찾아내기 위한 기술 및 다른 수단의 적용

주 - 특정한 위험물체 또는 위험물질은 부속서 18 및 위험물품 운송지침(DOC9284)에 의거 위험물품으로 분류되며 해당 규정에 따라 운송되어야 한다. 추가적으로, 항공보안매뉴얼(Doc 8973)의 부록35에 명시된 "반입금지물품"(Prohibited Items)에서는 항공기 객실에 반입이 금지된 물품 목록을 제시한다.

항공보안(Security) 불법방해행위로부터 민간항공을 보호하기 위한 것. 이 목적은 대책 및 인적 물적 결합으로 달성

보안조사(Security Survey) 보안수요를 평가하는 행위로서, 불법방해행위를 일으킬 수 있는 취약점을 식별하는 행위 또는 교정행위를 권고하는 행위를 포함

보안평가(Security Audit) 국가민간 항공 보안프로그램 이행에 대한 모든 관점을 대상으로 준수여부를 심도 있게 확인하는 행위

보안통제(Security Control) 불법적인 방해 행위에 사용되어질 수 있는 무기, 폭발물, 기타 위험물품, 물질 또는 물품의 반입을 방지하는 수단

보안점검(Security Inspection) 국가 민간항공 보안프로그램에서 항공사, 공항, 기타 보안 관련조직 등에 요구하는 사항의 이행여부를 확인하는 행위

보안불시평가(Security Test) 은밀하게 또는 공개적으로 불법행위를 시도하는 보안평가행위

보안제한구역(Security Restricted Area) 공항의 에어사이드 내부구역으로 위험순위가 높기 때문에 출입 통제와 더불어 다른 보안통제조치가 필요한 구역임. 특히, 상업용 항공 승객이 출발하는 구역(보안검색장과 항공기 사이에 위치)과, 계류장, 수하물처리장, 항공기 접근구역 및 보안검색 완료된 수하물과 화물이 적재된 구역, 화물선적장, 우편센터, 기내식 구역 및 항공기 세척구역 등이 해당된다.

환적 화물 및 우편물(Transfer cargo and mail) 도착 항공기가 아닌 다른 항공기에 탑재되어 보내지는 화물 및 우편물

미확인 수하물(Unidentified Baggage) 승객이 수취하지 않거나 승객이 확인되지 않는 수하물 꼬리표가 부착되거나 부착되지 아니하고 공항 내 방치된 수하물

예측불가능성(Unpredictability) 규정된 체계에 따라 불규칙한 빈도로 다른 장소에서 다양한 방법들을 적용함으로써 억제효과와 효율성을 증가시키기 위한 보안대책의 실행

제2장 일반원칙(GENERAL PRINCIPLES)

2.1 목적(Objectives)

표준 2.1.1

각 체약국은 불법방해행위로부터 승객, 승무원, 지상운영요원 및 일반대중의 안전이 민간항공의 보호와 관련된 모든 문제에 있어서 주목적이 되도록 하여야 한다.

표준 2.1.2

각 체약국은 항공기 운항 안전성, 정시성 및 효율성을 고려하여 불법행위로부터 민간항공을 보호하기 위한 규정, 관례, 절차를 계발하고 시행할 조직을 설립하여야 한다.

표준 2.1.3

각 체약국은 항공보안기관, 규정, 조치 절차 등은 다음과 같은 목적이 달성되도록 보장하여야 한다.

a) 민간항공의 불법방해행위로부터 승객, 승무원, 지상 조업원, 일반대중의 안전을 보호한다.

b) 민간항공에 대한 위협증가에 신속하게 대응한다.

권고사항 2.1.4

각 체약국은 항공보안 정보에 대한 적절한 보호가 되도록 하여야 한다.

주 1 - 아래 장에 기술된 표준지침 및 권고안을 적용하여 민간항공보안 목표를 달성하기 위한 지침 자료는 불법행위에 대한 민간항공보호를 위한 보안지침서(DOC8973)를 참고한다.

주 2 - 민간항공보안 목적을 달성하기 위하여 각 체약국을 지원할 종합 민간항공 교육훈련 자료는 ICAO 항공보안 교육훈련 프로그램(항공보안 교육훈련 패키지 ASTP)에 포함되어져 있다.

권고사항 2.1.5

각 체약국은 민간항공보안의 목적을 달성하기 위하여 운영적 · 기술적 · 재정적으로 실행 가능한 범위 내에서 적절하게 보안장비를 사용해야 한다.

2.2 적용(Applicability)

표준 2.2.1

각 체약국은 국제민간 항공운항에 대하여 부속서 17에 포함된 표준은 준수하여야 하며, 권고사항은 준수토록 노력하여야 한다.

표준 2.2.2

각 체약국은 관련 국가기관의 위협분석에 근거하여 불법방행행위로부터 민간항공을 보호하기 위한 조치를 적용 가능한 범위까지 국내 항공운영에도 적용되도록 하여야 한다.

2.3 보안 및 출입국간소화(Security and facilitation)

권고사항 2.3

각 체약국은 가능한 시점에서 보안통제의 효율성을 저해하지 않는 범위 내에서 국제민간항공의 활동의 장애와 방해를 최소화 할 수 있는 보안통제 방법과 절차를 마련해야 한다.

2.4 국제 협력(International cooperation)

표준 2.4.1

각 체약국은 다른 체약국으로부터 특정한 항공편에 대해 추가적인 보안조치를 요구받을 경우, 가능한 한도 내에서 조치를 취해야 한다. 특정조치를 요구한 체약국은, 요구받은 국가의 대체적인 조치에 대해 고려하여야 한다.

표준 2.4.2

각 체약국은 국가 민간항공 보안프로그램, 훈련프로그램, 수준관리프로그램 등을 개발하거나 관련 정보를 공유할 필요가 있는 경우 다른 국가와 협력하여야 한다.

표준 2.4.3

각 체약국은 가능한 범위 내에서, 관련국가와 연계된 항공보안 위협정보를 공유하는 절차를 설립하고 이행해야 한다.

표준 2.4.4

각 체약국은 부적절한 사용과 누설을 방지하기 위하여 타 체약국과 공유하는 민감한 정보와 타 체약국의 보안에 영향을 미치는 정보 접수 시 이에 대한 적절한 취급 및 보호 절차를 수립 이행하여야 한다.

권고사항 2.4.5

ICAO 항공보안감사를 받은 국가는 타 체약국의 요청이 있을 경우 국가 주권의 동의하에 적절한 한도까지 수검결과 및 조치사항을 알려주어야 한다.

권고사항 2.4.6

각 체약국은 국가 간의 항공운송 양해각서에 항공보안 관련조항을 삽입해야 한다. 이때 ICAO에서 마련한 모델 조항을 참고하여야 한다.

권고사항 2.4.7

각 체약국은 국가민간항공 보안프로그램에 관하여 타국가에서 필요 부분 요청시 제공하여야 한다.

권고사항 2.4.8

각 체약국은 2.4.5항에 의거하여 정보를 공유한 경우 그 사실을 ICAO에 통보해야 한다.

권고사항 2.4.9

각 체약국은 보안통제의 불필요한 중복을 피함으로써 항공보안시스템의 지속가능성을 증가시키기 위하여 공동 협약에 가입하는 것을 고려해야 한다. 이 협약은 출발지에서 효과적인 보안통제를 적용함으로써 보장된 보안수행상태가 동일한 수준인지 확인하는 것에 기반해야 한다.

2.5 장비의 연구 및 개발(Equipment, research and development)

권고사항 2.5.1

각 체약국은 항공보안목적을 보다 원활하게 달성하게 해주는 새로운 보안장비, 보안공정 및 보안절차에 대한 연구 및 개발을 촉진해야 하며, 이와 관련하여 다른 체약국과 협력해야 한다.

권고사항 2.5.2

각 체약국은 신 보안장비 개발 시 인적요소원칙을 고려하여야 한다.

주 - 인적요소원칙에 관한 지침자료는 민간항공보안 운영 인적요소 지침서 및 인적요소 교육훈련 지침서(DOC9808)에 명시되어져 있다.

권고사항 2.5.3

각 체약국은 명확히 정의된 기준에 근거하여 보안검색 및 보안통제가 운영상 차별화되도록 하는 혁신적인 절차를 실행토록 고려하여야 한다.

제3장 조직(Organization)

3.1 국가조직(National organization and appropriate authority)

표준 3.1.1

각 체약국은 항공기 안전성, 정시성 및 효율성을 고려한 규정, 관례, 절차를 통하여 불법행위로부터 민간항공을 보호하기 위한 문서로 된 국가항공보안프로그램을 수립, 시행하여야 한다.

표준 3.1.2

각 체약국은 자국 국가민간항공 보안계획의 수립, 시행, 유지할 책임이 있는 적정기관을 지정하여 ICAO에 통보하여야 한다.

표준 3.1.3

각 체약국은 해당기관의 위협분석에 근거하여 자국 내의 민간항공에 대한 위협수준과 특성을 항시 점검해야 하며, 국가민간항공프로그램을 적용할 정책과 절차를 마련하고 적용하여야 한다.

주 - 위협평가 및 위가 관리방법 지침은 민간 항공기에 대한 불법방해행위로부터 민간항공 보호를 위한 지침서(DOC 8973-대외비)에서 확인할 수 있다.

표준 3.1.4

각 체약국은 해당기관이 국가민간항공보안프로그램의 여러 가지 요소의 이행을 책임지거나 관련된 부서, 기관 및 국가 내 다른 조직, 공항 및 항공기 운영자, 항공교통서비스 제공자 및 기타 조직 간 업무를 정의, 배분 및 조정하도록 규정해야 한다.

표준 3.1.5

각 체약국은 국가민간항공보안프로그램의 여러 가지 요소의 이행을 책임지거나 관련된 부서, 기관 및 국가 내 다른 조직, 공항 및 항공기 운영자 , 항공교통서비스 제공자 및 기타 조직 간 보안활동을 조정하기 위한 국가항공보안위원회 또는 이와 유사한 조직을 수립해야 한다.

표준 3.1.6

각 체약국은 관계 기관으로 하여금 국가항공교육프로그램을 작성하여 적용토록 하여야 하며, 국가 민간항공 보안프로그램을 적용받는 모든 주체를 대상으로 포함시켜야 한다. 또한 이 교육훈련 프로그램은 국가 민간항공 보안프로그램의 효율성을 보장하도록 수립되어야 한다.

표준 3.1.7

2013년 7월 1일부터, 각 체약국은 국가민간항공보안프로그램에 따라 강사인증시스템 및 교육훈련프로그램의 개발과 이행을 보장해야 한다.

표준 3.1.8

각 체약국은 민간항공서비스를 제공하는 공항에 해당책임 기관으로 하여금 공항 보안 업무 수행 조직이 필요로 하는 자원 및 시설을 설치, 확보하도록 하여야 한다.

표준 3.1.9

각 체약국은 자국 영토내의 공항 및 항공기 운영자, 항공교통서비스 제공자가 국가항공보안프로그램의 요건을 준수하도록 문서로 된 국가항공보안프로그램 및/또는 관련 정보 또는 지침의 해당 부분을 그들이 이용할 수 있도록 해야 한다.

권고사항 3.1.10

각 체약국은 국가 민간항공 보안프로그램의 다양한 측면의 실행에 책임이 있거나 관련된 모든 이해 당사자와 인솔자 없이 에어사이드 내 진입 권한을 부여받은 자들이 주기적인 보안 의식 교육을 받도록 해야 한다.

3.2 공항 운영(Airport operations)

표준 3.2.1

각 체약국은 국제 항공 업무를 수행하는 공항이 국가민간항공보안 프로그램의 요건을 충족시키는 서면으로 된 공항보안 프로그램을 수립, 시행, 유지토록 하여야 한다.

표준 3.2.2

각 체약국은 민간항공 서비스를 제공하는 각 공항에 보안통제 관련업무 이행에 책임이 있는 기관을 확보하여야 한다.

표준 3.2.3

각 체약국은 민간항공 서비스를 제공하는 공항에 공항보안 프로그램에 명시된 보안 통제 및 절차 수행의 조정역할을 수행하는 3.2.2하에 명시한 해당 기관을 지원할 공항보안위원회를 설립토록 하여야 한다.

표준 3.2.4

각 체약국은 국가민간항공보안프로그램 내에 민간항공 보안대책을 실행하기 위해 필요한 건축요건 및 기반시설을 포함한 공항 디자인이 공항 기존시설 변경 및 새로운 시설 설계 및 건설 시 반영토록 하여야 한다.

3.3 항공사 (Aircraft operators)

표준 3.3.1

각 체약국은 체약국으로부터 운항업무를 제공하는 상업용항공운송사업자가 체약국의 국가 항공보안 프로그램의 요건에 적합한 서면으로 된 항공사 보안계획을 수립 이행 · 유지토록 하여야 한다.

권고사항 3.3.2

각 체약국은 회사항공을 포함하여 일반항공으로 최대 이륙중량 5,700kg 이상인 항공기를 운영하는 각 사업자로 하여금 국가항공보안프로그램에 적합한 보안프로그램을 작성 · 운영토록 보장하여야 한다.

권고사항 3.3.3

각 체약국은 기타 항공을 운영하는 사업자가 국가항공보안프로그램의 내용에 적합한 항공사 보안프로그램을 작성 · 운영 · 유지토록 보장하여야 한다. 동 프로그램은 사업자가 수행하는 업무의 종류에 따른 상세한 내용을 포함하여야 한다.

권고사항 3.3.4

각 체약국은 공항운영자 또는 3.3.1, 3.3.2 및 3.3.3항과 관계된 기관의 보안프로그램의 기본으로 ICAO 모델을 고려하여야 한다.

권고사항 3.3.5

각 체약국은 자국에서 운항업무를 수행하는 항공사가 타 항공사와 좌석공유 또는 기타 협력 업무를 수행을 할 경우 해당기관에 해당 항공사의 소속을 포함한 이러한 협정 사항을 통보하도록 하여야 한다.

3.4 수준관리 및 자격(Quality control and qualifications)

표준 3.4.1

각 체약국은 보안통제 업무에 종사하는 요원에 대하여 신원조회 실시하여야 하며 선정절차에 맞게 선정되도록 하여야 한다.

표준 3.4.2

각 체약국은 보안통제 업무를 수행하는 사람들이 각자의 의무 이행을 위해 국가항공보안프로그램에 의거하여 적절히 훈련되고, 최신화된 교육 기록이 유지되어야 한다. 이행과 관련된 표준이 설정되어야 하고 초기 및 정기적인 평가에 대한 사항이 이러한 표준에 포함되어 있어야 한다.

표준 3.4.3

각 체약국은 검색 업무를 수행하는 자가 업무 수행 표준을 항구적이고 신뢰할 만한 수준으로 달성을 보장하기 위하여 국가항공보안 프로그램 요건 의거하여 인가증이 발급되도록 하여야 한다.

표준 3.4.4

각 체약국은 관련 책임기관이 국가 항공보안프로그램 효율성 확보를 위하여 국가항공보안 품질관리프로그램을 개발, 이행 및 유지토록 하여야 한다.

표준 3.4.5

각 체약국은 보안조치가 국가항공보안프로그램에 적합하게 적용되고 있는지 정기적으로 확인해야 한다. 확인의 빈도와 우선순위는 관계 당국의 위험 평가에 근거하여 수행한다.

표준 3.4.6

각 체약국은 항공보안감사(Audits), 불시평가(Test), 조사(Surveys), 점검(Inspection) 등을 정기적으로 실시하며, 보안조치가 국가 항공보안 프로그램에 부합되는지 확인하고, 결점을 신속하고 효과적으로 개선토록 하여야 한다.

표준 3.4.7

각 체약국은 국가항공보안프로그램에서 규정한 보안조치를 수행하는 각 주체를 대상으로, 각 주체와는 별도로 국가 항공보안 수준관리 프로그램상의 조치를 적용해야 하며, 아래의 사항을 준수해야 한다.

a) 항공보안 감사 · 점검 · 조사 등을 수행하는 요원(이하 점검관)을 대상으로 필요한 사항을 국가항공보안프로그램의 범주 안에서 교육 · 훈련시켜야 함.

b) 점검관에게 해당 임무 수행과 관련된 적절한 권한을 부여해야 함. 이러한 권한을 바탕으로 감사관 등은 임무 수행과 관련된 정보를 획득함과 동시에, 감사결과에 따른 수정조치를 해당 조직에 요구할 수 있음.

c) 승객 · 승무원 · 지상조업요원 등으로부터 입수한 보안정보를 활용한 비밀보고제도(Confidential Reporting System)를 운영하여 국가항공보안 수준관리프로그램을 보완해야 함.

d) 국가항공보안 수준관리프로그램의 결과를 기록하고 분석하는 절차를 마련해야 함. 이를 통해 국가항공보안프로그램의 효율적인 개발과 이행을 보장하고, 지적사항(비 준수)의 유형을 파악하고 교정조치가 이뤄졌는지를 확인할 수 있어야 함.

표준 3.4.8

불법방해행위와 관련된 각 체약국은 관련 책임이 보안통제 및 절차에 대하여 재평가하여 이러한 사건의 재발방지를 위하여 적절한 시기에 필요한 조치를 취하도록 하여야 한다. 이러한 대응조치는 ICAO에 통보되어야 한다.

권고사항 3.4.9

불법방해행위와 관련된 각 체약국은 관련 책임이 보안통제 및 절차에 대하여 재평가하여 이러한 사건의 재발방지를 위하여 적절한 시기에 필요한 조치를 취하도록 하여야 한다. 이러한 대응조치는 ICAO에 통보되어야 한다.

3.5 항공교통서비스 제공자(Air traffic service providers)

표준 3.5

각 체약국은 자국 내에서 운영하는 항공교통서비스 제공자가 국가항공보안프로그램의 요건에 부합하도록 적절한 보안규정을 수립 및 이행하도록 규정해야 한다.

제4장 사전 보안대책조치 (Preventive security measures)

4.1 목적(Objective)

표준 4.1.1

각 체약국은 국제 운항 항공기에 어떠한 방법으로 불법방해행위를 하기 위한 목적으로 불법무기, 폭발물, 다른 위험한 장치, 물품 또는 물질들의 반입을 금지하는 보안대책을 수립해야 한다.

권고사항 4.1.2

각 체약국은 임의적이고 예측 불가능한 보안조치의 사용을 증진하여야 한다. 예측불가성은 보안조치의 억지력에 기여할 수 있다.

권고사항 4.1.3

각 체약국은 행동탐지가 체약국의 항공 보안 관례 및 절차에 포함되도록 고려하여야 한다.

4.2 출입통제 관련 대책 (Measures relating to access control)

표준 4.2.1

각 체약국은 민간 항공을 운영하는 공항에서는 불법 진입을 막기 위하여 에어사이드 출입을 통제하여야 한다.

표준 4.2.2

각 체약국은 관련 국가 기관에서 실시하는 위협 평가를 바탕으로 하여 지정된 민간항공 업무를 제공하는 공항에 대해서 보안통제구역을 설정하여야 한다.

표준 4.2.3

체약국은 보안 통제구역이나 에어사이드로의 불법 출입을 막기 위하여 인원 및 차량에 대하여 신원확인 시스템을 설치하여야 한다. 그리고, 이러한 신원 확인은 출입이 허가되기 전에 지정된 체크 포인트에서 실시되어야 한다.

표준 4.2.4

각 체약국은 승객 이외의 자가 공항 보안제한구역을 인솔자 없이 출입하는 것을 승인 전에 신원조회를 실시하여야 한다.

표준 4.2.5

각 체약국은 보호구역 안에서 비 인가자의 항공기로 접근하는 것을 방지하기 위하여 차량 및 인원이 항공기로 접근하는 것을 감시하여야 한다.

표준 4.2.6

각 체약국은 상주직원(휴대물품 포함)이 국제민간항공 운영을 위해 지정된 보호구역에 출입하기 전에 보안검색 및 출입통제를 받도록 하여야 한다.

표준 4.2.7

각 체약국은 보안제한구역으로 진입이 인가된 차량(수송되는 물건 포함)은 보안검색을 받거나 관련 국가기관에서 실시되는 위험 평가에 부합한 적절한 출입통제를 받아야 한다.

권고사항 4.2.8

각 체약국은 항공기 승무원에게 발급되는 신분증명서가 Doc 9303(여행문서 판독기 관련 지침)에서 정하는 관련 기술 사양을 따라서 이동지역 및 보호구역 출입을 허가하는 인증서로 사용하기 위하여 국제적으로 인정되고 기준에 부합되는 신분증이 발급되도록 하여야 한다.

권고사항 4.2.9

체약국은 인솔자 없이 보호구역 출입이 허가된 사람에 대하여 4.2.4항에서 정한 검사가 정기적으로 재실행되도록 하여야 한다.

4.3 항공기 관련 대책 (Measures relating to aircraft)

표준 4.3.1

각 체약국은 상업항공 운송용 항공기의 출발 시에 간단한 항공기 보안점검 또는 항공기 정밀검색이 이루어지도록 해야 한다. 운항 전 보안점검 또는 정밀검색의 결정은 관련 국가기관에서 실시하는 위험 평가에 따라 결정된다.

표준 4.3.2

각 체약국은 환승 공항에서 상업용 항공기로부터 하기하는 승객이 항공기에 어떤 물건도 남겨두지 않도록 한다.

표준 4.3.3

체약국은 상업항공기 운영자로 하여금 운항 중에 비허가자가 항공기 조종실 출입을 못하도록 조치를 취하도록 하여야 한다.

주 - 상업용 항공기의 조종실 보안규정은 ICAO 부속서 6, Part 1, Chapter 12, Section 13.2에 포함되어 있다.

표준 4.3.4

각 체약국은 4.3.1에 해당하는 항공기가 항공기에 대한 점검 또는 수색이 시작된 그 시간부터 항공기가 출발하기 전까지 비인가자의 방해 행위로부터 보호되어야 한다.

권고사항 4.3.5

각 체약국은 항공기가 보안 통제구역에 있지 않을 때는 항공기에 대한 불법방해 행위가 발생하지 않도록 보안 통제가 이루어지도록 하여야 한다.

표준 4.3.6

각 체약국은 항공기가 보안 통제구역에 있지 않을 때는 항공기에 대한 불법방해 행위가 발생하지 않도록 보안 통제가 이루어지도록 하여야 한다.

4.4 승객 및 휴대물품 관련 대책(Measures relating to passengers and their cabin baggage)

표준 4.4.1

각 체약국은 상업용 항공을 이용하는 출발 승객이 보안제한구역을 출발하기 전에 승객과 휴대물품에 대한 검색이 이루어지도록 하여야 한다.

표준 4.4.2

각 체약국은 상업용 항공을 이용하여 환승하는 승객 및 휴대물품을 항공기 탑승 전에 보안검색을 해야 한다. 상대 체약국과 협력하여, 환승승객과 휴대물품이 출발지에서 적절한 수준으로 보안검색을 받았으며, 출발 이후 환승시점까지 지속적으로 불법방해행위로부터 보호받았음을 확인하는 절차를 수립하고 이를 지속적으로 수행하는 경우를 제외한다.

주 - DOC 8973 의 지침서 부분을 참조할 것.

표준 4.4.3

각 체약국은 검색된 승객과 휴대물품이 검색된 순간부터 탑재될 때까지 보호되도록 하여야 한다. 만약에 검색되지 않은 승객 또는 휴대물품과 혼재 되었을 경우엔 탑재 전 반드시 재검색해야 한다.

표준 4.4.4

각 체약국은 환승객, 환승 휴대물품 보호 및 환승 공항의 보안 통일성을 위한 대책을 수립하여야 한다.

권고사항 4.4.5

각 체약국은 민간항공에 위협을 주는 의심행위의 확인 및 해결을 지원하기 위한 공항과 항공기내에서의 절차가 수립되도록 보장해야 한다.

4.5 위탁수하물 관련 대책(Measures relating to hold baggage)

표준 4.5.1

각 체약국은 출발 위탁수하물이 보안통제구역에서 출발하는 상업항공기에 탑재되기 전에 검색되도록 한다.

표준 4.5.2

각 체약국은 모든 위탁수하물이 검색된 때 또는 항공사에 접수된 때로부터 그것이 얼마나 일찍 실시되었던 간에 탑재될 때까지 보호되어야 한다. 보호되지 않은 수하물은 재검색 후 항공기에 탑재해야 한다.

표준 4.5.3

각 체약국은 상업용 항공운송사업자가 별송수하물로 확인되어 적절한 검색을 받아야 하는 수하물인 경우 이외에는 항공기에 탑승하지 않는 자의 수하물을 운송하지 않도록 보장해야 한다.

표준 4.5.4

각 체약국은 상업용 항공에 의해 운송되는 환승 위탁수하물을 항공기 탑승 전에 보안검색을 해야 한다. 상대 체약국과 협력하여, 위탁수하물이 출발지에서 적절한 수준으로 보안검색을 받았으며, 출발 이후 환승시점까지 지속적으로 불법방해행위로부터 보호받았음을 확인하는 절차를 수립하고 이를 지속적으로 수행하는 경우를 제외한다.

주 - DOC 8973 의 지침서 부분을 참조할 것.

표준 4.5.5

각 체약국은 상업용운송사업자가 각각 동반 또는 적절한 표준에 따라 검색을 받고 항공사에 의해 해당 편의 운송을 위해 접수되는 별송 수하물로 확인된 위탁수하물만 운송하도록 보장해야 한다. 그러한 모든 수하물이 해당 기준을 충족했음이 기록되어져야 하고 해당 편을 통한 운송이 인가되어져야 한다.

권고사항 4.5.6

각 체약국은 관계 국가 기관에서 실시하는 위험 평가에 따라, 미확인 수하물 처리 절차를 수립하여야 한다.

4.6 화물, 우편물 및 기타 물품 관련 대책(Measures relating to cargo, mail and other goods)

표준 4.6.1

각 체약국은 상업항공 운송 업무를 수행하는 항공기에 화물 및 우편물이 탑재되기 전에 적용 가능한 경우 보안검색을 포함한 실제적인 보안통제를 받도록 하여야 한다.

표준 4.6.2

각 체약국은 등록대리점 및/또는 상용화주가 화물 및 우편물에 대한 검색 또는 보안통제의 이행에 관여하고 있다면 이들의 승인을 포함하는 공급망 보안절차를 수립해야 한다.

표준 4.6.3

체약국은 상업용 항공기에 탑재될 화물 및 우편물이 검색 또는 보안통제 지점을 통과한 이후 항공기가 출발하기까지 비인가 된 방해 행위로부터 보호되도록 보장해야 한다.

표준 4.6.4

각 체약국은 고위험 화물 및 우편물에 대한 위협을 충분히 방지할 수 있도록 강화된 보안 대책이 실행되도록 하여야 한다.

표준 4.6.5

각 체약국은 등록대리점 또는 관계 당국에 의해 승인된 조직에 의해 검색 또는 보안통제가 실시되지 않는 한 상업용 항공기에 운송될 화물 및 우편물을 항공운송사업자가 접수하지 않도록 하여야 한다. 등록대리점 또는 관계 당국에 의해 승인된 조직이 확인하고 보장하지 않은 화물 및 우편물은 검색대상이 되어야 한다.

표준 4.6.6

각 체약국은 항공기 탑재용 기내식 및 기내저장품이 탑재되기 전까지 보안 통제를 받고 보호되도록 하여야 한다.

표준 4.6.7

각 체약국은 보안제한구역으로 유입되는 상품 및 공급품이 보안검색을 포함한 적절한 보안통제를 받도록 해야 한다.

표준 4.6.8

각 체약국은 상용화주에 의해 확인하고 보장된 화물 및 우편물이 운송과정 동안 서면 또는 전자파일형태의 보안확인서가 동봉될 수 있도록 하여야 한다.

표준 4.6.9

각 체약국은 상용화주에 의해 확인하고 보장된 화물 및 우편물이 운송과정 동안 서면 또는 전자파일형태의 보안확인서가 동봉될 수 있도록 하여야 한다.

표준 4.6.10

각 체약국은 화물 및 우편물에 대한 검색이 시행될 경우, 화물의 특성을 고려하여 적절한 보안검색 방법을 사용하여 검색하여야 한다.

권고사항 4.6.11

각 체약국은 각 국가에 반입되는 환승화물 및 우편물이 적절한 보안통제를 받았는지 확인할 수 있는 체계를 수립하여야 한다.

주 - 항공보안매뉴얼(8973)에서 이것과 관련된 참고 자료를 확인할 수 있다.

4.7 특별승객 관련 대책(Measures relating to special categories of passengers)

표준 4.7.1

각 체약국은 사법 또는 행정처분에 따라 항공여행을 하여야 하는 잠재적인 위험 승객 운송에 대한 항공사의 요구 조건을 개발하여야 한다.

주 - Note Doc 8973 참조

표준 4.7.2

각 체약국은 자국을 운항하는 항공사에게 사법적 또는 행정적 통제에 있는 승객이 여행을 하여야 할 경우 탑승할 때 항공기상에서의 안전을 확보하기 위하여 필요한 조치 및 절차를 항공보안 계획에 포함하도록 하여야 한다.

표준 4.7.3

각 체약국은 사법적 또는 행정적 통제 하에 있는 승객이 여행해야 할 경우 적절한 보안통제가 적용되도록 이를 항공사 및 기장이 알 수 있도록 하여야 한다.

표준 4.7.4

각 체약국은 업무 수행하기 위해 보안담당관 및 법집행관이 무기를 휴대하고 기내에 탑승하는 경우는 관련국가 해당 법에 따라 특별한 허가를 받도록 하여야 한다.

표준 4.7.5

각 체약국은 타 체약국이 자국 소속 항공기에 기내보안요원을 포함한 무장 요원이 탑승하여 체약국으로 운항을 요청할 경우 이러한 요청을 고려하여야 한다. 관계된 모든 국가의 합의가 이루어진 후 여행이 가능하다.

표준 4.7.6

각 체약국은 인가되고 자격을 갖춘 자가 해당 무기가 장전되지 않았다는 확인을 한 후 그리고 비행중 다른 사람이 접근할 수 없는 지역에 보관될 수 있을 경우에 한하여 기내 무기탑재를 허용하도록 하여야 한다.

표준 4.7.7

각 체약국은 인가되고 자격을 갖춘 자가 해당 무기가 장전되지 않았다는 확인을 한 후 그리고 비행중 다른 사람이 접근할 수 없는 지역에 보관될 수 있을 경우에 한하여 기내 무기탑재를 허용하도록 하여야 한다.

표준 4.7.8

각 체약국은 기장에게 무장한 인원의 수와 그들의 좌석위치가 통보되도록 하여야 한다.

4.8 랜드사이드 관련 대책(Measures relating to the landside)

권고사항 4.8.1

각 체약국은 랜드사이드 지역이 확인되도록 보장하여야 한다.

권고사항 4.8.2

각 체약국은 해당 국가 기관에서 실시하는 위험평가에 따라 가능한 불법방해행위 위협을 완화하기 위해 랜드사이드 지역의 보안대책이 수립되도록 보장하여야 한다.

권고사항 4.8.3

각 체약국은 표준 3.1.5, 3.2.2와 3.2.3에 따라 관련 부서, 기타 국가조직 및 기타 주체 간의 랜드사이드 보안 대책 조정이 되도록 하여야 하며 국가 민간항공 보안프로그램에 적절한 랜드사이드 보안책임이 명시되도록 하여야 한다.

4.9 사이버 위협 관련 대책(Measures relating to cyber threats)

권고사항 4.9.1

각 체약국은, 관련 국가 기관의 위험 평가에 따라, 중요정보와 민간항공의 안전을 위협하는 방해 행위에 대처하기 위한 통신 기술 시스템과 데이터의 보안성, 안정성, 접근성을 보호하기 위해 적절한 절차가 개발되도록 하여야 한다.

권고사항 4.9.2

각 체약국은 국가민간항공보안 프로그램의 다양한 측면의 실행과 관련되거나 책임이 있는 업체가 위협과 취약성을 포함한 중요 정보, 통신기술시스템, 데이터를 파악하고 보안설계, 공급망 보안, 네트워크 분리, 원거리 통제와 같은 대책을 포함한 보호 대책을 수립하고 시행하도록 권장하여야 한다.

제5장 불법방해행위 대응에 대한 관리(Measures of response to acts of unlawful interference)

5.1 예방(Prevention)

표준 5.1.1

체약국은 항공기가 불법방해행위에 처해 있다는 믿을만한 정보가 입수되었을 경우, 아직 지상에 있는 경우라면, 항공기 보호를 위한 대책을 수립해야 한다. 항공기가 이미 출발하였다면, ATC와 관련 기관에 항공기 도착에 관한 많은 사전 정보를 제공하기 위한 대책을 수립해야 한다.

표준 5.1.2

체약국은 항공기가 불법 방해 행위에 처해 있다는 믿을 만한 정보가 있다면 항공기에 대하여 숨겨진 무기, 폭발물, 다른 위협장치, 물체 및 물질 등에 대한 검색을 실시하여야 한다. 이 검색 사실을 사전에 항공사에 통보한다.

표준 5.1.3

각 체약국은 필요한 경우, 공항에서의 안전, 위험한 도구 및 잠재 위험의 처리에 대한 조사를 하기 위하여 조치를 취하여야 한다.

표준 5.1.4

각 체약국은 불법방해행위에 대해서 민간 항공을 방어하기 위해서 우발계획을 개발하고 필요 자원을 확보하도록 해야 한다. 우발계획은 정기적으로 테스트를 실시하여야 한다.

표준 5.1.5

체약국은 민간항공에 대한 불법행위의 의심, 발생 등의 경우에 지원을 하기 위한 적절히 교육받고 허가 받은 인원이 민간항공이 운항하는 공항에 배치되도록 하여야 한다.

5.2 대응(Response)

표준 5.2.1

체약국은 불법방해 행위를 당하고 있는 항공기가 출발할 때까지 승무원과 승객의 안전에 대한 적절한 조치를 취하여야 한다.

표준 5.2.2

불법방해행위의 대상인 항공기로 항공교통업무를 제공하는 체약국은 항공기의 예상 도착 목적지 공항에서 적절한 조치를 취할 수 있도록 항공기의 중간경로 및 예상 목적지 공항의 정보를 포함한 항공기의 비행에 관한 정보를 수집, 정리하여 관련된 체약국 항공교통업무 기관 및 관련 모든 타 국가들에게 전파하여야 한다.

표준 5.2.3

각 체약국은 불법 억류되어 있는 항공기에 항행보조시설, 항공교통업무와 상황에 따라 필요한 착륙허가를 포함한 지원을 제공하여야 한다.

표준 5.2.4

각 체약국은 착륙지 당해국과 항공기 소속된 운항국가 간의 협의하여 자국 영토 내에 불법 억류되어 착륙해 있는 항공기가 승객의 생명보호를 위하여 부득이 이륙을 해야 하는 경우를 제외하고는 이륙을 방지하도록 실현 가능한 모든 조치를 강구하여야 한다. 그러나 이러한 조치가 이륙한 항공기가 더 큰 위험이 있다는 것을 인지하여야 한다. 각체약국은 또한 항공기 착륙국과 항공기 운영국 간의 가능한 범위 내에서 협력을 하여야 하며 항공기 착륙국은 항공기 도착 예정국에 이러한 사항을 통보하여야 한다.

표준 5.2.5

각 체약국은 불법방해행위하에 있는 항공기가 자국에 착륙한 경우 가장 신속한 방법으로 항공기 등록국 및 운영국에 통보하고 기타 모든 관련 정보를 아래의 국가에 알려야 한다.

a) 위에서 언급한 2개국

b) 사망하거나 부상을 당한 시민의 국가
c) 인질로 억류되어 있는 시민의 국가
d) 항공기에 탑승한 것으로 알려진 탑승자의 국가
e) 국제민간항공기구

권고사항 5.2.6

5.2.2의 행위로 인하여 발생하는 정보를 각 항공교통관제부서, 공항당국, 항공사 기타 관련된 기관에 가능한 빨리 배포될 수 있도록 하여야 한다.

권고사항 5.2.7

각 체약국은 불법방해행위 관련한 합동대응 목적으로 타체약국과 협력하여야 한다. 불법방해행위 대상이된 항공기의 승객 및 승무원을 석방시키기 위하여 해당 영토에서 적절한 조치를 취할 시 각 체약국은 필요시 항공기 운영자, 항공기 제조국 및 항공기 등록국의 경험 및 능력을 활용하여야 한다.

5.3 정보교환 및 보고(Exchange of information and reporting)

표준 5.3.1

불법방해행위와 관련된 각 체약국은 사건이 해결된 후 가능한 빨리 불법방해행위 측면에서 보안과 관련된 모든 정보를 ICAO에 신속히 제공하여야 한다.

권고사항 5.3.2

각 체약국은 ICAO 에 제공함과 동시에 불법방해행위에 대한 대응조치에 대한 관리에 있어서 적절하다고 판단되는 다른 체약국들과 정보를 교환해야 한다.

부속서 2 – 항공규칙에서 발췌

3.7 불법방해행위

표준 3.7.1

ATS(항공교통관제소)가 해당 항공기에 우선권을 부여하고, 타 항공기에 미치는 영향을 최소화할 수 있도록 불법방해행위 하에 있는 항공기는 불법방해행위 관련 중요 상황과 필요 시 현 비행계획 수정과 관련한 내용을 해당 ATS 기관에 통보하도록 노력하여야 한다.

주 1 - 불법방해 상황에서 ATS의 책임 및 임무는 부속서 11에서 기술하고 있다.

주 2 - 불법방해 발생 시 항공기가 ATS에 상황을 통보할 수 없을 때 활용할 지침자료는 본 부속서의 부침 B에서 다루고 있다.

주 3 - SSR장비를 갖춘 항공기로써 불법방해행위 하에 있는 항공기가 취해야 할 조치사항은 부속서 11, PANS-ATM(Doc 4444) 및 PANS-OPS(DOC8186)에서 다루고 있다.

주 4 – CPDL 장비를 갖춘 항공기가 불법 방해 행위 대상이 되었을 경우 취할 조치는 부속서 11, PANS – RAC(Doc4444)에 명시되어져 있으며 이 문제 관련한 지침자료는 항행교통업무 데이터 연결 적용 매뉴얼(Doc 9694)에 명시되어 있다.

표준 3.7.2

항공기가 불법방해 행위의 대상인 경우, 항공기의 기장은 가장 근거리에 위치한 적합한 비행장 또는 항공기 탑승 시 고려사항에 다르게 기술하지 않는 한, 관계당국에 의해 지정된 전용 비행장에 가능한 즉시 착륙을 시도하여야 한다.

첨부 B – 불법침입(UNLAWFUL INTERFERENCE)

1. 일반사항

다음 절차에는 불법방해 행위가 발생 시 항공기에서 이 사실을 ATS(항공교통관제)에 통보할 수 없는 경우 항공기에서 사용하는 지침서이다.

2. 절차

표준 2.1

기장이 제3장, 3.7.2항에 따라 비행장까지 운항할 수 없는 경우, 기장은 ATS에 통보가 가능할 때까지 또는 레이더나 ADS-B 도달범위 내에 도착할 때까지 최소한 지정된 항로에서 지정된 고도로 지속적으로 운항하도록 시도하여야 한다.

표준 2.2

불법방해행위하에 있는 항공기의 기장은 ATS 기관과의 무선통신 연락 없이 지정된 항적 범위와 순항고도를 이탈해야 할 경우, 기장은 가능한 한 아래사항을 실행하여야 한다.

a) 기내상황이 허용하는 한 VHF 비상주파스와 다른 적절한 주파수를 통해 경고메세지를 보내도록 노력하여야 한다. 기타 장비, 예를 들면 기내 트랜스폰더, 데이터 링크 등은 가능한 장비의 사용이 필요할 때 사용되어야 한다.

b) Doc 7030 (지역의 부수절차)에 있는 비행중 긴급사태에 관한 특별절차가 수립되어 있고 공시되어 있는 경우 그 절차에 따르도록 하여야 한다.

c) 만약 적용할 수 있는 지역적 조치사항이 수립되어 있지 않다면 비행고도 FL290 이상일 경우 300m(1000ft) 또는 비행고도 FL290 미만일 경우 150m(500ft)로 비행함으로서 해당지역에서 IFR 비행에 통상 사용되는 순항고도와 다른 고도로 진행하여야 한다.

1) 최소 수직 안전거리가 300m(1000ft)가 적용되는 곳에서 150m(500ft)

2) 최소 수직 안전거리가 300m(1000ft)가 적용되는 곳에서 150m(500ft)

주 - 불법방해행위 하에 있는 항공기가 취해야 할 조치사항은 본 부속서의 3.8항에서 기술하고 있다.

ICAO 부속서 17 첨부
부속서 6 - 항공기 운항에서 발췌

제1부 - 국제상업 항공운송 - 항공기

제13장 보 안

권고사항 13.1 국내 상업 항공 운영

본 장에 명시된 국제 표준 및 권고사항은 모든 체약국에 의해 국내선 상업 항공운영에도 적용되어야 한다.(운항업무)

13.2 조종실 보안

표준 13.2.1

조종실 문이 설치된 모든 항공기는 이 조종실 문이 시건될 수 있도록 하여야 하며 객실에서 수상한 행동이 발생하거나 보안위반사항이 발생할 경우 객실승무원이 비밀리에 운항 승무원에게 알릴 수 있는 방법이 마련되도록 하여야 한다.

표준 13.2.2

2003년 11월 1일부터 최대이륙중량 45,500kg 이상 또는 승객 좌석 60석이상인 모든 여객기는 설치 가능한 범위 내에서 소형화기 및 수류탄 파편에서 견딜 수 있으며 비인가자가 강제로 진입하지 못하도록 설계된 조종실 출입문을 설치하여야 한다. 이 문은 조종실내부에서 개폐될 수 있어야 한다.

표준 13.2.3

13.2.2에 따라 조종실 문이 설치된 모든 항공기는 :

a) 인가된 자에 의해 출입이 허가된 경우를 제외하고는 항공기가 도착하여 해당 문이 열리기전까지 모든 외부 문이 닫힐 때 해당 조종실문도 닫히고 시건 되어야 한다.
b) 조종실문으로 진입요청한 자를 확인하고 수상한 행동이나 예상 위협을 탐지하기 위하여 조종실 외부로부터 모니터링 할 수단이 제공되어야 한다.

권고사항 13.2.4

모든 여객기는 설치 가능한 범위 내에서 소형화기 및 수류탄 파편에서 견딜 수 있으며 비인가자가 강제로 진입하지 못하도록 설계된 조종실 출입문을 설치하여야 한다. 이 문은 조종실내부에서 개폐될 수 있어야 한다.

권고사항 13.2.5

13.2.4에 따라 조종실 문이 설치된 모든 항공기는 :

a) 인가된 자에 의해 출입이 허가된 경우를 제외하고는 항공기가 도착하여 해당 문이 열리기 전까지 모든 외부 문이 닫힐 때 해당 조종실문도 닫히고 시건 되어야 한다.

b) 조종실문으로 진입요청한 자를 확인하고 수상한 행동이나 예상 위협을 탐지하기 위하여 조종실 외부로부터 모니터링 할 수단이 제공되어야 한다.

표준 13.3 항공기 수색 체크리스트

항공사는 항공기 폭파행위 예상 시 폭발물 수색을 위해 사용되는 절차에 대한 체크리스트가 기내에 비취 되도록 하여야 한다. 이 체크리스트는 기내 폭발물이나 의심스러운 물건이 발견될 경우 취할 조치와 해당 항공기에 폭발물 최소 피해위치에 대한 지침 등이 포함되어야 한다.

13.4 교육훈련 프로그램

표준 13.4.1

항공사는 불법 방해 행위 영향을 최소화하기 위하여 승무원이 가장 적합한 방법으로 행동할 수 있도록 하는 교육훈련 프로그램을 수립, 유지하여야 한다. 이 교육프로그램은 최소한 아래 항목을 포함하여야 한다.

a) 발생한 사건 심각정도 판단

b) 승무원간 통신 및 협력

c) 적절한 호신 대응

d) 항공사 소속 국가에서 인가받은 비 살상용 무기사용

e) 납치범 대응과 승객 대응을 원활히 할 수 있도록 테러리스트 행동 이해

f) 다양한 위협 상황 관련한 실제 상황 교육 연습

g) 항공기 보호를 위한 조종실 운영절차

h) 항공기 수색절차 및 최소 폭발물 영향 지역에 대한 지침

표준 13.4.2

항공사는 직원들이 파괴행위 또는 다른 형태의 불법 방해 행위를 예방할 수 있도록 항공기에 탑승할 승객, 수하물, 화물, 우편물, 장비, 비품 및 공급품에 대한 보안대책과 기법 관련 지원들에게 훈련시키기 위한 교육훈련프로그램을 수립, 유지하여야 한다.

표준 13.5 불법 방해 행위 보고

항공기의 기장은 불법방해행위 발생과 동시에 그 상황을 지체 없이 지정된 해당기관에 보고해야 한다.

13.6 기타사항

권고사항 13.6.1

최소 위협 폭발물 위치에는 폭발을 최소화하고 폭발방향을 바꿀 수 있는 특별 수단이 마련되어야 한다.

권고사항 13.6.2

항공사가 승객으로부터 무기를 접수하였을 경우, 항공기 운항 중 어떠한 자도 접근할 수 없도록 적절한 장소가 항공기내에 마련되어야 한다.

부속서 8에서 발췌 - 항공기 감항성

제3부 대형 항공기

제3부A 1960년 6월 13일 또는 이후, 2004년 3월 이전 증명서 제출된 5700Kg이상 항공기

제11장 보안

표준 11.2 폭발물 최소 영향 위치

2000년 3월 12일 증명서 제출된 최대 이륙 중량이 45,000킬로그램 이상이거나 승객 좌석이 60석 이상인 항공기에 대하여, 폭발물 폭파 시 항공기 및 기내에 있는 자 피해를 최소화 할 수 있도록 항공기 설계 시 폭발물 최소영향 위치가 반영되어야 한다.

권고사항 11.3 운항승무원실 보호

부속서 6 제13장 제1부에 규정된 인가된 운항승무원실 문을 설치하여야 하는 모든 항공기와 기존 문을 개보수하여 관련기관에 수정형식증명받기 위해 증명서 제출된 항공기에 대하여 소형 무기 및 수류탄 파편에 의해 파괴되지 않을 정도의 강도를 가지도록 그리고 운항 시 승객 및 객실 승무원이 진입할 수 있도록 설계될 경우 강제 침입을 방지할 수 있을 정도의 강도를 가지도록 운항승무원 문의 격벽, 바닥 및 천장이 보강되는 것이 고려되어야 한다.

주 – 모든 상업 여객 운송 항공기에 있는 운항승무원실 문에 대한 보안요건 관련한 지침 및 권고사항은 부속서 6 제13장 제1부에 포함되어져 있다.

표준 11.4 내부설계

2000년 3월 12일 인가승인 제출을 한 최대 이륙 중량이 45,000킬로그램 이상이거나 승객 좌석이 60석 이상인 항공기에 대하여, 폭발물 또는 기타 위험한 물품이 항공기에 은닉되지 않도록 그리고 위해물품 탐지를 위한 수색을 원활히 할 수 있도록 항공기 설계 시 해당요건 반영이 고려되어야 한다.

제3부B 2004년 3월 2일 또는 이후 증명서가 제출된 5700kg이상 항공기

제10장 보안

표준 10.2. 폭발물 최소영향 위치

최대 이륙 중량이 45,000킬로그램 이상이거나 승객 좌석이 60석 이상인 항공기에 대하여, 폭발물 폭파 시 항공기 및 기내에 있는 자 피해를 최소화 할 수 있도록 항공기 설계 시 폭발물 최소위치가 해당요건 반영이 고려되어야 한다.

10.3 조종실 보호

표준 10.3.1

부속서 6 제13장 제1부에 규정된 인가된 운항승무원실 문을 설치하여야 하는 모든 항공기와 기존 문 개보수하여 관련기관에 인가 받기 위해 2006년 5월 20일 또는 그 이후 최초로 승인요청서가 제출된 항공기에 대하여 소형 무기 및 수류탄 파편에 의해 파괴되지 않을 정도의 강도를 가지도록 그리고 운항 시 승객 및 객실 승무원이 진입할 수 있도록 설계될 경우 강제 침입을 방지할 수 있을 정도의 강도를 가지도록 운항승무원 문의 격벽, 바닥 및 천정이 설계되어야 한다.

권고사항 10.3.2

부속서 6 제13장 제1부에 규정된 인가된 운항승무원실 문을 설치하여야 하는 모든 항공기와 기존 문 개보수하여 관련기관에 인가 받기 위해 2006년 5월 20일 또는 그 이후 개정증명서가 제출된 항공기에 대하여 소형 무기 및 수류탄 파편에 의해 파괴되지 않을 정도의 강도를 가지도록 그리고 운항 시 승객 및 객실 승무원이 진입할 수 있도록 설계될 경우 강제 침입을 방지할 수 있을 정도의 강도를 가지도록 운항승무원 문의 격벽, 바닥 및 천정이 보강되는 것이 고려되도록 하여야 한다.

주 - 모든 사용여객 운송 항공기의 조종실 도어에 대한 요구사항에 관란 표준 및 권고사항은 부속서6, 제1부, 제13장에 수록되어 있다.

표준 10.4 내부설계

인가된 최대 이륙 중량이 45,000 킬로그램 이상이거나 승객 좌석이 60석 이상인 항공기에 대하여, 폭발물 또는 기타 위험한 물품이 항공기에 은닉되지 않도록 그리고 위해물품 탐지를 위한 수색을 원활히 할 수 있도록 항공기 설계 시 해당 요건 반영이 고려되어야 한다.

부속서 9 - 간소화에서 발췌

제2장 항공기 입출항

A. 일반사항

표준 2.2

각 체약국은 효율적인 항공기 입출항 관련한 절차 개발 시 적용 가능한 범위 내에서 항공보안 및 마약통제 대책 적용을 고려하여야 한다.

제3장 승객과 수하물 출발 도착

A. 일반사항

표준 3.2

각 체약국은 효율적인 승객승무원 국경통제 관련한 절차 개발 시, 적용 가능한 범위 내에서 항공보안, 국경보안성, 마약통제 대책, 출입국 통제대책 적용을 고려하여야 한다.

표준 3.4

체약국은 기계판독가능 여행 문서에 대한 유효기간을 연장하여서는 아니 된다.

주 - 기계판독가능 여행문서 요건(DOC 9393 시리즈)은 기계판독 지역에 포함된 유효일자 및 기타 정보의 변경을 허용하지 않는다.

C. 여행서류 보안

표준 3.7

체약국은 여행서류가 불법적으로 변경, 복사 또는 사용되는 경우를 방지하기 위하여 새로운 여행서류 버전에 보안사양을 정기적으로 갱신하여야 한다.

표준 3.8

체약국은 보관 도난방지와 새로 발급되는 여행서류 오남용을 방지하기 위하여 여행서류 제작 및 발급 관련 통제대책을 수립하여야 한다.

권고사항 3.9

각 체약국은 Doc.9303에 명시된 기계판독부분을 지원하기 위한 한 개 또는 이상의 데이터 저장 방법을 사용하여 기계판독 가능 여권, 비자, 기타 공식 여행서류에 생체정보를 삽입하여야 한다. 통합된 회로칩에 삽입된 필요 정보는 기계판독 가능 지점에 있는 정보와 디지털 사진이미지 같이 데이터 페이지에 프린터 된 정보와 동일해야 한다. 지문이미지 또는/와 홍채이미지는 체약국이 여권에 넣는 안면생체정보를 보완하는 선택적으로 사용할 수 있는 생체인식 정보이다. 기계판독 여권에 생체정보를 입력한 각 체약국은 해당 데이터를 ISO/IEC 14443와 ICAO에서 정한 논리적 자료 체계에 따라 프로그램된 비접촉 통합회로에 저장하여야 한다.

권고사항 3.9.1

eMRTDs 발급 또는 발급할 의지가 있는 체약국은 "ICAO 공개 키 저장소(PKD)"에 가입하여야 하며 PKD에 해당 승객의 정보를 업로드해야 한다.

권고사항 3.9.2

출입국 심사에 eMRTDs에 대한 검사를 이행하는 체약국은 "ICAO 공개 키 저장소(PKD)"에 가입하여야 하며 출입국 심사 시에 eMRTDs의 유효성 여부를 PKD 로부터 사용 가능한 정보를 사용해야 한다.

표준 3.10

체약국은 해당국가에서 발급한 여행문서의 분실, 도난에 대한 정확한 정보를 인터폴의 분실·도난 여행 서류(SLTD) 데이터베이스에 즉시 보고해야 한다.

권고사항 3.10.1

각 체약국은 출입국 심사대에서 가능한 인터폴의 분실·도난 여행 서류(SLTD) 데이터베이스에 대조적으로 국제선 여행객의 여행 문서에 대하여 의문을 제기해야 한다.

I. 여행서류 검사

표준 3.33

체약국들은 위조와 남용을 막기 위하여 승객이 제시하는 여행서류의 평가에 항공사들을 지원하여야 한다.

권고사항 3.34

체약국들은 항공사가 탑승 인원의 여행서류에 대한 유효성과 진본 여부를 확인하는 것을 지원하기 위해 공항에 연락관을 배치할 수 있도록 타 국과 협약을 체결하는 것을 고려하여야 한다.

표준 3.35

항공사는 본 장에서 기술한대로 통과 및 목적지 국가에 의해 규정된 서류를 승객이 소지한 것을 확인할 수 있도록 탑승 지점에서 필수 예방조치를 취하여야 한다.

표준 3.35.1

체약국 관계당국에서는 위변조 여행문서에 대해 압류해야 한다. 또한 관계당국은 합법적으로 발행된 여행문서를 타인이 소지하고 있는 경우에도 압류를 해야 한다. 이러한 문서는 즉시 유통을 금지시켜야하며 발급자 또는 해당국의 외교당국으로 지명된 국가 관련당국에 반환되어야 한다.

표준 3.35.2

체약국은 항공사가 기준 3.35.1항에 언급된 문서를 압류하도록 요구할 수 없다.

표준 3.35.3

체약국은 승객이 제시한 여행문서가 위·변조 또는 몰수된 여권을 소지한 것으로 당국에 의하여 결정이 나거나 합법적으로 발행된 문서를 다른 승객이 소지하고 있는 경우 출발지 또는 환승지점부터 최종목적지까지 항공사에게 승객을 운송하도록 하여서는 안 된다.

주 – 이 조항에서는 승객의 여행문서가 위·변조되었거나 또는 타인이 소지한 경우, 그리고 체약국이 효력을 중지시킨 경우, 기준 3.35.1항에 따라서 또한 기준 5.7항에 따라 발행된 커버 레터 문서를 소지하고 있는 경우, 입국 불가로 판정된 승객의 송환을 방지하는 것에 관하여 제정된 조항이 없다.

K. 입국 절차 및 책임

표준 3.48

자국법에 사전승객정보체계를 도입한 체약국은 사전승객정보의 전송에 대한 국제표준을 따라야 한다.

N. 승무원 및 기타 항공기 운영자 신원확인 및 입국

표준 3.66

승무원증명서를 발급하는 체약국은 DOC 9303, 5부에 따라 기계 판독형 카드 형태로 발급하여야 한다.

표준 3.68

승무원증명서는 관계당국이나 대행 기관에 의해 신원조회를 마친 후에 발급되어야 한다. 추가로 발급 전에 신청자의 재직증명서 및 카드 재고의 통제, 발급인원에 대한 의무사항 등에 적절한 통제가 이루어져야 한다.

제4장 화물 및 기타 물품 반입반출

A. 일반사항

표준 4.6

체약국은 일반적으로 수·출입되는 화물의 검수를 요구하여서는 안 되며 화물의 검수 필요 여부 및 검수의 연장에 관한 결정을 위해서는 위험 관리를 활용하여야 한다.

표준 4.7

현대적 감시 또는 검수 기술은 수·출입 화물의 물리적 검수의 효율 향상을 위하여 출입국간소화에 활용되어야 한다.

제5장 입국불허승객 및 추방자

B. 입국불허 승객

표준 5.8

체약국은 입국불허 승객이 송환을 지시받은 사유를 항공사가 항공기 보안을 사전에 보장 조치할 수 있도록 하기 위해 사전에 통지하여야 한다.

C. 강제퇴거자

표준 5.19

체약국들이 강제퇴거자의 추방에 대하여 항공사와 협약을 맺는 경우, 다음 정보를 가능한 한 빨리, 늦어도 당해 항공편 출발 예정시간의 24시간 이전에 확인할 수 있도록 하여야 한다.

a) 강제퇴거명령서 사본 1부(체약국 법률 허용 시)

b) 체약국 위험분석 및 항공사가 항공기 보안에 위험을 주는지 여부를 평가할 수 있는 관련 정보

c) 호송인 성명과 국적

주 – 간소화 기준과 보안기준의 협력을 위하여 부속서 17의 4장 적용이 고려되어야 한다.

제6장 국제공항 - 항공교통 시설 및 서비스

A. 일반사항

표준 6.1.4

각 체약국은 공항 운영자와 논의하여 국제공항에서 제공되는 당해 시설과 서비스가 가능하면 교통 성장, 증가된 위협으로 인해 발생된 보안요건의 강화 또는 국경보전 조치를 지원하기 위한 기타 변화를 충족시킬 수 있는 확장성 및 유연성을 갖추는 것을 보장하여야 한다.

주 – 항공보안요건과 관련해서 부속서 17의 제2장, 2.3의 관련 상세규정을 유념한다.

B. 공항 교통흐름의 배치

III. 출국 승객, 승무원 및 수하물

권고사항 6.16

체약국은 모든 보안대책 및 기타 통제요건이 충족할 경우 공항 및 항공사가 공항외부 체크인 시설을 운영하는 것을 허가하여야 한다.

ANNEX 10–항공 통신 IV권(감시레이더 및 충돌방지 시스템)에서 발췌

제2장 개 요

2.1 2차 감시 레이더(SSR)

2.1.4 Mode A 응답코스(정보펄스)

표준 2.1.4.2.1

코드 7700은 비상상황 하에 있는 항공기를 나타내기 위하여 사용한다.

표준 2.1.4.2.3

코드 7500은 불법 방해 행위 하에 있는 항공기를 나타내기 위하여 사용된다.

표준 2.1.4.3

Mode A 코드 7500(공중납치), 7600(통신두절) 및 7700(비상상태)의 상황을 즉각적으로 인지 할 수 있도록 지상코드 해독장비가 제공되어야 한다.

ANNEX 11 - 항공 교통 관제소에서 발췌

제2장 일반사항

2.24 비상사태 발생 시 항공기에 취해야 할 조치

표준 2.24.1

불법방해행위를 포함한 비상사태가 발생하였거나 발생이 추정되는 항공기는 상황에 따라 필요시 타 항공기에 우선하여 최대한의 배려와 지원을 하여야 하며 최우선적으로 처리하여야 한다.

주 - 항공기가 비상사태에 놓여져 있을 경우 적절한 데이터 링크능력 및 2차 감시레이더 (SSR) 트랜스폰더가 장착되어 있는 항공기는 해당 장비를 아래와 같이 작동시킨다.

a) 모든 A, 코드 7700에 놓는다.

b) 불법 방해 행위 하에 있음을 구체적으로 표시하기 위하여 모드 A, 코드 7500에 놓는다.

c) 적절한 비상 ADS장비를 작동시킨다.

d) CPDLC를 통하여 적절한 비상메시지를 전송한다.

표준 2.24.2

특정 항공기에 불법방해행위가 발생하였거나 의심될 경우 항공 교통관제기관은 신속히 해당 항공기의 요청에 대응하여야 한다. 항공기의 안전운항에 관한 정보는 지속적으로 교환되고 해당 항공기의 운항을 촉진시키도록 하며 특히 항공기의 안전한 착륙을 위해 필요한 조치를 신속히 취해져야 한다.

표준 2.24.3

특정 항공기에 불법 방해 행위가 발생하였거나 의심될 경우 항공 교통관제기관은 해당절차에 따라 신속하게 국가에서 지정한 관련 책임기관에 알려야 하며 관련 항공사 또는 대리인에게 필요한 정보교환을 하여야 한다.

주 1. 위치 이탈한 항공기 또는 미확인 항공기는 불법 방해 행위 하에 있는 항공기로 의심 될 수 있다.

주 2. 위치 이탈한 항공기 또는 미확인항공기 처리 관련 절차가 2.24.1에 명시되어져 있다.

주 3. PANS-ATM (Doc 4444), 15장, 15.1.3에 불법행위관련 구체적인 추가 절차가

포함되어져 있다.

제5장 경계경보 제공

5.1 적용

표준 5.1.1

경계경보 서비스는 다음 항공기에 대해 반드시 제공되어야 한다.

c) 불법방해행위 상태에 있거나 있다고 추정되는 항공기

5.2 구조조정 센터 통보

표준 5.2.1

적절한 통보가 필요한 경우, 5.5.1에 기술한 내용을 제외하고 항공 교통 관제소는 다음 상황을 포함한 비상사태에 처한 항공기에 대해 즉시 구조조정센터로 통보하여야 한다.

b) 경계단계 :

항공기와 기내 탑승객의 안전에 대하여 명확히 우려가 되는 경우는 제외

4) 항공기가 불법방해행위 상태에 있는 것으로 알려졌거나 믿어지는 경우

5.5 항공사에 통보

표준 5.5.1

지역관제센터 또는 운항정보센터는 항공기가 불확실한 상태에 있거나 경계단계에 있다고 판단될 경우 구조조정센터에 통보하기 전에 항공사에 먼저 통보하여야 한다.

주 - 항공기가 조난상태에 있을 구조조정센터는 조항 5.2.1에 따라 그 사실을 즉시 통보받아야 한다.

표준 5.5.2

지역관제센터 또는 운항정보센터에 의하여 구조조정센터에 통보된 모든 정보는 가능한 신속히 해당 항공사에 전달되어야 한다.

5.6 비상사태에 있는 항공기 주변 항공기 운영에 관한 통보

표준 5.6.1

항공교통관제소가 특정 항공기가 비상사태에 처했음을 확인하였을 경우, 해당 항공기 주변에 있는 다른 항공기는 5.6.2에 기술한 상황을 제외하고 가능한 실제 비상사태에 대하나 내용을 알려야 한다.

표준 5.6.2

항공교통 관제소가 특정 항공기가 불법 방해 행위 하에 있다는 사실을 접수받았거나 추정되는 경우, 해당 항공기로부터 최초로 해당사실을 접수하였거나, 그러한 통보가 상황을 악화시키지 않을 것이 확실한 경우를 제외하고는 긴급사태의 내용에 대한 어떠한 내용도 항공교통관제 공중-지상통신망을 사용하여 통보하여서는 아니 된다.

ANNEX 13 - 항공기 사고 조사에서 발췌

제5장 - 사고조사

조직 활동 및 조직
해당국 책임 조사 실시
항공보안 책임당국에 통보

표준 5.11

조사 중에 불법 방해 행위가 관련되었다는 것이 판명되거나 의심이 될 경우, 조사 책임자는 즉시 관련 체약국의 항공보안 책임기관이 통보 받을 수 있도록 조치를 취하여야 한다.

부속서 14 – 비행장에서 발췌
I권 비행장 설계 및 운영

제3장 물리적 특성

3.14 격리 주기장

표준 3.14.1

불법방해행위 상태에 있는 것으로 판명되거나 믿어지는 또는 그 밖의 사유로 일반 비행장으로부터 격리가 필요한 항공기의 주기를 위해 격리주기장이 지정되거나 비행장 관제탑에 이에 대한 적절한 구역이 통보되어야 한다.

권고사항 3.14.2

항공기 격리 주기장은 최대한 거리를 두어 위치하여야 하며 어떠한 경우에도 타 항공기 주기장소, 건물 또는 공공장소 등으로부터 최소 100m 이상 떨어져 있어야 한다. 격리위치는 가능한 휘발유 및 항공유나 전기 또는 통신선로 같은 지하시설 위에 위치하지 않도록 각별한 주의를 기울여야 한다.

제5장 항행 시계 보조시스템

5.3 등화시설

표준 5.3.24

계류장 조명시설(조항 5.3.17.1 및 5.3.18.1 참고)

권고사항 5.3.24.1

야간에 이용할 수 있도록 계류장, 제 · 방빙 시설 및 항공기 격리 주기장으로 지정된 곳에 계류장 조명시설이 제공되어야 한다.

주 1 – 항공기 제빙시설이 활주로 근처에 위치하여 있으며 영구 조명이 기장에 혼란을 초래할 수 있을 경우 다른 등화 시설을 강구할 필요가 있다.

주 2 – 격리된 항공기 주차 위치의 지정은 3.14에 명시되어 있다.

주 3 – 계류장 조명시설은 비행장 설계 지침서 Part 4 에 명시되어 있다.

제8장 전기 시스템

8.1 항행시설에 대한 전원 공급 장치 시스템

권고사항 8.1.10

다음과 같은 비행장 시설에는 1차 전원 공급장치의 고장이 있을 때 전력을 공급할 수 있는 2차 전원공급장치가 제공되어야 한다.

e) 조항 9.11에 따라 필수 보안등 설치 준수

제9장 비행장 운영 업무, 장비 및 설치물

9.1 공항 비상 계획

일반사항

서주 - 공항비상계획이란 공항 또는 공항 부근에서 발생하는 비상사태에 대처하기 위해 대비하는 절차이다. 공항비상계획의 목표는 인명 구조 및 항공기 운항 유지에 대해 비상상황의 영향을 최소화시키려는 것이다. 공항비상계획은 비상상황 대응 시 도움을 제공할 수 있는 다양한 공항 상주기간과 주변지역에 위치한 기관의 대응 협조를 위한 절차를 마련하고 있음. 공항비상계획 수립 시 관련 관계기관을 돕기 위한 지침은 공항업무 매뉴얼(Doc 9137), 7부에 수록되어 있다.

표준 9.1.1

공항비상계획은 공항에서 이루어지는 항공기 운항 및 기타 활동과 부합하여 수립되어야 한다.

표준 9.1.2

비행장 비상계획은 비행장 또는 그 근처에서 발생하는 비상시에 취해야 할 조치에 관한 협조를 마련하여야 한다.

주 1 - 비상사태의 예 : 항공기 비상, 폭발물 위협을 포함한 사보타주, 불법 납치된 항공기, 위험물품 발견, 방화, 자연 재해 및 공중보건 비상상황.

표준 9.1.3

계획은 적절한 권한의 의견에 따라 비상사태에 대응하는 데 도움이 될 수 있는 모든 기존 기관의 대응이나 참여를 조정해야 한다.

주 1 – 기관의 예시:

- 공항 내 지역 : 항공교통관제기관, 화재 및 구조기관, 공항 행정기관, 의료 서비스 센터, 항공기 운영자, 보안서비스 및 경찰
- 공항 외부지역 : 소방청, 경찰, 보건당국(의료, 구급차, 병원 및 공중 보건 서비스 포함), 군, 항만 순찰대 또는 해안 경비대

권고사항 9.1.4

공항 비상계획에서 필요한 경우 구조조정센터와의 협력 및 조정 방안을 제공하여야 한다.

권고사항 9.1.5

공항 비상계획문서에서는 최소한 다음 사항을 포함하여야 한다.

a) 비상상황의 종류에 따른 계획;

b) 비상계획에 포함된 관련기관

c) 비상사태 유형별 각 기관의 책임 및 임무, 비상 운영 센터 및 명령지휘소

d) 특정 비상사태 발생 시 연락할 수 있는 사무소 및 인력의 이름 및 전화번호

e) 비행장 및 인근지역의 그리드 맵

비상운영센터 및 현장지휘소

권고사항 9.1.7

지상 비상운영센터 및 이동 현장지휘소는 비상사태 발생 시 사용될 수 있어야 한다.

권고사항 9.1.8

비상운영센터는 비행장 시설의 일부로 설치되어야 하고, 비상사태에 대한 전체조정 및 일반 지휘에 대한 책임역할을 수행하여야 한다.

권고사항 9.1.9

현장지휘소는 필요시 비상사태 발생장소로 신속하게 이동 될 수 있는 시설이어야 하며 비상사태에 대처하는 기관의 현장조정 역할을 담당하여야 한다.

권고사항 9.1.10

비상운영센터 및 현장지휘소 통제책임자를 지정하여야 한다.

통신 시스템

권고사항 9.1.11

본 계획 및 공항 요건에 따라 현장지휘소와 비상운영 센터 상호간, 또는 참여기관과 연결되는 적절한 통신시스템이 확보되어야 한다.

공항비상 훈련

표준 9.1.12

비상계획에는 계획의 적절성 및 효율성을 평가하기 위하여 정기 테스트 절차가 포함되어야 한다.

주 - 비상계획에는 모든 참여 기관 및 관련 시설을 포함하여야 한다.

표준 9.1.13

비상계획 테스트는 아래와 같이 이루어 져야 한다.

a) 종합 공항비상 훈련은 매 2년에 1번 이상 실시되어져야 한다.

b) 종합 비상 훈련기간 동안 발견된 미비점을 보완하기 위하여 2년 사이의 기간에 부분 비상훈련을 실시하여야 한다.

훈련이나 실제 비상상황 중 또는 이후 도출된 결함사항을 시정하기 위해 사후 검토가 이루어져야 한다.

주 - 종합훈련은 여러 종류의 비상사태 발생 시 비상계획에 따라 적절히 대응할 수 있는지 확인하기 위하여 실시한다. 부분 비상훈련은 관련기관의 대응의 적정성 및 통신 시스템과 같은 비상계획상의 구성요소가 적절히 맞는지 확인하기 위하여 실시한다.

9.10 보안 울타리

적 용

표준 9.10.2

일반 대중의 출입이 제한되는 비행장 지역으로 비인가자가 접근하는 것을 방지하기 위해 보안 울타리나 기타 적절한 장벽이 설치되어야 한다.

주 1 - 여기에는 출입금지를 위해 필요한 하수시설, 덕트, 터널 등의 설치가 포함된다.

주 2 - 일반도로 위를 통과하는 활주로, 유도로로 비인가자 접근을 방지하기 위해 특별한 조치가 취해져야 한다.

표준 9.10.3

보호를 위한 적합한 수단이 비인가 받은 사람의 비행장 근처의 민간 항공의 안전을 위한 시설 필수와 지상 설비로의 우발적이거나 계획적인 접근을 저지하기 위해서 제공되어야 한다.

위 치

표준 9.10.4

일반인의 접근이 허가된 지역으로부터 이동지역과 항공기의 안전운항에 필수적인 공항의 다른 시설 또는 구역을 분리하기 위하여 울타리나 장벽이 설치되어야 한다.

권고사항 9.10.5

보다 큰 보안이 필수적일 때, 순찰을 간소화하고 침입이 어렵게 하기 위해 개방지역의 양쪽에 울타리나 장벽이 설치되어야 한다. 보안 순찰과 유지를 위한 인력 사용을 위한 비행장 울타리 안에 있는 외각 도로와 관련된 조항을 재검토해야 한다.

권고사항 9.11 보안등

보안강화가 필요하다고 판단되는 비행장지역과 국제민간 항공보안 및 관련시설 보호를 위해 설치된 울타리 및 기타 장벽지역에 최소한의 조명이 제공되어야 한다. 공항울타리와 장벽의 양쪽, 특히 접근통제지점에 조명이 제공될 수 있도록 등화시설이 설치되어야 한다.

부속서 18 - 위험물품의 안전한 항공운송에서 발췌

제2장 적용

2.2 위험물품 기술 지침

표준 2.2.1

각 체약국은 ICAO 이사회에서 수립한 절차에 따라 정기적으로 승인, 발간되는 위험물품 항공안전운송 관련 기술지침(Doc 9284)에 포함된 상세 규정을 준수토록 하기 위한 적절한 조치를 취하여야 한다. 또한 각 체약국은 발간된 기술지침서 적용기간 중에 수정안 발간 시 이를 준수하기 위한 필요조치를 취하여야 한다.

권고사항 2.2.2

각 체약국은 체약국이 준수토록 권고되는 기술지침 수정사항 적용 시 어려움이 있을 경우 이를 ICAO에 보고해야 한다.

제10장 교육훈련 프로그램 적용

표준 10.1 교육훈련 프로그램의 수립

기술지침에 따라 위험물품 교육훈련 프로그램이 수립되고 최신으로 유지되어야 한다.

제13장 위험물품 보안규정

각 체약국은 사람, 재산 또는 환경을 위험하게 할 수 있는 위험물품의 도난 및 오염을 최소화하기 위하여 화주, 항공사 및 기타 위험물품 항공운송에 관련된 자들에게 적용될 수 있는 위험물품 보안대책을 수립하여야 한다. 이러한 대책은 기타 부속서 및 기술지침에 명시된 보안 규정과 조화를 이루어야 한다.

문서 9284 - 위험물품 항공안전 운송 관련 기술지침에서 발췌

1부 일반사항

제4장 교육훈련

본 장은 AE2, CA 18, HK1의 국가 규정의 영향을 받는다. : 표 A1참고 바람

4.1 교육훈련 프로그램 수립

표준 4.1.1 수립 및 유지관리

초기 및 반복 위험물 훈련 프로그램은 다음 중 하나 또는 그 대신으로 수립 및 유지되어야 한다.

g) 승객 및 수하물 보안검색 업무를 수행하는 조직

항행 업무절차 - 항공규칙 및 항공교통업무(문서4444)에서 발췌

제5장 이격방법 및 최소거리

5.2 항공교통관제 이격에 대한 일반 규정

표준 5.2.1.3

항공기 항로이탈이나 불법 방해 행위 같은 예외적인 상황 발생 시 규정된 최소한의 이격거리 이상으로 격리하여야 한다. 과도한 떨어진 거리 적용으로 인한 가 항공교통흐름을 방해하는 것을 방지하기 위하여 모든 관련 요소들을 고려하여 결정하여야 한다.

주 - 특별한 상황의 불법 방해 행위가 발생한 항공기의 경우 해당 항공기와 다른 항공기 사이의 거리는 규정된 최소거리 이상의 거리를 확보하여야 하는 예외적인 경우가 있을 수 있다.

제15장 비상사태 통신두절

15.1 비상대처 과정

15.1.1 일반과정

표준 15.1.1.1

여러 다양한 비상사태 요소에 따라 상세하고 정확한 대응대책을 수립하는 것은 어렵다. 여기서 대략적으로 기술하고 있는 절차는 항공교통 관제사를 위한 일반적인 지침이다. 항공 교통 관제소는 전체적이고 완벽한 조정역할을 하며, 관제사는 비상상황 처리 시 가장 최선의 판단을 하여야 한다.

주 1 - 비상사태 및 우발사태 관련한 추가 레이더 운영 절차는 8장 8.8.1에 기술되어 있다.

주 2 - 비상사태에 있는 항공기의 조종사가 이전에 관제탑으로부터 트랜스폰더를 특정코드로 변경하도록 지시 받았을 경우, 특수상황으로 인하여 기장이 다른 코드로 결정하여야하거나 또는 다른 코드로 변경토록 관제탑으로부터 통보 받지 않는 한, 이 코드를 계속 유지하여야 한다. 관제탑이 특정코드를 지정하지 않은 경우, 기장은 Mode A 7700으로 맞추어야 한다.

주 3 - 1세대 ADS-B 항전장비를 장착한 항공기에서는 조종사가 채택한 코드에 관계없이 일반적인 비상상황 경고 전송 기능만을 보유한다.

주 4 - 1세대 ASD-B 항전장비를 장착한 항공기에서는 비상 모드와 긴급 모드를 선택할 수 있는 반면 IDENT 활성화 기능을 보유하지 않았다.

표준 15.1.1.2

항공기에 의해 비상이 발령되었을 경우 항공교통 관제소는 다음과 같은 조치를 취하여야 한다.

a) 항공기 편명, 비상사태의 형태, 비행승무원의 의도, 항공기 위치, 고도 등이 운항승무원에 의해 명확히 확인되지 않았을 경우, 이를 확인하기 위한 모든 조치를 취한다.
b) 최적의 도움을 줄 수 있는 방법을 결정한다.
c) 항공기에 도움을 줄 수 있는 항공교통관제 업무나 기타 제공가능 업무에 대한 목록을 작성한다.

d) 착륙 적합한 비행장, 최소 안전고도, 날씨정보 등 관련 추가 정보를 요청한 정보와 함께 운항승무원에게 제공한다.

e) 항공사나 운항승무원으로부터 다음과 같은 관련 정보를 얻는다. : 탑승인원, 남은 연료량, 위험물질 탑재여부 및 탑재 시 위험물질 특성

f) 해당 지역의 적절한 항공교통 관제소 및 관련당국에 대한 정보를 항공기에 통보한다.

표준 15.1.1.3

가능한 한 무선 주파수와 SSR 변경을 하지 않아야 하며, 관련 항공기에 보다 향상된 서비스가 제공될 수 있는 경우에 한하여 변경하여야 한다. 엔진고장이 발생하였던 항공기는 가능한 운항을 최소화하여야 한다. 비상사태에 처한 항공기 주변에서 운항중인 항공기는 관련 상황에 대한 정보를 제공받아야 한다.

주 - 15.1.1.2 e)에 명시된 정보는 항공사 또는 기타 조직으로부터 입수가 곤란한 경우에 한하여 운항승무원에게 요청하여야 하며 필수 정보에 한정하여 요청하여야 한다.

15.1.2 우선순위

불법 방해 행위를 포함하여 비상상태에 있다고 알려지거나 믿어지는 항공기는 타 항공기보다 우선적으로 관제되어야 한다.

15.1.3 U불법 방해 행위 및 항공기 폭발물 위협

표준 15.1.3.1

항공교통 관제요원은 항공기 불법 방해 행위 발생 징후를 인지할 수 있도록 준비되어야 한다.

표준 15.1.3.2

항공기에 대한 불법 방해 행위가 의심되지만 SSR Mode A Code 7500 및 Code 7700의 자동 확인 표시기가 제공되지 않은 경우, 레이더 관제사는 SSR해독기를 Mode A Code 7500으로 세팅한 후 Code 7700으로 작동 할 수 있다.

주 - SSR 트랜스폰더를 장착한 항공기는 불법방해 행위 하에 있을 경우 이를 명확히 표시하기 위하여 트랜스폰더를 Mode A Code 7500으로 작동해야 한다. 항공기는 급박하고 증대한 위험으로 신속한 도움이 필요한 상황을 표시하기 위해서 Mode A

Code 7700으로 작동 할 수 있다.

표준 15.1.3.3

항공기에 대한 불법방해행위가 알려지거나 의심될 경우 또는 폭발물 위협경보를 접수받은 경우 항공교통관제소는 항공기의 항로 및 착륙하려는 공항에서의 항행시설, 절차 및 업무에 대하여 관련 정보를 포함하여 해당 항공기에서 요청한 사항에 대하여 신속히 제공하여야 하며 운항을 신속하게 하기 위한 조치를 취하여야 한다.

표준 15.1.3.3.1

항공교통 관제소가 취해야할 조치 사항은 다음과 같다

a) 항공기로부터 응답이 오기를 기다리지 말고 항공기 안전을 위한 조치사항 관련 정보를 계속해서 전송한다.

b) 적용 가능한 방법으로 항공기의 항로를 감시하여야 하며 만약 항공기의 통신상태가 저상이 아닐 경우 항공기로부터 다른 반응이나 전송을 기다리지 말고 인접 항공교통 관제소와 관제이양에 대하여 협력하여야 한다.

c) 비행경로에 속할 수 있는 다른 항공교통 관제소에 계속해서 정보를 제공하여야 한다.

주 - 본 규정 적용 시, 남아있는 연료량, 항공기의 갑작스런 진로 및 변경가능성 등 항공기의 향후 추이에 영향을 끼치게 될 모든 요소를 고려해야 한다. 이 조는 특정 영공 진입시점에 대한 적절한 정보를 사전에 각 관련 항공교통 관제소에 제공하기 위함이다.

d) 아래 기관에 통보한다.

1) 항공사 또는 항공사 지정 대리인

2) 관련 비상연락절차에 따른 해당구조 조정센터

3) 관련 보안 당국

주 - 보안 당국 및 항공사는 기 수립된 처리절차에 따라 관련 당사자에게 순차적으로 통보하다.

e) 항공기와 지정된 보안당국 사이에서 불법 방해 행위와 관련한 적절한 메시지를 상호 전달한다.

주 - 이 메시지는 최소한 아래사항을 포함하여야 한다. : 비상상황 선언하는 최신메시지,

기존사건에 대한 갱신메시지, 관련 당국에 의해 결정되는 내용 포함한 메시지, 책임 이전 메시지, 책임접수 메시지, 특정 사건이 사건과 더 이상 관계되지 않는다는 메시지, 사건종결 메시지

표준 15.1.3.4

폭발물 또는 기타 폭발장치가 항공기에 탑재되었다는 정보를 접수하였을 경우 아래의 추가 절차가 적용되어야 한다. 폭발물 위협접수를 받은 항공교통 관제소는 아래의 조치를 취한다.

a) 만약 항공기와 직접 교신이 가능한 경우, 즉시 운항승무원에 위협 및 위협 주변 환경에 대하여 통보한다.
b) 만약 항공기와 직접 교신이 가능하지 않을 경우, 다른 항공교통 관제소 또는 기타 채널을 이용하여 가장 신속한 방법으로 운항승무원에 해당사항을 통보한다.

표준 15.1.3.5

항공교통 관제소는 항공기와 교신 시 운항승무원의 의도를 확인하여야 하며 이를 해당 항공기와 관련된 다른 항공교통 관제소에 통보하여야 한다.

표준 15.1.3.6

다른 항공기 및 지상요원, 건물에 대한 안전을 위협하지 않는 범위 내에서 해당 항공기에 대한 관제를 가장 신속한 방법으로 처리하여야 한다.

표준 15.1.3.7

운항 중인 항공기에 의해 요청된 새로운 목적지에 대하여 즉시 허가를 내주어야 한다. 외부 압력과 내부객실 압력차를 줄이거나 유지하기 위한 고도상승 및 하강 관련한 운항승무원의 어떠한 요청도 신속히 받아들여져야 한다.

표준 15.1.3.8

지상 주기된 해당 항공기는 타 일반 항공기 및 시설로부터 가능한 멀리 떨어져 있도록 하여야 하며 필요시 활주로를 비우도록 하여야 한다. 현장 상황에 따라 해당 항공기를 지정된 주기 지역 또는 독립계류장으로 유도하도록 지시하여야 한다. 만약 기장이 승객과 승무

원을 신속하게 내리기로 결정한 경우, 다른 일반 항공기, 차량 및 인원은 해당 위협 항공기로부터 멀리 떨어진 안전한 곳에 위치하도록 하여야 한다.

표준 15.1.3.9

항공교통 관제소는 폭발물 처리 관련하여 승무원에게 어떠한 권고나 제안을 하여서도 아니 된다.

표준 15.1.3.10

불법방해행위의 대상으로 믿어지거나 다른 이유로 정상적인 공항운영으로부터 격리될 필요가 있는 항공기는 격리 주기장으로 유도되어져야 한다. 이런 격리 주기장이 설정되지 않은 경우, 또는 주기장으로 지정된 지역을 사용할 수 없을 경우, 해당 항공기는 공항당국과 사전 합의된 지역으로 인도되어져야 한다. 해당 항공기에 대한 지상 유도시 지정된 주기장으로 인도될 수 있도록 유도로를 명확히 지정하여야 한다. 이 유도로는 공항의 시설, 타 항공기 및 구조물의 안전위험을 최소화 할 수 있도록 선택되어져야 한다.

주 - 부속서 14, 제1권, 제3장 참고

항행 업무절차 - 항공기 운항 (Doc 8168) I권 - 비행 절차에서 발췌

II부 항공기 운영절차

제3장 2차 감시레이더 트랜스폰더 운영절차

제1장 트랜스폰더 작동

1.4 비상사태 처리절차

비상사태에 직면한 항공기 기장은 항공교통관제소가 특정코드 상으로 트랜스폰더 작동을 미리 지시한 경우가 아닌 경우 트랜스폰더를 Mode A Code 7700에 맞춰야 한다. 항공교통관제소가 미리 지정한 경우에 항공기의 기장은 항공교통관제소가 달리 지시하는 바가 없다면 그 특정코드를 유지해야 한다.

1.6 운항 중 항공기 불법방해행위

표준 1.6.1

운항 중인 항공기내에서 불법 방해 행위가 발생한 경우 기장은 상황이 Code 7700으로 맞출 수 없을 경우 비상사태를 표시할 수 있도록 트랜스폰더를 Mode A Code 7500에 맞추도록 해야 한다.

표준 1.6.2

Mode A Code 7500을 선택하고 조항 1.1.5에 따라 항공교통 관제소에서 이를 확인, 요청하면 기장은 조항 1.1.4에서 정한 상황에 따라 비상사태를 확인하거나 또는 상황에 따라 응답을 하지 않아야 한다.

주 – 기장으로부터 응답이 없을 경우 항공교통 관제소는 코드 7500이 실수로 선택되지 않았다고 판단하여야 한다.

참고문헌

- ICAO ANNEX 17 (SECURITY)
- ICAO SECURITY MANUAL (Doc 8973)
- ICAO USAP-CMA Compliance Checklists
- IATA SECURITY MANUAL
- 항공보안론 (고광남 · 소대섭 공저, 백산출판사 2006)
- 항공보안법규 (대한민국 항공보안협회 편저, 진영사 2015)
- 보안검색론 (고광남 · 소대섭 공저, 진영사 2018)
- 항공보안법규해설 (고광남, 진영사 2018)
- 항공보안개론 (고광남 · 장경태 · 소대섭 공저, 진영사 2019)
- 항공사보안론 (장경태 · 소대섭 공저, 진영사 2019)
- 보안검색장비론 (고광남 · 김규성 · 소대섭 공저, 진영사 2020)
- 항공보안법, 시행령, 시행규칙
- 경찰관직무집행법
- (국가정보원) 국가보안시설 및 보호장비 관리지침
- 국제항해선박 및 항만시설의 보안에 관한 법률, 시행령, 시행규칙
- 경비업법, 시행령, 시행규칙
- 청원경찰법, 시행령, 시행규칙
- 총포 · 도검 · 화약류 등의 안전관리에 관한 법률
- (국토교통부 지침) 국가항공보안계획
- (국토교통부 예규) 국가민간항공 수준관리지침

저자소개

■ 장경태

現 한서대학교 항공융합학부 항공보안학과 겸임교수
現 (사) 한국재난안전정책개발연구원 감사
現 (주) 씨비피 컨설팅 전문위원(이사)
現 한국항공보안교육원 외래교수
現 민간경비교육원 외래교수
現 (사) 대한민국 항공보안협회 이사
前 이스타항공 항공보안팀장
前 유스카이항공 안전보안실장
前 아시아나항공 항공보안팀장

저서
항공보안개론 (고광남 · 장경태 · 소대섭 공저, 진영사 2019)
항공사보안론 (장경태 · 소대섭 공저, 진영사 2019)

■ 소대섭
現 한서대학교 항공융합학부 항공보안학과 교수
現 (사) 한국재난안전정책개발연구원 원장
現 (사) 대한민국 항공보안협회 이사
現 항공보안포럼 이사
現 (사) 한국항공교통학회 이사
現 한국액션러닝학회 이사
現 한국액션러닝협회 이사
前 인천국제공항공사 항공보안교육원 부원장 및 전임교관
前 인천국제공항공사 부장

저서
항공보안(Aviation Security) (항공보안교육원 소대섭외 공저, 2004)
항공보안법규집 (항공보안교육원 소대섭외 편저, 2004)
보안검색(Aviation Security Screening) (항공보안교육원 소대섭외 편저, 2005)
항공보안론 (고광남 · 소대섭 공저, 백산출판사 2006)
항공보안법규 (대한민국항공보안협회 편저, 진영사 2015)
항공보안 법규해설 (소대섭, 진영사 2018)
보안검색론 (고광남 · 소대섭, 진영사 2018)
항공보안개론 (고광남 · 장경태 · 소대섭 공저, 진영사 2019)
항공사보안론 (장경태 · 소대섭 공저, 진영사 2019)
보안검색장비론 (고광남 · 김규성 · 소대섭 공저, 진영사 2020)